多変量データ解析法

心理・教育・社会系のための入門

足立浩平【著】 ADACHI Kohei

ナカニシヤ出版

はしがき

　本書は，各章ごとに90分の講義を行うための資料になることを意図して，記されています。特に念頭に置いた読者は，行動科学や社会科学などを専攻する文科系の学部生であり，基本的な統計法を学んだ後に，はじめて，多変量データ解析と総称される統計法に接する方々です。
　著者は，心理統計学や計量心理学と呼ばれる分野を専攻しています。この分野からは，因子分析をはじめ，多次元尺度法や潜在変数の構造方程式モデリングなど，幾つかの多変量データ解析法が生まれ育ちました。そのため，心理統計学者によって，多変量データ解析や関連統計手法の優れた書籍が記されています。しかしながら，これらの著書の多くの内容が，高度すぎるように思えてなりません。すなわち，同業の研究者に対して発信された原著論文的な専門書が多く，分析法にはじめて接して，それらを使う側の読者には，内容が難しすぎる気がします。
　そこで，著者は，平易な本を目指して，次の3つの方針を大切にしました。

① できるだけ，数式を使わない。
② 原理のエッセンスを伝える。
③ 最小限にとどめる。

　まず①は，平易な著書を目指すために，不可欠に思えます。「数式は，ロジックをつづるための言語の一種。外国語を一から学ぶよりは簡単」と考えることもできますが，数式はやはり難解な言語です。そこで，できる限り数式を使わずに，日常言語で解説を行うように努めました。なお，余談になりますが，数式の難解さは，「それが情緒的成分を持たないこと（従って，読んでも，自然に心に入ってこないこと）による」と，著者は考えています。
　次に，②の原理を，「分析の目的や結果の解釈法を伝えること」と同等またはそれ以上に，重視したつもりです。「ソフトウェアを使えるが，原理は知らない」ことは，「年号や人名だけをおぼえて，歴史を学んだと思う」のと同様に，寂しいことです。原理のエッセンスを「最小限」体得していれば，関連図書も参照することによって，分析法を使いこなし，分析結果を文章にまとめることもできると考えています。
　前段に既に現れた③の「最小限」というキーワードも，大切なことです。これは冒頭に記した各章90分の内容を意図したことに加えて，学ぶ側にとって「一度に多くの情報を与えられると，頭の容量を超えて，大切なエッセンスを見失ってしまう」ことへの配慮によります。各章で「あの話題が記されていない」と感じた箇所があれば，それは，③の方針によるとご理解ください。また，本文の幾つかの箇所で，「……は難解なので省く」や「……は理解しなくてよい」などのように付記したのも，以上と同じ理由です。すなわち，詳しく解説すると難解になり，それらの理解を読者が気にかけるあまり，論旨を追うことの妨げになると思われる箇所は，上記のように付記しました。

さて，方針①と②は互いに相反する側面を持ち，数式を使わずに原理を説明することは困難です。そこで，数式が必要な箇所では，無機質な記号を減らすことを意図して，「具体的数値だけの式」，「言葉による式」，および，「言葉まじりの式」を使うことにしました。最後の「言葉まじりの式」とは，「変数は言葉，パラメータは記号で表した式」です。例えば，授業の出席率から成績を予測するための回帰分析のモデルは，

$$成績 = b \times 出席率 + c + 誤差$$

のように表して，具体的イメージを抱けるようにしました。上記の式では，変数は具体名，係数や切片といったパラメータには b, c の記号を使って，両者の役割の違いを意図的に区別しています。誤差は別にして，成績や出席率はデータとして分析前に与えられるのに対して，パラメータの b や c は分析前には未知で，分析後に具体的な数値が解として与えられるものです。このように1本の式には，役割が異なる項が現れます。もし，上記の式を全て言葉にして，「成績 = 係数×出席率 + 切片 + 誤差」，または，全て記号にして「$y = bx + c + e$」と表せば，各項の役割の違いが実感できません。こうした役割分担を意識できれば，難しい統計学の数式の意味を，ずっと容易に把握できます。そこで，各項の役割分担を自然に意識できるように，「言葉まじりの式」つまり「日常言語と記号からなる式」を使うことにしました。

さて，各種の分析法の入門的紹介では，特に，「その分析法の特徴や効用を端的に示す，良質な数値例」を使うことが大切です。こうした良質な数値例として，各種の分析法ごとに，実際に観測された実データを用意することは至難のわざです。そこで，「良質な仮想の数値例を使う」という方法と，「あくまで実データにこだわる」という2つの案を比べた結果，前者の方が得策と判断して，多くの部分で仮想数値例を使うことになりました。なお，データを示す表には，仮想数値例か実データのいずれであるかを記しました。

多変量データ解析を実行するためには，計算機のソフトウェアを利用することが不可欠ですが，本書はソフトウェアの解説書ではありません。しかし，本書の数値例を，ソフトウェアによって分析しながら読み進むことも，効率的な学習法と思います。そこで，分析結果の図表には，使ったソフトウェア名を記し，その手順の概略を付録にまとめました。紙面の制約により付録は非常に簡潔で，ソフトウェアをまだ使ったことがない読者には意味が不明でしょうが，引用したソフトウェアの解説図書を参考にすれば，どのような方法を使ったかは察せられるでしょう。なお，本書の分析例で使ったソフトウェアのほとんどは，SPSSまたはAMOSです。

本書の執筆にあたり，直接，あるいは，論文・著書などを通して間接的に，多くの研究者から恩恵を受けました。特に，立教大学社会学部の岡太彬訓教授には1～3章と13～15章の草稿に，大阪大学基礎工学研究科の狩野裕教授には1章と4～12章の草稿に目を通していただき，幾つかのご教示をいただきました。ご教示に従って草稿を修正することにより，本書の内容を向上させることができ，両先生に感謝の意を表します。また，全章にわたって，不自然な語句や表現をご指摘いただきました大阪大学人間科学研究科の宮本友介助手に感謝します。なお，ご教示・ご指摘に十分に答えきれなかった部分もあり，そのために至らぬ箇所がありましたら，その原因は著者の能力不足にあります。最後に，本書執筆のお話をいただき，終始，原稿執筆を励ましていただきましたナカニシヤ出版の宍倉由高編集長に感謝の意を表します。

2006年1月
著　者

目　次

1　多変量解析のための基本統計法 *1*
　1.1. 多変量データ行列　*1*
　1.2. 共分散と分散と標準偏差　*2*
　1.3. 共分散と相関係数　*3*
　1.4. 共分散の2つの定義　*4*
　1.5. 平均偏差得点　*5*
　1.6. 標準得点　*6*
　1.7. 回帰分析　*7*
　1.8. 多変量解析法の分類　*8*

2　クラスター分析 *11*
　2.1. 距　離　*11*
　2.2. 階層的クラスター分析の原理　*12*
　2.3. デンドログラムの利用　*14*
　2.4. 階層的クラスター分析の諸方法　*15*
　2.5. 個体の分類と変数の分類　*16*
　2.6. 変数の標準化　*18*
　2.7. K平均法による非階層的クラスター分析　*19*
　2.8. K平均法の計算原理　*19*

3　主成分分析（その1） *21*
　3.1. 主成分分析に関する注意点　*21*
　3.2. 主　軸　*21*
　3.3. 主軸の座標値としての主成分得点　*24*
　3.4. 鏡に映された像としての主成分得点　*25*
　3.5. 総分散と累積寄与率　*25*
　3.6. 変数の標準化　*28*
　3.7. 多次元データの主成分分析　*29*
　3.8. 重みつき合計としての主成分得点　*32*

4　重回帰分析（その1） *35*
　4.1. 重回帰分析の予測式　*35*
　4.2. 重回帰モデルとパス図　*36*
　4.3. 係数と切片の解法　*37*
　4.4. 分析結果の誤差の大きさ　*38*
　4.5. 予測値と誤差の関係　*40*

4.6. 分散説明率と重相関係数　41
4.7. 非標準解と標準解　42
4.8. データが満たすべき条件　43

5 重回帰分析（その2） 45

5.1. 相関係数と回帰係数と偏回帰係数　45
5.2. 偏回帰係数の意味　46
5.3. 他の説明変数の影響の除去と誤差　47
5.4. 偏相関係数　49
5.5. 抑制変数　50
5.6. 重相関係数の検定と偏回帰係数の区間推定　51
5.7. 多重共線性の問題　52
5.8. 平均偏差得点の重回帰分析　53

6 パス解析（その1） 55

6.1. 重回帰分析からパス解析へ　55
6.2. 従属変数の誤差と説明変数間の相関　56
6.3. 構造方程式モデル　57
6.4. モデルの適切さの検討　59
6.5. 非標準解と標準解　60
6.6. 誤差の分散と分散説明率　60
6.7. パス係数と相関　61
6.8. 直接効果と間接効果と総合効果　62

7 パス解析（その2） 65

7.1. 標本共分散行列と共分散構造　65
7.2. 標本共分散と共分散構造の相違の最小化　67
7.3. 標本共分散と解を代入した共分散構造　68
7.4. 他のモデルの例　68
7.5. 飽和モデルと独立モデル　69
7.6. モデル間比較に使える適合度指標　71
7.7. 飽和モデルとしての重回帰モデル　72
7.8. 同値モデル　73

8 確認的因子分析（その1） 75

8.1. 2因子モデルの例　75
8.2. 非標準解・標準解とモデルの適合度　77
8.3. 共通性と独自性　77
8.4. 因子負荷量と因子間相関　79
8.5. 因子で変数を説明する回帰モデル　80
8.6. 因子分析の推定対象　81
8.7. 測定方程式モデル　82
8.8. 変数群どうしの相関　83

9 確認的因子分析(その2)と構造方程式モデリング(その1) ……… 85
- 9.1. 共分散構造に基づく計算　*85*
- 9.2. 他の因子モデルの例　*86*
- 9.3. モデルの識別性　*87*
- 9.4. 識別性とパラメータの制約　*89*
- 9.5. 不適解　*90*
- 9.6. 潜在変数の構造方程式モデリング　*90*
- 9.7. 従属変数である因子の分散　*92*
- 9.8. 共分散構造分析の体系　*93*

10 構造方程式モデリング(その2) ……… 95
- 10.1. 潜在変数の構造方程式と測定方程式　*95*
- 10.2. 測定・構造方程式モデル　*96*
- 10.3. 計算手順　*98*
- 10.4. モデル間比較　*100*
- 10.5. 誤差の分散と分散説明率　*102*
- 10.6. パス係数と相関　*103*
- 10.7. 直接効果と間接効果と総合効果　*103*
- 10.8. 識別性と不適解と同値モデル　*103*

11 探索的因子分析(その1) ……… 105
- 11.1. 探索的因子分析とは　*105*
- 11.2. モデルとその識別性　*106*
- 11.3. 斜交解　*107*
- 11.4. 重回帰モデルと共通性・独自性　*108*
- 11.5. 直交解　*109*
- 11.6. 分析のプロセス　*110*
- 11.7. 古い方法から新しい方法へ　*112*
- 11.8. 相関関係からみた因子分析　*113*

12 探索的因子分析(その2)と主成分分析(その2) ……… 115
- 12.1. 因子数の選定　*115*
- 12.2. 因子軸の回転　*116*
- 12.3. 単純構造を目指した回転　*117*
- 12.4. 因子得点　*118*
- 12.5. 主成分分析の2つの表現　*119*
- 12.6. 主成分を因子に似せる　*120*
- 12.7. 相関行列の主成分の標準化　*121*
- 12.8. 因子分析的な主成分分析の利用　*123*

13 数量化分析 ……… 125
- 13.1. 等質性分析による数量化　*125*
- 13.2. 等質性分析の原理　*127*
- 13.3. 解の包含関係　*128*

13.4. 次元数選定の困難　*129*
13.5. 対応分析による数量化　*130*
13.6. 対応分析の原理　*131*
13.7. 累積寄与率　*133*
13.8. 行・列主成分解と対称解　*133*

14 多次元尺度法 ……………………………………………………………… *135*
14.1. 距離的データから地図を描く　*135*
14.2. 多次元尺度法の原理　*136*
14.3. データの尺度水準と変換　*137*
14.4. 解の次元数　*138*
14.5. 多次元展開法　*139*
14.6. 重みつき距離に基づく多次元尺度法　*140*
14.7. 重みつき距離の式による表現　*142*
14.8. 個人差多次元尺度法の適用例　*142*

15 判別分析 ……………………………………………………………………… *145*
15.1. 多変量正規分布　*145*
15.2. 群判別の原理　*146*
15.3. 共分散が等しい2群の判別　*147*
15.4. 判別分析の2ステップ　*149*
15.5. 線形判別分析の適用例　*149*
15.6. 誤判別率と交差検証法　*151*
15.7. 正準判別分析　*152*
15.8. 群間相違の探索　*154*

付録　数値例に使ったソフトウェア操作の概略 …………………… *155*
A.1. Excelによる基本統計量の算出　*155*
A.2. AMOSの操作の概略　*155*
A.3. SPSSの操作の概略　*156*

索　引　*161*
引用・参考文献　*163*

本書で用いたプログラムソフトMicrosoft Excelは米国Microsoft Corporationの米国およびその他の国における登録商標です。SPSS（BASE），SPSS（Categories），AMOSは米国SPSS社の米国およびその他の国における登録商標です。なお，本文中では，基本的にTMマークおよびRマークは省略しました。

1 多変量解析のための基本統計法

多変量解析法とは，複数の変数からなる多変量データの統計解析法の総称であり，異なる目的を持つ種々の方法がその中に含まれる。こうした個別的な諸方法を，次の2章以降に順次記していく。その前の準備を行うのが本章であり，多変量解析の解説に必須となる基本統計量やデータの変換法などを記す。従って，既に基本的な統計法を学んだ読者にとっては，この章は，多変量解析の学習に向けての復習となる。

1.1. 多変量データ行列

一般に多変量データは，表1.1の（A），（B）や（C）に例示するように，各個体について複数の変数を観測した結果を，個体×変数の表にまとめた形で表せる。ここで，**個体**とは，それからデータが観測される対象を表し，表1.1の（A）では被験者，（B）では都市，（C）では球団を指す。個体という用語の代わりに，ケースや観測単位などの用語が使われることもある。一方，**変数**とは個体から観測される指標を指し，例えば，表1.1の（A）では，国語や数学といった科目を指す。こうした（数ではない）科目名を指して変数と呼ぶことを納得するには，例えば「国語の得点＝？」という式を考えるとよいだろう。この式の右辺は，例えば，被験者の1では「？」は82点，被験者2では96点というように，個体間で変動する数になる。このように，とり得る値が個体によって変わるものという意味で，変数という用語が使われる。

さて，変数と**変量**は同義語であり，「複数」と同義の「多」を「変量」の前につけて，表1.1のようなデータを**多変量**のデータと呼んでいる。もし，表1.1（A）のデータの変数が国語だけであれば，これは，1変量データと呼ばれることになる。

一般に，数値を縦と横に並べた表を，数学では，**行列**と呼ぶ。ここで，行列の横方向に並んだ要素を行と呼び，縦方向に並んだ要素を列と呼ぶ。例えば，表1.1（A）は，行が個体（被験者）に，列が変数（科目）に相当する6（行）×4（列）の行列であり，その要素は得点である。

以下，表1.1（A）のデータを成績データと呼んで，これを例にして説明を行うので，再び，表1.2に掲げ，平均・分散・標準偏差も記した。なお，「（不偏）」と付した統計量は，1.4節で説明する。

表1.1 多変量データの3つの例：(A) は仮想数値例，(B)，(C) は実データ

(A) 被験者の各科目の得点

個体（被験者）	国語	数学	英語	理科
1	82	70	70	76
2	96	65	67	71
3	84	41	54	65
4	90	54	66	80
5	93	76	74	77
6	82	85	60	89

(B) 2005年12月25日の気象

個体（都市）	平均気温	平均湿度	降水量
札幌	−1.9	72	9.0
青森	−0.1	79	7.5
・	・	・	・
・	・	・	・
那覇	17.7	59	0.0

(C) プロ野球・セリーグ球団と成績（2005年）

個体（球団）	勝率	得点	本塁打	打率	防御率
阪神	0.617	731	140	0.274	3.24
中日	0.545	680	139	0.269	4.13
横浜	0.496	621	143	0.265	3.68
ヤクルト	0.493	591	128	0.276	4.00
巨人	0.437	617	186	0.260	4.80
広島	0.408	615	184	0.275	4.80

1.2. 共分散と分散と標準偏差

多変量解析では，散布度と変数間の相関関係が重要な役割を果たす。ここで，**散布度**とは「個体間で変数の値が散らばる程度」を指し，**相関関係**とは「一方の変数の値が大きくなるに伴って，他方の変数も大きくなる，または，小さくなる，あるいは無関係」といった関係を指す。散布度と相関関係は，**散布図**によって視覚的に把握できる。図 1.1 には，成績データ（表 1.2）の数学と理科の得点を，それぞれ横軸・縦軸として，6 名の個体をプロットした散布図である。図 1.1 から，理科より数学の散布度が大きいこと，および，数学の得点が高い人は理科の得点も高いという正の相関関係がうかがえる。

散布度と相関関係を数値で表す統計量に，**共分散**がある。共分散は，変数のペア（対；つい）の「変数の値－平均」の積を合計して，個体数で除した指標である。例えば，成績データの数学と理科をペアにすると，個体 1 の「変数の値－平均」のペアの積は，$(70-65.17)\times(76-76.33)$，個体 2 のペアの積は $(65-65.17)\times(71-76.33)$ であり，こうした積を個体 6 まで求めて，その合計を個体の数 6 で除した値が，

$$\text{数学と理科の共分散} = \{(70-65.17)\times(76-76.33)+(65-65.17)\times(71-76.33)+\cdots+(85-65.17)\times(89-76.33)\}/6 = 81.78 \quad (1.1)$$

である。同様にして，他の変数どうしの共分散も求めて，4 変数 × 4 変数の行列にまとめたのが表 1.3（A）であるが，こうした表を**共分散行列**と呼ぶ。ここで，表の上三角が空欄であるのは，「数学と理科の共分散」も「理科と数学の共分散」も同じく 81.78 であるため，対角線の左下か右上のいずれか一方に数値を記せば，他方には記す必要はないからである。同じ理由で，次節で説明する表 1.3（B）の右上も空欄になっている。

共分散は，変数どうしが無相関であれば 0 になり，変数間に正の相関があるときは**正の値**，負の相関があるときは**負の値**をとる。共分散には，こうした相関関係とともに散布度の情報も含まれることは，次節に記す。

表 1.3（A）の対角線の欄は，国語と国語，数学と数学の共分散というように，同じ変数どうしの共分散であるが，

表 1.2　成績データと各変数の平均や分散*

個体 (被験者)	変数（科目）			
	国語	数学	英語	理科
1	82	70	70	76
2	96	65	67	71
3	84	41	54	65
4	90	54	66	80
5	93	76	74	77
6	82	85	60	89
平均	87.83	65.17	65.17	76.33
標準偏差	5.49	14.39	6.54	7.43
分散	30.14	207.14	42.81	55.22
(不偏) 標準偏差	6.01	15.77	7.17	8.14
(不偏) 分散	36.17	248.57	51.37	66.27

*計算には Excel を使用

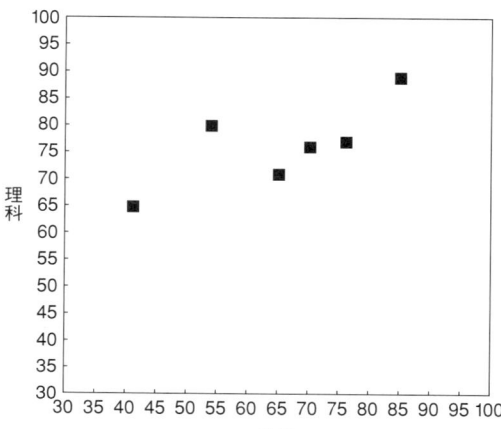

図1.1　数学と理科の散布図

表 1.3 共分散行列と相関行列

(A) 共分散 [*1]

変数	国語	数学	英語	理科
国語	30.14			
数学	−3.47	207.14		
英語	17.86	46.14	42.81	
理科	−10.11	81.78	9.78	55.22

[*1] 計算には Excel を使用

(B) 相関係数 [*2]

変数	国語	数学	英語	理科
国語	1.00			
数学	−0.04	1.00		
英語	0.50	0.49	1.00	
理科	−0.25	0.76	0.20	1.00

[*2] 計算には，SPSS (BASE) の「相関→2変量」を使用

同じ変数どうしの共分散 = その変数の分散 (1.2)

であることは，表 1.2 の分散の欄と比較すれば確認できる。(1.2) 式が成り立つことを，数学と数学のペアを例にして考えよう。個体1の「変数の値 − 平均」のペアの積は，$(70 − 65.17) \times (70 − 65.17) = (70 − 65.17)^2$，個体2のペアの積は，$(65 − 65.17) \times (65 − 65.17) = (65 − 65.17)^2$ のように，「変数の値 − 平均」の2乗で表せる。従って，

数学どうしの共分散 =
$$\{(70 − 65.17)^2 + (65 − 65.17)^2 + \cdots + (85 − 65.17)^2\}/6 = 207.14 \quad (1.3)$$

と表せ，これは，**分散**の定義，つまり，「変数の値と平均との差の2乗和を個体数で除した値」と一致する。以下では，「共分散」という語は分散も含み，単に「分散」と言えば，これは共分散までは含まないと考えよう。

　分散は，各変数の散布度を表す指標であるが，その平方根である**標準偏差**，すなわち，

標準偏差 = $\sqrt{\text{分散}}$ (1.4)

も散布度の指標である。なお，(1.4) 式は「標準偏差の2乗 = 分散」と書き換えられる。

1.3. 共分散と相関係数

　(1.1) 式の数学と理科の共分散の値 81.78 は正であるので，両変数間には正の相関があるといえるが，「どの程度強い正の相関があるのか」は，81.78 という数値から把握しがたい。これは，共分散に，「100点満点のテストの0点や100点」のような，わかりやすい下限・上限がないためである。しかし，共分散を各変数の標準偏差で除したものは，下限が −1，上限が 1 の指標となる。これが**相関係数**である。例えば，

数学と理科の相関係数 =
$$\frac{\text{数学と理科の共分散}}{(\text{数学の標準偏差}) \times (\text{理科の標準偏差})} = \frac{81.78}{14.39 \times 7.43} = 0.76 \quad (1.5)$$

となる。表 1.3 (B) には，各変数間の相関係数をまとめたが，こうした表を**相関行列**と呼ぶ。変数間に完全な正の相関（比例関係）があるとき，相関係数はその**上限1**となり，完全な負の相関があるときは**下限の−1**，無相関のときは**0**となる。

相関係数は，変数間の相関関係だけを表す指標であるが，**共分散**は，相関関係と散布度が掛け合わされた指標である。このことは，(1.5) 式を，共分散が左辺になるように，

数学と理科の共分散
= （数学と理科の相関係数）×（数学の標準偏差）×（理科の標準偏差）　　(1.6)

と書き換えると理解できよう。このように複数種の情報を反映することが，上述したように，共分散から相関関係の強さを把握しがたいことの理由になっている。しかし，共分散は，多くの情報を有する指標であるため，幾つかの多変量解析法の計算で重要な役割を担う。

1.4. 共分散の2つの定義

共分散の定義には，変数どうしの「変数の値 − 平均」の積の合計を「**個体数**」で除すというもの以外に，「**個体数 − 1**」で除すという定義法もある。後者の定義によれば，

数学と理科の共分散
$= \{(70 − 65.17) × (76 − 76.33) + (65 − 65.17) × (71 − 76.33) + \cdots$
$+ (85 − 65.17) × (89 − 76.33)\}/(6 − 1) = 98.13$　　(1.7)

表1.4　共分散行列*

変数	国語	数学	英語	理科
国語	36.17			
数学	− 4.17	248.57		
英語	21.43	55.37	51.37	
理科	− 12.13	98.13	11.73	66.27

* 不偏：SPSS（BASE）の「相関→2変量」を使用

となる。同じ変数どうしの共分散つまり分散にも，もちろん，「個体数 − 1」で除す定義があり，これの平方根を標準偏差とすることがある。これらを，表1.2 の「（不偏）」と付した欄，および，表1.4 に記した。ソフトウェアの中には，以上の「個体数 − 1」による除算に基づく共分散・標準偏差だけを出力するものもある。

(1.1) 式のように「個体数」で除す定義は，最尤法（さいゆうほう）という計算原理から推奨される。一方，(1.7) 式のように「個体数 − 1」で除す定義は，不偏性という性質から推奨され，この定義に基づく共分散や標準偏差のことを，特に「不偏共分散」や「不偏標準偏差」と呼ぶことがある。ただし，読者は，最尤法・不偏性という用語の意味を特に理解する必要はなく，いずれの定義がよいかを決め難いことだけを，認識してほしい。

2種の定義のいずれを選ぶかは，使う側の自由である。本書では，両方の定義のいずれかを使うが，「個体数 − 1」で除す指標を使ったときは，図表またはそれらの脚注などに「**不偏**」という語を記し，「個体数」で除す指標を使ったときは何も表示しない。ただし，いずれの定義を使っても，多変量解析の結果に本質的な相違はないので，読者は特に注意する必要はない。

なお，平均には，合計を「個体数 − 1」で除す定義はない。また，相関係数については，「個体数」および「個体数 − 1」で除す共分散・標準偏差のいずれを (1.5) 式の右辺にしても，得られる相関係数は同じ値になる。

1.5. 平均偏差得点

　この節と 1.6 節では，各個体の変数の値を，ある一定の基準に従って変換する方法を記す。一般に，変換を行うとき，変換前の値を**素点**，素点の集まりを**素データ**と呼ぶ。

　素点（素データ）から平均を引いて変換した値を，**平均偏差得点**（または**平均からの偏差**）と呼ぶ。つまり，

$$\text{平均偏差得点} = \text{素点} - \text{平均} \tag{1.8}$$

である。例えば，成績データ（表 1.2）の 6 名の数学の素点 70, 65, …, 85 を平均偏差得点に変換すると，それぞれから一律に数学の平均 65.17 を引いた 70 − 65.17, 65 − 65.17, …, 85 − 65.17 となり，国語の平均偏差得点は，素データから一律に国語の平均を引いた 82 − 87.83, 96 − 87.83, …, 82 − 87.83 となる。表 1.2（素データ）の平均偏差得点を表 1.5 の（A）に示す。

　平均偏差得点は，どのようなデータであっても，常に

$$\text{平均偏差得点の平均} = 0 \tag{1.9}$$

が成り立つ。これは，表 1.5（A）下部の「平均」の行で確認できる。(1.8) 式よりもむしろ (1.9) 式が，平均偏差得点の第一の定義であると考えるのがよいだろう。すなわち，平均偏差得点とは，**平均が 0 である変数**を指し，平均が 0 でない素データ（素点）を平均 0 の得点に変換したければ，(1.8) 式に従って変換すればよいと理解しておこう（ここで，変数・得点・データという用語を同義のものとして大雑把に使っているので，読者は敏感にならないようにしよう）。

　素データ（素点）と平均偏差得点の関係として，

$$\text{平均偏差得点の共分散} = \text{素データの共分散} \tag{1.10}$$

も重要な性質である。(1.10) 式は，平均偏差得点をデータとして共分散を計算しても，素デ

表 1.5 成績の素データ（表 1.2）の平均偏差得点と標準得点*

個体 (被験者)	(A) 平均偏差得点				(B) 標準得点				(C) 標準得点（不偏標準偏差に基づく）			
	国語	数学	英語	理科	国語	数学	英語	理科	国語	数学	英語	理科
1	−5.83	4.83	4.83	−0.33	−1.06	0.34	0.74	−0.04	−0.97	0.31	0.67	−0.04
2	8.17	−0.17	1.83	−5.33	1.49	−0.01	0.28	−0.72	1.36	−0.01	0.26	−0.66
3	−3.83	−24.17	−11.17	−11.33	−0.70	−1.68	−1.71	−1.53	−0.64	−1.53	−1.56	−1.39
4	2.17	−11.17	0.83	3.67	0.39	−0.78	0.13	0.49	0.36	−0.71	0.12	0.45
5	5.17	10.83	8.83	0.67	0.94	0.75	1.35	0.09	0.86	0.69	1.23	0.08
6	−5.83	19.83	−5.17	12.67	−1.06	1.38	−0.79	1.70	−0.97	1.26	−0.72	1.56
平均	0.00	0.00	0.00	0.00	0.00	0.00	0.00	0.00	0.00	0.00	0.00	0.00
標準偏差	5.49	14.39	6.54	7.43	1.00	1.00	1.00	1.00	0.91	0.91	0.91	0.91
分散	30.14	207.14	42.81	55.22	1.00	1.00	1.00	1.00	0.83	0.83	0.83	0.83
(不偏) 標準偏差	6.01	15.77	7.17	8.14	1.10	1.10	1.10	1.10	1.00	1.00	1.00	1.00
(不偏) 分散	36.17	248.57	51.37	66.27	1.20	1.20	1.20	1.20	1.00	1.00	1.00	1.00

* 計算には Excel を使用

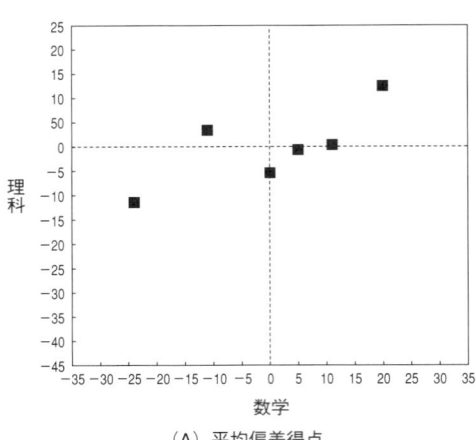 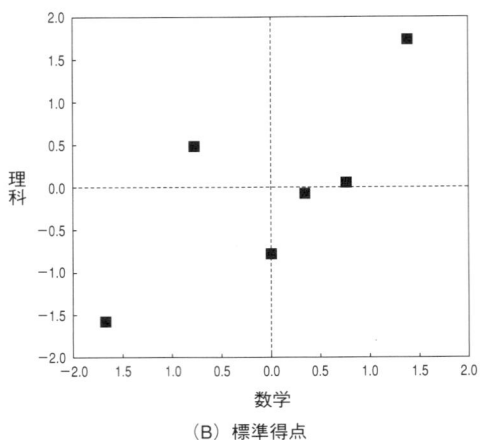

(A) 平均偏差得点　　　　　　　　　(B) 標準得点

図1.2　平均偏差得点および標準得点に基づく数学と理科の得点の散布図

ータの共分散（表1.3 (A)・表1.4）と全く同じになることを意味する。共分散は分散も含むので，(1.10) 式は「平均偏差得点の分散＝素データの分散」も意味し，さらに，この式の両辺の平方根をとると「平均偏差得点の標準偏差＝素データの標準偏差」となる。

以上の性質を踏まえて，平均偏差得点に基づく数学と理科の散布を描いた図1.2 (A) と，素データの散布を描いた図1.1を見比べよう。両図の個体の散布は全く同じで，異なるのは，縦・横軸の目盛りだけである。すなわち，平均偏差得点の図1.2 (A) の縦・横軸は，0が，分布の中心になっている。つまり，平均偏差得点への変換によって，(1.9) 式のように，個体のちらばりの中心つまり平均が0になるように，いわば「目盛りが平行移動される」が，データの**散布の様子は保存**される。こうした性質のため，幾つかの多変量解析法では，素データを分析しても，平均偏差得点を分析しても，本質的に同じ結果が得られ，かつ，後者の分析を想定した説明の方が簡潔になることがあるので，本書ではしばしば平均偏差得点に基づく記述が見られるだろう。

1.6. 標準得点

素点（素データ）から平均を引いた値つまり平均偏差得点を，さらに，標準偏差で除したものを，**標準得点**（または **z 得点**）と呼ぶ。つまり，

$$\text{標準得点} = \frac{\text{素点} - \text{平均}}{\text{標準偏差}} = \frac{\text{平均偏差得点}}{\text{標準偏差}} \tag{1.11}$$

である。例えば，表1.2の6名の数学の素点70, 65, …, 85を標準得点に変換すると，それぞれから一律に数学の平均65.17を引いて標準偏差14.39で除した値，$(70 - 65.17)/14.39$, $(65 - 65.17)/14.39$, …, $(85 - 65.17)/14.39$ となり，国語の標準得点は，素点から一律に国語の平均を引いて国語の標準偏差で除した値，$(82 - 87.83)/5.49$, $(96 - 87.83)/5.49$, …, $(82 - 87.83)/5.49$ となる。以上の標準得点を表1.5 (B) に示す。表1.5の (C) には，「個体数－1」による除算に基づく（不偏）標準偏差を，(1.11) 式の分母としたときの標準得点を掲げた。

標準得点の重要な性質は，どのようなデータであっても，常に

$$\text{標準得点の平均} = 0, \tag{1.12}$$

$$\text{標準得点の分散} = \text{標準得点の標準偏差} = 1 \tag{1.13}$$

が成り立つことである。これは，表 1.5（B），（C）の下部の行（灰色の欄）で確認できる。(1.11) 式よりもむしろ (1.12) と (1.13) 式が，標準得点の第一の定義であると考えるのがよいだろう。すなわち，標準得点とは，**平均 0，分散 1 の変数**を指し，素データ（素点）を，平均 0，分散 1 の得点に変換したければ，(1.11) 式に従って変換すればよいと理解しておこう。

なお，(1.12)，(1.13) 式の重要な点は，「… = 0，… = 1」よりも，むしろ，どの変数についても「平均が（0 に）統一化され，標準得点の分散・標準偏差が（1 に）統一化される」ことであり，**変数間で散布度を等しくしたい場面**で，標準得点は重要になる。なお，素データを標準得点に変換することを，**標準化**と呼ぶ。

図 1.2（B）には，標準得点によって個体をプロットした数学・理科の散布図を描いた。図 1.2（A）や図 1.1 では，数学より理科の分散が小さいため，点の縦方向の散らばりが小さいが，図 1.2（B）では，前段に記したように，標準化によって**分散が統一化**されて，点の散らばりが横方向と縦方向の間で等しい散布になり，(1.13) 式の性質が視覚的に把握できよう。

さらに，標準得点は次の性質，

$$\text{標準得点の共分散} = \text{相関係数} \tag{1.14}$$

を持つことは，(1.6) 式から導ける。すなわち，(1.6) 式の左辺を「数学の標準得点と理科の標準得点の共分散」とすると，右辺の積の標準偏差はともに 1 であり，(1.6) 式は「数学と理科の標準得点の共分散 = 数学と理科の標準得点の相関係数 × 1 × 1」となって，(1.14) 式が得られる。具体的には，表 1.5（B）または（C）の標準得点から得られる共分散と相関係数は同じ値になる。

1.7. 回帰分析

共分散や相関係数を求めることは，「数学と理科の共分散」＝「理科と数学の共分散」のように 2 つの変数を対等に扱った分析であるが，**回帰分析**は，「数学から理科の成績を予想（予測）する」というように，ある変数から別の変数を予測するための統計法である。すなわち，回帰分析では，2 つの変数が「他の変数を予測するための変数」と「予測される変数」に分かれるが，前者を**説明変数**（または**独立変数**），後者を**従属変数**と呼ぶ。

回帰分析では，従属変数の**予測値**を

$$\text{予測値} = b \times \text{説明変数} + c \tag{1.15}$$

という式で表して，予測のために最適な**回帰係数** b と**切片** c の値をデータから算出する。例えば，表 1.2 の数学を説明変数，理科を従属変数とした回帰分析を行うと，$b = 0.395$，$c = 50.606$ という値が算出される。なお，算出法は，この章の段階で読者は知る必要はないので省く。上記の値を (1.15) 式に代入すると，「（理科の得点の）予測値 = 0.395 × 数学の得点 + 50.606」という予測式が得られる。

しかしながら，予測に「**誤差**はつきもの」であり，「誤差＝従属変数－予測値」を考慮しなければならない．この式は「従属変数＝予測値＋誤差」と書き換えられるが，これの右辺の予測値に，（1.15）式の右辺を代入すると，

$$\text{従属変数} = b \times \text{説明変数} + c + \text{誤差} \tag{1.16}$$

のように，従属変数と説明変数を関係づける式が得られる．（1.16）式は，（回帰分析のモデルを略して）**回帰モデル**と呼ばれる．なお，**モデル**という用語は，一般に，データに対する仮定を数式で表現したものを指す．

説明変数と従属変数を標準化したものをデータとして，回帰分析を適用して得られる回帰係数を，特に**標準回帰係数**と呼ぶ．例えば，上記の数学と理科については，表1.2の素データではなく，表1.5の（B）または（C）をデータとして回帰分析を行って得られるのが，標準回帰係数である．標準回帰係数は，相関係数に一致することが知られる．すなわち，数学を説明変数，理科を従属変数とした分析，および，逆に，理科を説明変数，数学を従属変数とした分析ともに，標準回帰係数は 0.76 になり，両者間の相関係数（表1.3（B））に一致する．

1.8. 多変量解析法の分類

多変量解析の諸方法の内容を理解するには，2章以降の各章を読まなければならないが，その前に諸方法を幾つかのカテゴリーに分類すると，見通しが効いてよいだろう．

多変量解析法は種々の観点から分類できるが，完全な分類法はない．この中で，表1.6の中ほどの列に示すように，諸方法を「探索志向の分析」と「確認志向の分析」に二分するのが，利用者にとって有益だと思われる．前者の**探索**とは，「何か結論を出すというよりも，データが有する傾向の概略を発見して，今後の研究に役立てる」ことを意味するのに対して，後者の**確認**とは，「予め想定される研究仮説を，データに基づいて検討し，何らかの結論を出す」といったことを意味する．ここで，研究仮説という用語は，統計的仮説検定の「仮説」を特に指すのではなく，広い意味で，研究者が現象に対して抱く考えを指す．

探索志向の分析は，研究の初期段階で有用になることが多いのに対して，確認志向の分析は，研究の後半部で使われることが多く，「探索志向の分析で発見された傾向から，研究仮説を構成し，それを確認志向の分析で検討して結論に至る」という流れの研究は，しばしば見られる．

表 1.6 本書の章立てと多変量解析法の分類

分析法	章	志向性*		主要目的*		
		探索志向	確認志向	空間表現	分類	因果分析
クラスター分析	2章	○			○	
主成分分析	3章・12章	○		○		
重回帰分析	4章・5章		○			○
パス解析	6章・7章		○			○
確認的因子分析	8章・9章		○			○
構造方程式モデリング	9章・10章		○			○
探索的因子分析	11章・12章	○				○
数量化分析	13章	○		○		
多次元尺度法	14章	○		○		
判別分析	15章		○		○	

*該当するものを○で表示

ただし，2章〜15章の順番は，上記の流れではなく，話の続き具合などを考慮したところ，結果的に，確認志向の分析が中ほどの章に集まり，その前後に探索志向の分析の章が位置するという形になった。なお，以上の二分法にも例外はあり，確認志向の分析を探索に用いる研究もあれば，その逆もある。

以上の「探索か確認」といった志向性ではなく，分析法の主要目的を，空間表現・分類・因果分析の3つに分類したのが，表1.6の右3列である。**空間表現**とは，「データが持つ傾向を，空間布置（座標グラフ）で表して，目で見て把握できるように（視覚化）する」ことを指し，**分類**とは「対象のグループ分け」を指す。また，**因果分析**とは，「変数に影響する原因を探りだしたり，原因となる変数（説明変数）と結果にあたる変数（従属変数）との関係をみる」ことを指す。

ただし，諸方法それぞれの目的が，以上の3つのいずれかに限られるわけではなく，さらに，これら3つ以外の目的に役立つ方法もある。例えば，主成分分析は，空間表現だけではなく，変数の分類に利用されることもあれば，探索的因子分析に似た側面も持つ。従って，「**各分析法が役立つ場面を，読者自身が考えだそうとする**」のも，本書の読み方の1つだろう。

本書の以下の章立ては，次のようにまとめられる。まず，多変量解析の基本といえる主成分分析と重回帰分析を，冒頭部の3章と4章に配置した。これに先立って，クラスター分析を2章においたのは，この分析が直感的にわかりやすいことと同時に，冒頭の2〜4章で，表1.6の分類・空間表現・因果分析という3つの目的を見渡せるからである。これら冒頭部の最後4章で重回帰分析を導入した後は，この分析を基礎とする因果分析のための方法が12章まで続く。なお，12章の後半では，そこで扱う因子分析との関連から，主成分分析が再び登場する。その後，13章以降は，前章までに扱えなかった，空間表現や分類を目指す方法が紹介される。

2 クラスター分析

　学問の歴史は，対象の**分類**から始まるといわれる。例えば，人間の性格の研究も，似た振る舞いをする人どうしを1つの群（グループ）にまとめ，違った振る舞いをする人どうしは異なる群になるように分類するといった，類型化の作業から始まったであろう。**クラスター分析**は，こうした分類を目的とする方法であり，対象間の類似・非類似に基づいて，対象の群（グループ）分けを行う。なお，**クラスター**（cluster）は「集団」・「群れ」と訳せ，「群」と同義語である。

　クラスター分析は種々の方法に細分されるが，それらは，**階層的クラスター分析**と**非階層的クラスター分析**に大別できる。この章では，両方法の基礎になる「距離」について解説した後，ポピュラーで原理もわかりやすい階層的クラスター分析を中心に記し，最後の2.7節と2.8節で非階層的方法の1つを紹介する。

2.1. 距　　離

　対象間の**非類似度**の指標（類似しているほど小さい値をとる指標）として，**距離**，または，その2乗の**平方距離**がよく使われ，クラスター分析の基礎となる。距離は，物理的に存在する2つの点だけでなく，どのような対象にも定義される指標である。例えば，図2.1（A）の個体（ある絵画）aとbの距離は，各変数の個体どうしの差の2乗 $(4-9)^2$ および $(8-5)^2$ を合計し，その平方根をとった値，すなわち，

$$\text{aとbの距離} = \sqrt{(4-9)^2+(8-5)^2} = \sqrt{34} = 5.83 \tag{2.1}$$

となる。この計算は，**ピタゴラスの定理（三平方の定理）**による。すなわち，図2.1（B）のように，各変数を横・縦軸にしてaとbをプロットすると，双方向に矢印がつく線分の長さが，求めるべき距離となる。この線分を斜辺とした直角3角形を描くと，a，b間の距離は，3角形の底辺の長さ（複雑性の差）の2乗 $|4-9|^2=5^2$，および，高さ（不規則性の差）の2乗

個体	複雑性	不規則性
絵画a	4	8
絵画b	9	5
差	$|4-9|=5$	$|8-5|=3$

（A）データ

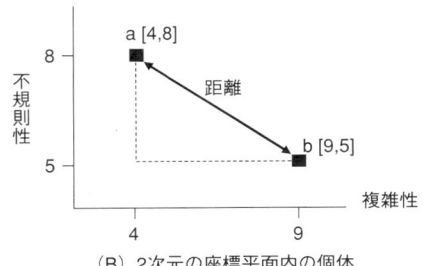

（B）2次元の座標平面内の個体

図2.1　2変量データに基づく個体間の距離

個体	外向性	情緒不安定性	勤勉性	協調性	好奇心
pさん	8	3	5	6	4
qさん	4	6	5	3	6
差	|8−4|=4	|3−6|=3	|5−5|=0	|6−3|=3	|4−6|=2

(A) データ

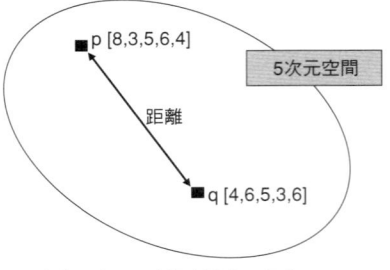

(B) 5次元の座標空間内の個体

図2.2　5変量データに基づく個体間の距離

$|8-5|^2 = 3^2$ の和の平方根 $\sqrt{|4-9|^2+|8-5|^2}$ となる。なお、この式 $\sqrt{}$ の記号の中に記された絶対値 $|\cdots|$ の2乗は、$|4-9|^2 = (4-9)^2 = 25$ のように、$(\cdots)^2$ と記しても同じであるので、(2.1) 式が得られる。aとbの**平方距離**は、(2.1) 式の2乗、つまり、平方根をとらない34となる。

さて、図2.2 (A) の、5変数の性格特性に基づいて、個体pとqの距離を求めよう。ここで、図2.1 (B) のような図を描こうとしても、5つの変数を表す軸からなる5次元の空間は（3次元の世界に住む私たちには）描けない。しかしながら、数学的には、**変数の数が幾つであっても**（座標空間が何次元であっても）、(2.1) 式と同様に、**距離**は、各変数の個体どうしの差の2乗を合計して、平方根をとった値として定義される。つまり、図2.2 (A) の個体pとqについては、

$$\text{pとqの距離} = \sqrt{(8-4)^2+(3-6)^2+(5-5)^2+(6-3)^2+(4-6)^2} = \sqrt{38} = 6.16 \quad (2.2)$$

となり、**平方距離**は38である。図2.2 (B) は、（本来描けない）5次元空間内に模式的にpとqをプロットしたものであるが、図に双方向の矢印で示す距離が、(2.2) 式のように定義されると納得しておこう。

さて、数学や統計学の世界では、(2.1) 式や (2.2) 式とは異なる距離の定義法があるので、それらと区別したい場合は、(2.1)、(2.2) 式の距離を、（ピタゴラスと同様に著名な、古代ギリシャの数学者の名を冠して）**ユークリッド距離**と呼ぶ。

2.2. 階層的クラスター分析の原理

原理の説明のため、図2.3 (A) の右に示す5個体（被験者）×2変数（性格特性）のデータから、個体を分類することを考え、個体の散布図を (A) の左に示す。**階層的クラスター分析**では、図2.3に描くステップ1〜4の順で、似ている個体どうしを順次、群にまとめていく。

ステップ1：個体a, b, c, d, eの相互の非類似度を求める。非類似度は**距離**によって求められる。例えば、aとbの距離は、$\sqrt{(4-1)^2+(1-5)^2}=5$ となる。そして、最も非類似度が小さい、つまり、**距離が短い個体のペア（対）を探して、それらを1つの群（クラスター）に統合**する。散布図 (A) を見るとわかるように、aとeの距離が最短で、これらを、(A) の下の図2.3 (B) に描かれた楕円の囲みで示すように、1つの群に統合する。この群を（group 1を略して）g_1 と呼ぶことにする。図 (B) の右は、**デンドログラム**（または**樹形図**）と呼ばれ、aとeが統合されたことを線の交わりで表す。

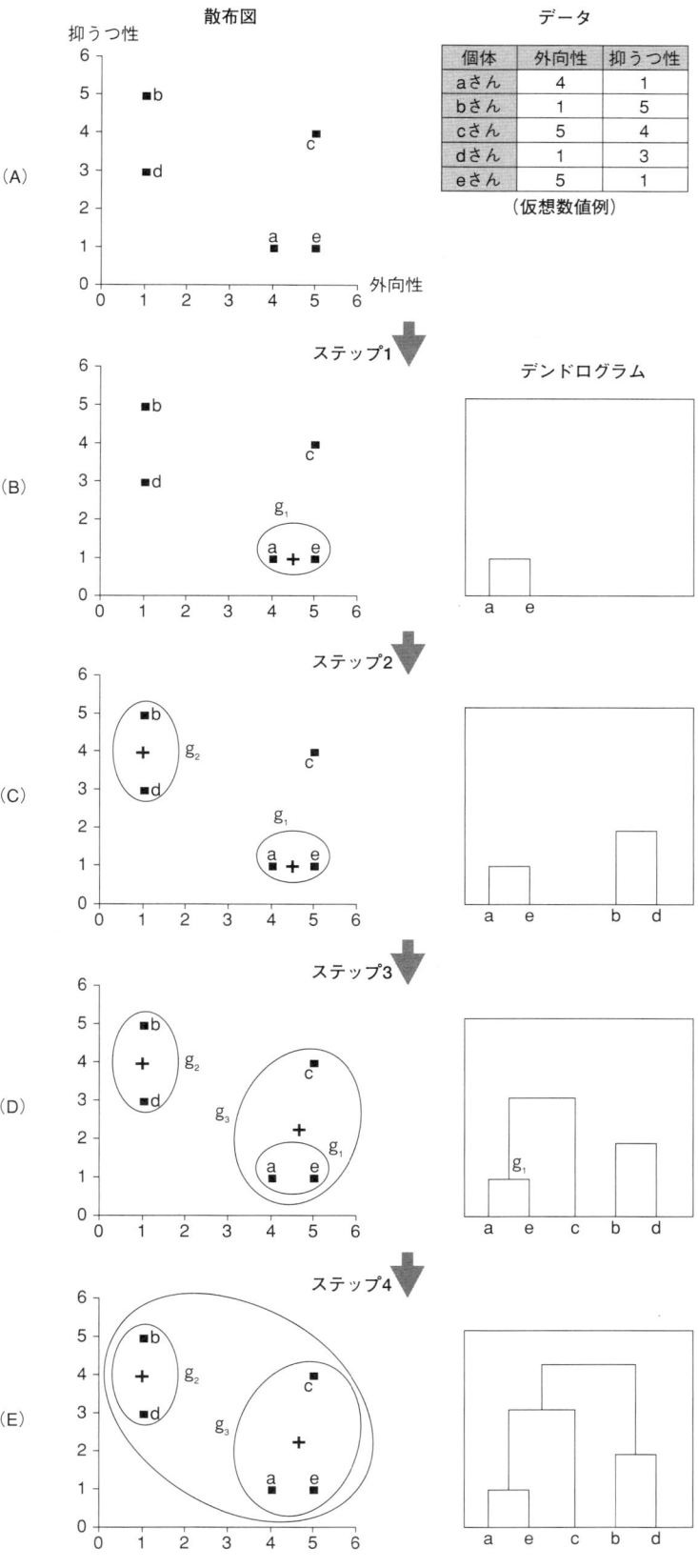

図2.3 階層的クラスター分析の原理（重心法の例）

ステップ2：個体aとeからなる群g_1を1つの対象と見なしたうえで，計4つの対象g_1，b，c，dの相互の非類似度（距離）を求める。ここで，個体の集りである群g_1と他の個体との非類似度（および，群どうしの非類似度）を定義する方法は，2.4節に記すように，幾通りかあるが，ここでは，g_1に含まれるaとeの座標値の平均つまり**重心**［$(4+5)/2, (1+1)/2$］=［$4.5, 1$］（図2.3（B）の十字）をもってg_1の代表点とし，これと他の個体の点との距離を非類似度としよう。図2.3（B）から明らかなように，最も距離が近い対象のペアはbとdなので，図2.3（C）に描くように，bとdを1つの群g_2にまとめる。図（C）の右のデンドログラムは，bとdが統合されたことを表す。ただし，先のステップで統合されたaとeよりは，bとdの方が非類似であるので，デンドログラムでbとdが結合する場所は，aとeより高くなっている。

ステップ3：計3つの対象（群g_1，群g_2，個体c）の相互の距離を求める。ここで，g_2の代表点は，それに含まれるbとdの重心［$1, 4$］となる。最短距離の対象のペアはg_1とcなので，これらを統合して群g_3とする。デンドログラムでも，g_1に対応するaとeの交わりの点から線を上に伸ばして，cから伸びる線と交わらせる。ただし，先のステップで統合されたbとdより，g_1とcの方が非類似であるので，bとdより，g_1とcの方が高い場所で交わる。

ステップ4：g_2とg_3を結合することだけが残るので，全群が1つに統合することをデンドログラムに表し，分析は終了する。

2.4節に記すように，階層的クラスター分析は幾つかの下位手法に細分されるが，いずれも，以上の手順で，順次，対象や群を統合して，デンドログラムのように階層的な分類結果を出力する。これが階層的クラスター分析という総称名の所以である。

2.3. デンドログラムの利用

分析結果のデンドログラム（図2.3（E）の右）は，互いに似た個体や群どうしが，低い場所，つまり，早いステップで結合することを表す。従って，低い場所で結合している対象どうしは，似ているといえる。つまり，aとeのペアa-eは互いに類似し，b-dも類似するが，b-dは，a-eよりも遅く（高い場所で）結合しているので，a-eほどは似ていないといえる。このような見方で，デンドログラムから，個体間の類似・非類似関係が容易に把握できよう。

図2.4は，デンドログラムを「**スライス**」して，個体を任意の数の群に分割できることを示す。例えば，5つの個体を2群に分けたい場合には，図の点線2でスライスすれば，点線とデンドログラムの交点から垂れ下がる線の先より，{a, e, c}と{b, d}の2群に分けられる。また，3群に分けたければ，点線3から垂れ下がる3本の線より，{a, e}，{c}，{b, d}の3群に分けられる。ただし，群の数を2群，3群，あるい

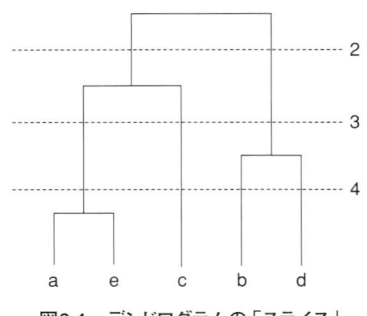

図2.4 デンドログラムの「スライス」

は，4群のいずれにすべきかを決定する明確な基準はない。このような基準がない点は物足りない感がするが，デンドログラムが与える発見的価値は大きいといえる。クラスター分析は，「個体がいくつの群に分けられるべきか」を結論づけるものではなく，研究の初期段階で，個体間の類似・非類似の関係の把握や，任意の数の群に個体を分類するといった目的のため，気軽に利用されるべき方法であろう。

2.4. 階層的クラスター分析の諸方法

前述したように，群と個体，および，群どうしの非類似度の定義には幾つかの方法があり，定義法の違いによって，階層的クラスター分析は幾つかの方法に細分される。それらの中で，3種の方法を，図 2.5 を用いて説明する。この図は，図 2.3 の（C）の左と同じであり，2.2 節のステップ 3，つまり，群 g_1，群 g_2 と個体 c の非類似度を求める場面を描いている。

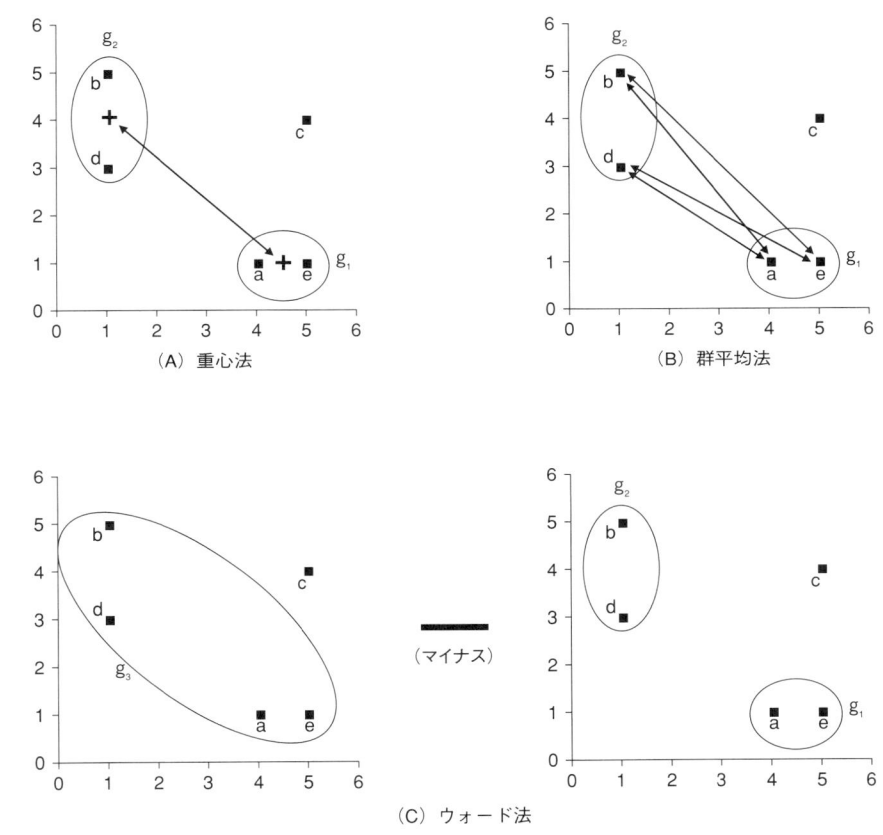

図2.5 代表的な群間の非類似度の定義法

重心法：2.2 節で取り上げた方法である。すなわち，図 2.5（A）に描くように，群 g_1, g_2 の重心間の距離を両群間の非類似度とする。個体 c と群 g_1 の非類似度は，c の点と群の重心との距離とする。

群平均法（群間平均連結法）：図 2.5（B）には，相対する群の個体どうしの距離すべてを双方向の矢印で示すが，これらの距離の 2 乗（平方距離）の平均を，群 g_1, g_2 の非類似度とする。すなわち，個体のペア a–b, a–d, e–b, e–d の平方距離を合計し，この合計値を 4 で除した値を，両群間の非類似度とする。群 g_1 と個体 c の非類似度は，a–c および e–c の平方距離の和を 2 で除した値とする。

ウォード法：正確に記すと難解になるので，わかりやすさを優先して，大雑把に説明しよう。群 g_1 と群 g_2 の非類似度を，両群の合併（統合）に伴う「散布度の増分」，すなわち，

$$\text{散布度の増分} = \text{合併後の群 } g_3 \text{ 内の散布度} - (\text{群 } g_1 \text{ 内の散布度} + \text{群 } g_2 \text{ 内の散布度}) \quad (2.3)$$

とする。ここで，右辺の第1項の「合併後の群 g_3」とは，図2.5（C）の左の楕円で示すように，仮に群 g_1 と g_2 を統合したとき，でき上がる群であり，その散布度とは，g_3 の中の個体 a，e，b，d の散らばり，つまり，上記の楕円の広がりに相当する。一方，右辺第2項のカッコ内に記す群 g_1 内，群 g_2 内の散布度とは，（C）の右の図の2つの楕円それぞれの広がりに相当する。以上の定義法は，群を「市」，個体を「町」と見なして，**「市を合併するか否か」**の場面を想像すると，わかりやすい。すなわち，a 町と e 町からなる g_1 市，b 町と d 町からなる g_2 市を合併すると，a，e，b，d 町からなる g_3 市ができ上がるが，g_3 市は，合併前の2つの市よりは，町の広がりが大きい市になる。この広がりの増分が非類似度となる（増分が大きいならば，合併は差し控えることになろう）。群 g_1 と個体 c の非類似度については，(2.3) 式の右辺が，「群 g_1 と個体 c を合併した群内の散布度 −（群 g_1 内の散布度 + 個体 c 内の散布度）」となるが，個体 c は単一のものなので，その散布度は 0 であり，上記の式は，「群 g_1 と個体 c を合併した群内の散布度 − 群 g_1 内の散布度」となる。以上の説明に「距離」は現れなかったが，(2.3) 式の散布度の計算には，距離が重要な役割を果たす。なお，「ウォード（Ward）」は考案者の名である。

以上の3つ以外にも方法があるが，どの方法を採用するかで，**分析結果は大きく異なることがある**。しかし，どの方法を採用すべきかの客観的基準はなく，結果の主観的な自然さなどに基づくしかない。なお，重心法は，不自然なデンドログラムを出力することがあり，**ウォード法**からは，解釈しやすい結果が得られやすい。

2.5. 個体の分類と変数の分類

表2.1の職業印象データ（心理学実験指導研究会，1985）に，階層的クラスター分析を適用してみよう。このデータは，14個体（職業名）を，12の変数（形容語）について，複数被験者が評定した値の平均である。例えば，僧侶は3.2の程度で立派に思えるという結果である。2.1節に記したように，変数の数が12であっても，個体間の距離は計算でき，2.4節の非類似度も定義できる。図2.6には，ウォード法および群平均法から得られたデンドログラムを示す。この図は，（図2.3，図2.4と違って）横に伸びるデンドログラムであり，左で結合する個体ほ

表2.1 職業印象データ：心理学実験指導研究会（1985, p. 156）の表Ⅲ−6−1を部分的に引用＊

個体（職業名）	変数（形容語）											
	立派な	役立つ	よい	大きい	力がある	強い	速い	騒がしい	若い	誠実な	かたい	忙しい
僧侶	3.2	2.7	3.7	2.8	2.6	2.6	2.2	1.4	1.7	3.3	3.8	1.8
銀行員	3.4	3.5	3.4	2.5	2.2	2.6	3.2	2.1	3.6	4.1	4.7	4.2
漫画家	3.0	3.2	3.5	2.2	2.1	2.2	3.3	3.4	4.1	3.4	1.3	4.3
デザイナー	3.2	3.2	3.5	2.6	2.5	2.6	3.6	2.9	4.2	3.2	1.5	4.0
保母	4.2	4.6	4.5	3.1	3.0	3.2	2.8	3.3	4.1	4.5	2.3	4.9
大学教授	4.0	4.0	3.8	3.4	3.2	3.1	2.4	1.5	1.6	3.7	3.9	3.0
医師	4.0	4.8	3.9	3.4	3.8	3.7	3.2	2.1	2.6	3.7	3.6	4.5
警察官	3.7	3.8	4.1	3.4	4.0	4.1	4.3	3.4	3.5	4.2	4.4	4.0
新聞記者	3.6	4.3	3.7	2.9	3.5	3.6	4.7	4.2	4.1	3.9	2.7	5.0
船のり	3.6	3.6	3.5	3.5	4.2	4.2	3.5	3.5	3.7	3.5	2.5	3.5
プロスポーツ選手	3.7	3.2	3.7	3.9	4.7	4.7	4.9	3.5	4.2	3.7	2.8	4.1
作家	3.4	3.7	3.5	3.1	2.7	2.4	2.3	1.8	2.3	3.3	2.9	3.3
俳優	3.2	3.2	3.6	2.9	2.2	2.5	3.3	3.3	3.4	2.8	1.8	4.3
スチュワーデス	3.2	3.8	3.8	2.8	2.3	2.4	3.9	2.5	4.7	3.9	2.3	4.3

＊ 素データ（心理学実験指導研究会，表Ⅲ−6−1）は，値が小さいほど形容語の印象が強いことを表すが，値が大きいほど印象が強いことを表すように，「6−素データ」と変換した

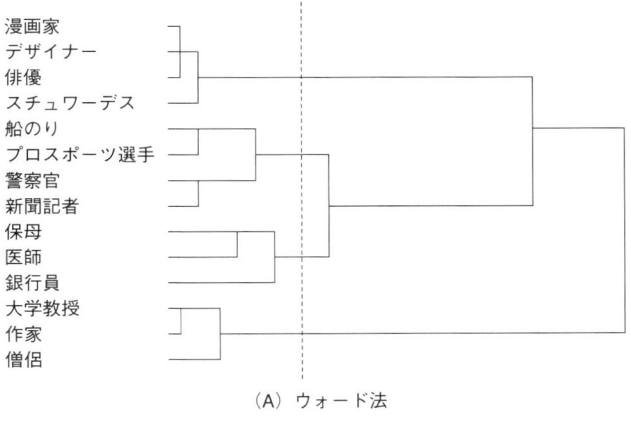

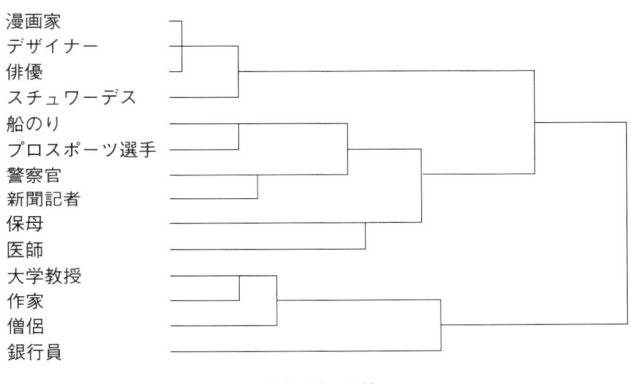

図2.6 職業印象データ(表2.1)の階層的クラスター分析の結果
SPSS (BASE) の「分類→階層クラスタ」を使用

ど互いに類似することを表す。ウォード法と群平均法では分類結果が異なるが，例えば，ウォード法の結果に準拠して，(A) の点線でデンドログラムをスライスすれば，14種の職業は，それらの印象によって，群1＝{漫画家，デザイナー，俳優，スチュワーデス}，群2＝{船のり，プロスポーツ選手，警察官，新聞記者}，群3＝{保母，医師，銀行員}，群4＝{大学教授，作家，僧侶}に分けられる。

表2.1を**転置**して（個体の行と変数の列を入れ替えて），変数を行，個体を列とした12行（変数）× 14列（個体）のデータ行列に，階層的クラスター分析を適用すれば，**変数の分類**ができる。つまり，変数と個体の役割が，ここまでと入れ替わるわけである。例えば，「立派な」は，各個体の値を並べた [3.2, 3.4, …, 3.2] を座標値とする14次元空間内の点，「役立つ」は座標値 [2.7, 3.5, …, 3.8] の点とみなせる。以上のデータにウォード法の階層的クラスター分析を適用した結果を，図2.7に示す。この図から変数を3群に分割するならば，上部の群1「力がある・強い・大きい」，真中の群2「速い・若い・騒がしい」，その他の形容語の群3に分けられる。以上の結果は，変数の数を絞りたいときに有用だろう。例えば，次に行う研究では，変数を，互いに意味的な重複の少ない3変数に絞るべき都合が生じれば，上記の群1，群2，群3のそれぞれから，1つずつ代表として変数を選出（例えば「強い・速い・よい」を選出）すればよい。

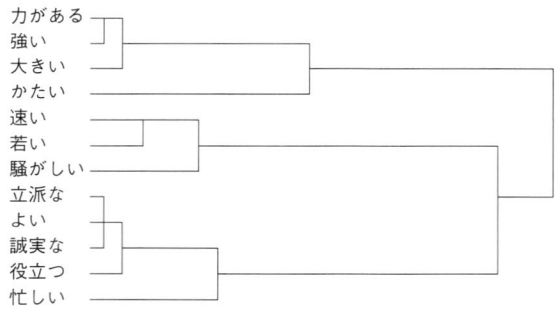

図2.7 転置された職業印象データ(表2.1を転置したデータ行列)の階層的クラスター分析(ウォード法)の結果
SPSS(BASE)の「分類→階層クラスタ」を使用

2.6. 変数の標準化

クラスター分析を行う前に，データを標準化すべきケースは，少なくない。表2.2（A）には，6種の個体（製品）と3変数のデータを示すが，変数間で単位が異なり，著しく**散布度が異なっている**。この素データを分析すると，分散（標準偏差）が大きい，つまり，個体間で値が大きく異なる「明るさ」が，他の変数に比べて，分類結果に大きな影響を及ぼす。各変数が平等に分類に寄与するようにしたければ，表2.2（B）のように，**標準化**して，分散を統一化したものをデータとして，クラスター分析を適用すべきだろう。

表2.2 変数間で分散が大きく異なる素データとその標準得点
（仮想数値例）

個体	(A) 素データ (素点)			(B) 標準得点[*2]		
	透明感	明るさ	重量感	透明感	明るさ	重量感
製品1	9	990	0.8	1.17	1.33	0.88
製品2	3	820	0.1	−0.59	0.86	−1.17
製品3	7	610	0.7	0.59	0.27	0.59
製品4	1	380	0.2	−1.17	−0.37	−0.88
製品5	2	210	0.3	−0.88	−0.84	−0.59
製品6	8	60	0.9	0.88	−1.26	1.17
標準偏差[*1]	3.41	359.41	0.34	1.00	1.00	1.00

[*1] 不偏　[*2] 不偏標準偏差を用いて算出

表2.2の素データ（A），および，標準得点（B）に階層的クラスター分析（ウォード法）を適用した結果を図2.8に示す。素データの分析結果（A）には，分散の大きい「明るさ」の相違が主に反映されて，明るさが近い製品の{1, 2}, {3, 4}, {5, 6}が類似する製品としてまとまっている。一方，すべての変数が平等に結果に寄与する標準得点の分析結果（B）は，素データの分析結果（A）と大きく異なる。

表2.1の職業印象データは，すべて1～5の評定値に基づくもので，変数間で単位がそろっているため，前節では標準化しなかった。しかし，こうしたデータについても，すべての変数が結果に平等に寄与する方がよいと考えられる場合には，標準化されたデータを分析するのがよいだろう。

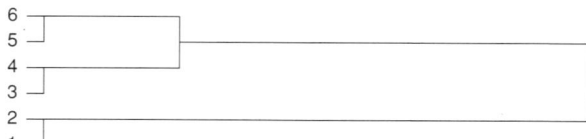

(A) 素データの分析結果

(B) 標準得点データの分析結果

図2.8 表2.2のデータの階層的クラスター分析（ウォード法）の結果
SPSS(BASE)の「分類→階層クラスタ」を使用

2.7. K平均法による非階層的クラスター分析

非階層的クラスター分析とは，デンドログラムのような階層的分類結果を出力しないクラスター分析の総称名である。基本的な非階層的方法に，**K平均クラスター分析**または**K平均法**（K-means法）と呼ばれる方法があるが，この方法は，分析者が計算前に群の数を指定すると，各個体がどの群に属するかを出力する。群の数を3と指定して，K平均法を表2.1の職業印象データ（標準化しない素データ）に適用した結果を，表2.3の「群」と記した列に示す。列の数値は，各個体が分類された群の番号を表す。これらの1, 2, 3には特別な意味はなく，単に，同じ群番号の個体は，同じ群に分類されたことを表す。

K平均法が威力を発揮するのは，表2.1のような個体数の少ない（14個体の）データではなく，個体数が非常に多い（例えば1000以上の）**大規模データ**に適用される場合である。大規模データの階層的クラスター分析は長い時間を要するが，K平均法は比較的短い時間で結果を出力する。なお，紙面の制限のため，大規模データへの適用例は省く。

2.8. K平均法の計算原理

K平均法という名称の「K」に特別な意味はない（考案者が論文中の重要記号にKを使ったことに由来するのだろう）が，「平均」には意味があり，**群の平均と個体との平方距離**が，K平均法の計算の基礎となる。このことを図2.9の（A）に模式的に描いた。この図の，黒い四角（■）は，表2.1の12変数の値を座標値とした（12次元空間内での）個体の点を表し，白い丸（○）は，各群に分類された個体の平均を座標値とする点（重心）を表す。各個体の点（■）と群の平均の点（○）を結ぶ線の長さの2乗（平方距離）を，表2.3の3列目に記したが，これらの値が小さくなるような分類が，「各個体は，それが所属する群の平均から離れていない」という点で，望ましい分類結果といえる。

実は，K平均法がコンピュータの中で行っていることは，

表2.3 職業印象データ（表2.1）のK平均クラスター分析の結果（群の数は3とした）*

個体	群	所属群の平均からの平方距離
僧侶	1	1.82
銀行員	2	7.67
漫画家	3	0.70
デザイナー	3	0.27
保母	2	4.74
大学教授	1	1.29
医師	2	3.45
警察官	2	2.09
新聞記者	2	2.86
船のり	2	2.90
プロスポーツ選手	2	5.40
作家	1	1.23
俳優	3	1.02
スチュワーデス	3	1.72
平方距離の合計		37.14

* SPSS（BASE）の「分類→大規模ファイルのクラスタ」を使用

「個体」と「それが分類される群の平均」との平方距離の合計 (2.4)

が小さくなるような個体の分類を見出す計算である。その結果が，表2.3に示す分類であり，表2.3の最下行に示すように，(2.4)式の値は37.14となっている。

この結果の適切さを実感してもらうため，図2.9の（B）には，K平均法の結果（A）とは異なる分類を描いた。すなわち，（B）の個体の位置（■）は（A）と同じであるが，K平均法で群2に分類された「医師」および「新聞記者」のそれぞれを，（B）では，群1および群3に分類するという結果を描いている。このように分類が異なると，各群の平均点（○）の位置は，

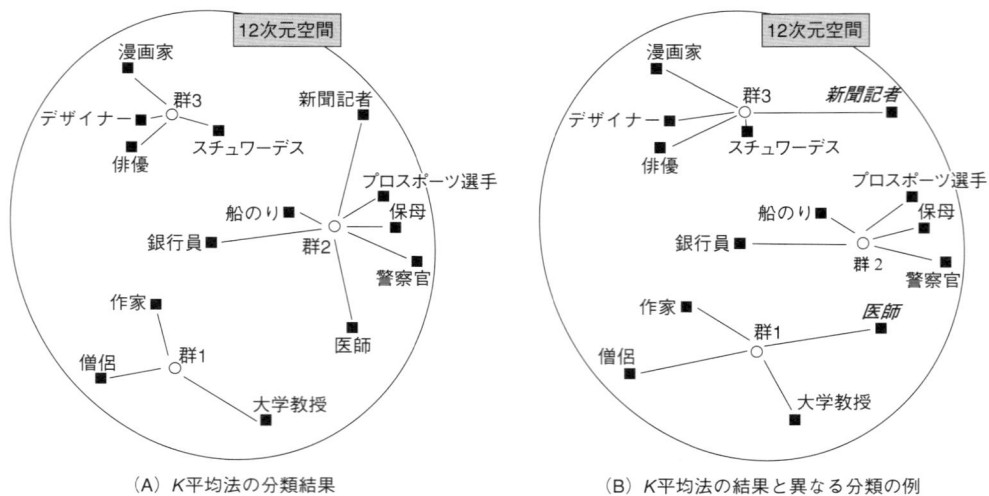

図2.9　多次元(12変数)の空間に散布する個体■と群の平均(重心)○の模式図

　図2.9の(A)とは異なり，線の長さの2乗和つまり(2.4)式の値も変わる．すなわち，(2.4)式の値が，図2.9(A)の分類では37.14であったのに対して，(B)の分類では46.17と大きな値となり，(A)つまりK平均法の分類結果がよりよいことがわかる．

　以上がK平均法の分類の原理であるが，分類のための計算の細部がソフトウェア間で少し異なり，表2.3とは若干異なる分類結果を出力するものもある．

3 主成分分析（その1）

　データを目の前にして，最初に調べたいことの1つは，個体が分布する様子だろう。もし，変数が2つの場合には，1章の図1.1のように，各変数を横・縦軸にした散布図を描けば，個体が散らばる様子を把握できる。しかし，変数が例えば7個のケースのように，3つを超える場合には，3次元の世界に住む私たちには散布図を見たりすることはできず，もはや個体の分布の全容を把握することは難しい。しかし，こうした場合にも，個体の散布の様子を把握可能な形で提供するのが，**主成分分析**（Principal Component Analysisを略して**PCA**）である。上記の提供の仕方がこの章の主題であり，キーワードは，**主軸・主成分得点・「鏡のたとえ」・重みつき合計**の4つである。この中でも，「鏡のたとえ」に基づけば，PCAは「**多次元の世界を鏡に映す方法**」といえる。

　これらのことを，わかりやすさのため，散布が目に見える3変量データを例にして，3.2節から説明し，この説明が4変量以上のデータにも全く同様にあてはまることを，3.7節に記す。ただし，冒頭の3.1節では，まず知っておいてほしい「注意点」を述べる。

　PCAには，この章で述べる基本的側面とは別の側面があり，後者は12章で述べる。

3.1. 主成分分析に関する注意点

　最初の節が「注意点」というのは不自然であるが，多変量解析の基本的方法である主成分分析（PCA）が，幾つかのポピュラーなソフトウェアにおいて，不自然に思える扱いを受けていることに，まず言及しておく必要がある。この扱いとは次の2点である。

　[注意1]　PCAを「因子分析」の名前で表示するソフトウェアがある。しかし，12章で記すように，因子分析とPCAは，「似て非なる方法」である。

　[注意2]　PCAでは主成分得点という得点が算出されるが，主成分得点そのものではなく，この得点を（分散が1となるように）標準化した得点だけを出力するソフトウェアがある。

　上記の標準化が役立つ場合もあるが，この章では，[注意2]の変換がなされない，いわば「ありのままのPCA」を解説する。従って，もし，この章の数値例をソフトウェアで分析して，違う結果が表示されれば，[注意2]に記した変換による。従って，読者は，ソフトウェアを使って，この章の数値例を分析するのではなく，PCAとは何かを解説する「読み物」として，この章を読み進むのがよいだろう。

3.2. 主　　軸

　表3.1（A）の入社試験データを例にして，PCAを説明していく。この表（A）は，入社試験を受けた9個体（被験者）の3変数（筆記・論文・面接試験）の得点を表し，表3.1（B）には，後の節で言及する平均偏差得点を記す。表3.1（A）のデータにPCAを適用すると，表3.1（C）

表3.1 入社試験データと主成分分析の結果 [*1] (仮想数値例)

個体 (被験者)	(A) 素データ (素点)			(B) 平均偏差得点			(C) 主成分得点		
	筆記	論文	面接	筆記	論文	面接	第1	第2	第3
1	88	70	65	21.2	4.3	−3.0	10.8	−19.0	0.6
2	52	78	88	−14.8	12.3	20.0	13.3	24.3	−1.8
3	77	87	89	10.2	21.3	21.0	31.3	4.7	−1.4
4	35	40	43	−31.8	−25.7	−25.0	−46.5	10.9	−3.3
5	60	43	40	−6.8	−22.7	−28.0	−34.8	−11.4	−0.7
6	97	95	91	30.2	29.3	23.0	46.9	−10.3	−1.1
7	48	62	83	−18.8	−3.7	15.0	−1.8	23.4	6.5
8	66	66	65	−0.8	0.3	−3.0	−2.0	−0.9	−2.2
9	78	50	48	11.2	−15.7	−20.0	−17.1	−21.6	3.4
平均	66.8	65.7	68.0	0.0	0.0	0.0	0.0	0.0	0.0
分散 [*2]	402.7	364.8	427.8	402.7	364.8	427.8	892.4	293.1	9.7

[*1] 自作のプログラムで分析。なお，付録（A.3節における3章の解説）に記すように，SPSS（BASE）を用いる場合には，その出力に付加的処理を加える必要がある。
[*2] 不偏

に記す第1〜第3**主成分得点**が得られるが，これらの得点は，第1〜第3**主軸**という直線上での個体の座標値である。これらの軸を，図3.1を用いて説明する。

　図3.1の右上の（A）は，表3.1（A）の1〜9の個体（被験者）を，データに基づいてプロットした3次元（立体）散布図である。例えば，筆記・論文・面接試験の素点が［88，70，65］である個体1は，「1」と付した点で表されている。図3.1（A）の真中の平均と付した三角（▲）は，3変数の素点の平均［66.8，65.7，68.0］，つまり，重心を表す。3次元の図の中での個体の散らばりを見やすくするため，大雑把に各点を囲んだ楕円を，図3.1の（B）に描いた。この楕円は，3次元に広がる立体楕円であり，「フランスパン」のような形状である。なお，「フランスパン」のたとえに違和感を持つ人は，図の立体楕円に似た別種の物を想像するのがよいだろう。さて，第1〜第3**主軸**とは，図3.1（A），（B）の（筆記・論文・面接の）座標軸とは異なる，新たな3つの座標軸であり，第1〜3の中で**上位**の**主軸**ほど**個体の散らばりをよく表す軸**である。以上のことを，第1主軸から順に，説明していく。

　最上位つまり**第1の主軸**を，図3.1（C）に描いたが，この軸は，

分散最大方向の原理：「その方向に沿って個体の散らばり（分散）が
　　最大になる直線（軸）を求める」　　　　　　　　　　　　　　　　　　　　(3.1)

という目的を達成する軸である。立体楕円に注目すれば，第1主軸は，楕円の最も長い方向を通る（楕円と接する2点間の距離が最も長くなる）直線と考えればよいだろう。この直線は，重心を通ることが数学的に知られ，図3.1（C）でも，三角の点（▲）を通っている。図3.2は，上記の「フランスパン」のたとえを描いたものであるが，図3.2（A）のように，パンの最も長い方向に突き刺さる軸が，第1主軸であるとイメージしよう。

　第2主軸を図3.1の（D）に描いたが，これも分散最大方向の原理（3.1）に基づく。ただし，原理（3.1）に加えて，第1主軸と直角に交わるという限定がつき，第2主軸は，

直交・分散最大方向の原理：「より上位の主軸に直交し（直角に交わり），
　　かつ，その方向に沿って個体の散らばり（分散）が最大になる直線（軸）
　　を求める」　　　　　　　　　　　　　　　　　　　　　　　　　　　　　　(3.2)

という目的を達成する軸である。第1主軸と直角に交わる軸は無数にあるが，それらの中で，

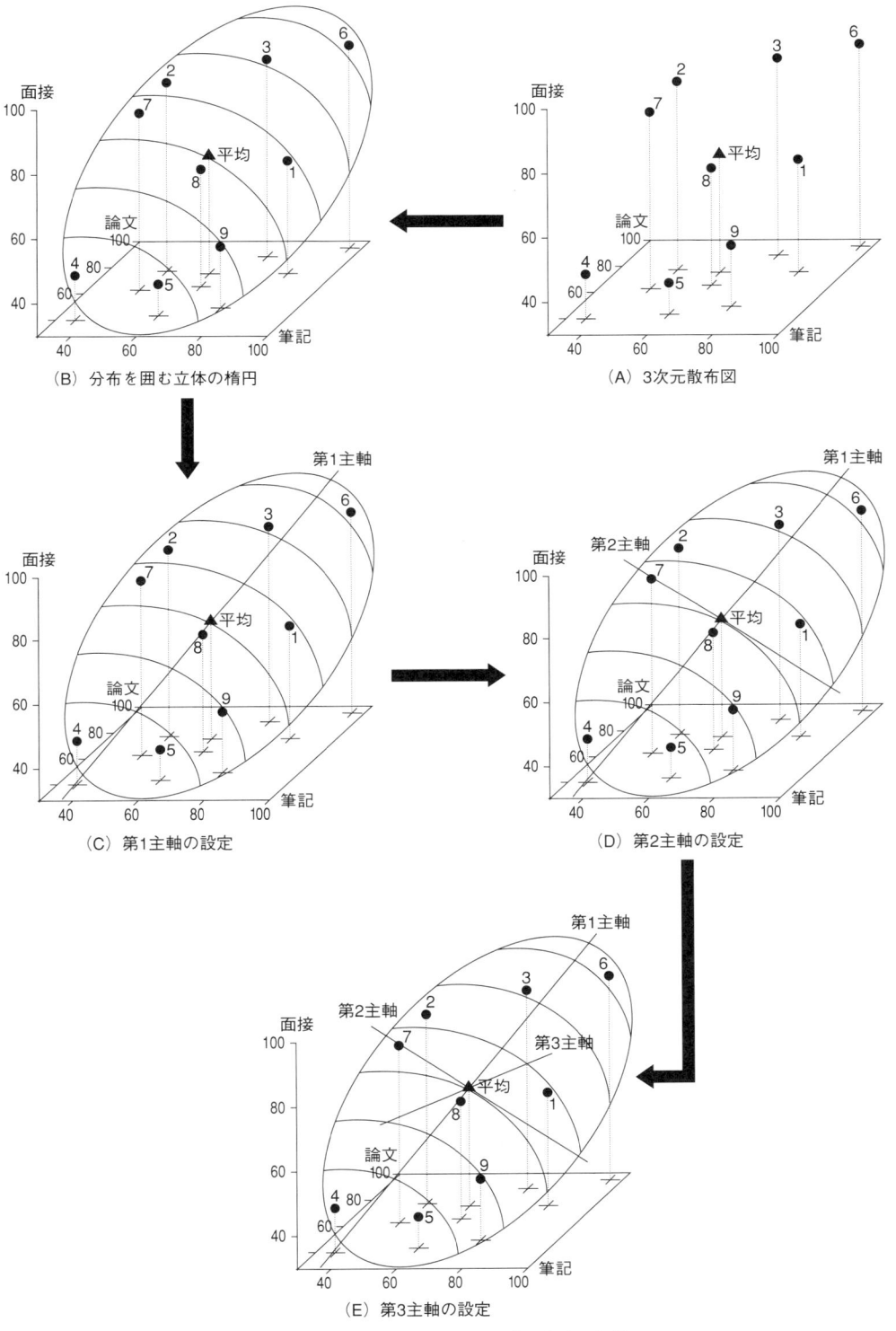

図3.1 入社試験データ(表3.1)の散布と主軸

分散最大方向の原理を満たす直線が，第2主軸となる。なお，この直線も重心（▲）を通る。「フランスパン」のたとえを使うと，図3.2（B）に描くように，第1主軸に垂直にパンを輪切りにした断面は，楕円状であるが，この断面の最も長い方向を通るのが第2主軸である。

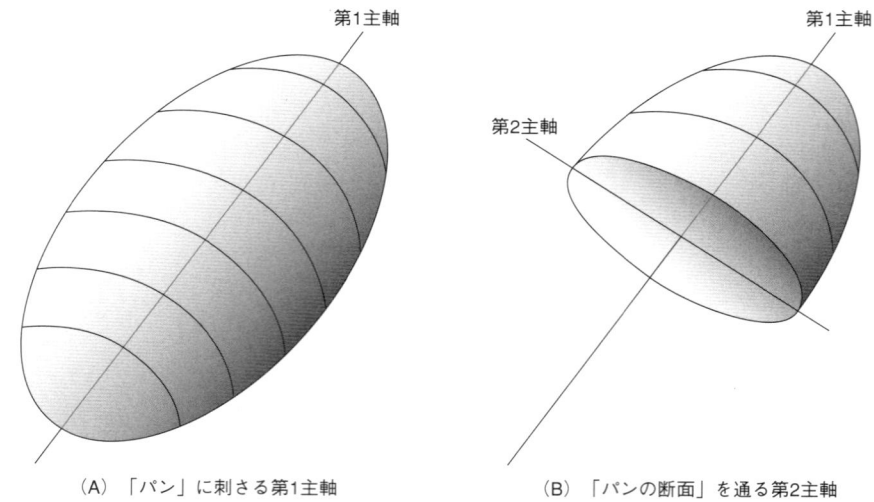

(A) 「パン」に刺さる第1主軸　　(B) 「パンの断面」を通る第2主軸

図3.2　「フランス・パン」と第1・第2主軸

　第3の主軸は，第1・第2の両主軸に直角に交わる直線であり，これは一通りしかない。これを図3.1（E）に描いた。

3.3. 主軸の座標値としての主成分得点

　図3.3（A）に描くように，第1主軸に，個体の点から下ろした垂線の先の，軸上での目盛り（座標値）が，**第1主成分得点**となる。ただし，主軸の目盛りは，素データの平均つまり重心に対応する箇所が0（原点）になるように設定される。例えば，個体4の点から下ろした垂線の先は，主軸上での目盛りの位置（座標値）が-46.5であり，この座標値が個体4の第1主成分得点（表3.1（C）参照）となる。

　図3.3（B）に描くように，**第2主成分得点**は，第2主軸に，個体の点から下ろした垂線の先の，軸上での目盛り（座標値）である。**第3主成分得点**も同様に，第3主軸上での個体の座標値であるが，この図は省略した。

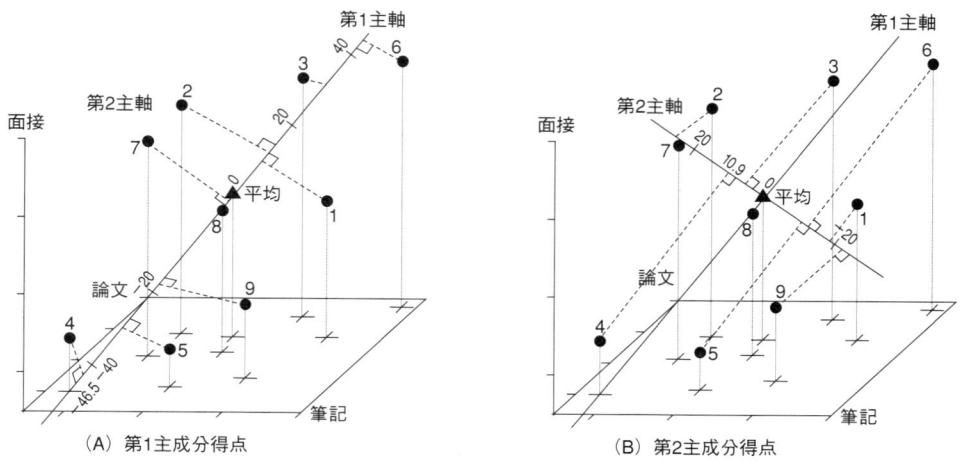

(A) 第1主成分得点　　(B) 第2主成分得点

図3.3　**主軸の座標値としての主成分得点**（第3主成分得点の図は省略）

表 3.1 (B) の平均偏差得点に PCA を適用しても，結果は同じであり，以上と全く同じ主成分得点が得られる。このことは，PCA がデータの散布に基づき，かつ，1.5 節に記したように，平均偏差得点の散布は素データの散布と同じことから，察せられよう。

なお，各主軸は，**どちらの方向が正か負か**を決められないものである。つまり，正負を反転して，例えば，主軸の座標値 −30 と 20 をそれぞれ 30 と −20 にしても構わない。従って，ソフトウェアによっては，例えば，「表 3.1 の (C) と同じ第 1 主成分得点を出力するが，第 2 主成分得点は 19.0（個体 1），−24.3（個体 2），…，21.6（個体 9）というように，(C) とは一律に正負が反転した結果」を出力するものがあるが，これも PCA の解として正しい結果である。

3.4. 鏡に映された像としての主成分得点

第 1 と第 2 主成分得点は，もとの 3 変量データの散布を「2 次元の**鏡に映した像**」であると見なせる。このことを理解するため，図 3.4 を見よう。図 3.4 の (A) は，図 3.3 (B) と同じであるが，ここに描かれた第 1，第 2 主軸を，左下へ平行移動させて描いたのが，図 3.4 の (B) である。ここで，2 つの主軸を横・縦軸とする平面を灰色で表したが，これを「鏡」と見よう。図 3.4 (C) には，もとの 3 次元の散布図から「鏡」に垂直に伸びる点線によって，各個体の点が「鏡」に映される様子を描いた。この「鏡」の像を正面から見たのが図 3.4 (D) であるが，この 2 次元散布図における横・縦軸の座標値が，第 1，第 2 主成分得点となる。

この「鏡」は，3 次元散布図内での「**個体の散らばりがよく見える**」ように方向を定めたものである。その理由は，(3.1)，(3.2) のように，鏡の向きを表す第 1 主軸と第 2 主軸が，「その方向に沿って個体の分散が大きくなる軸」という条件を満たし，「分散が大きい」ことは，「各個体を表す点の相違が，明瞭になる」ことに他ならないからである。

もとの 3 次元散布図は見づらいが，それを映した図 3.4 (D) の 2 次元（平面）散布図は見やすい。これと同じことを，実は，私たちも日常的に行っている。例えば，鏡で顔を見る行為は，「顔の表面という 3 次元空間内の点の散布を，2 次元平面に映す」ことであり，また，写真撮影は，「3 次元の外界の様子を，2 次元の写真に写す」ことである。なお，写真と違って，鏡には左右が反転した像が映るが，前節の最終段落に記したことにより，「写真撮影」も「鏡に映すこと」も，PCA の説明として正しいことは理解できよう。すなわち，前節の説明の繰り返しになるが，主軸の方向の正負は決められないので，例えば，「写真」の座標値 −30 や 20，および，これらの正負つまり左右を反転した「鏡」の座標値 30 や −20 は，ともに PCA の解として正しい結果である。

なお，鏡（や写真）という用語はたとえであり，学問的には，これを**部分空間**と呼び，「鏡に映す」ことを「**射影する**」というように表現する。ただし，こうした学問的名称を，読者は特に記憶しておく必要はない。

3.5. 総分散と累積寄与率

PCA によって，もとの 3 次元での個体の散布がすべて，2 次元の「鏡（部分空間）」に映されるわけではない。映らずに残るのは，第 1 と第 2 の主軸に直交する第 3 主軸の方向の散布である。そこで，「鏡」に，もとの散布の情報の何パーセントが映っているかを表す指標が必要になる。この指標を導入する前の準備として，総分散という指標を説明する。

図 3.5 に，表 3.1 (A) の個体 1, 2, …, 9 のデータと重心（平均の点）との距離を，双方向

26 3 主成分分析（その1）

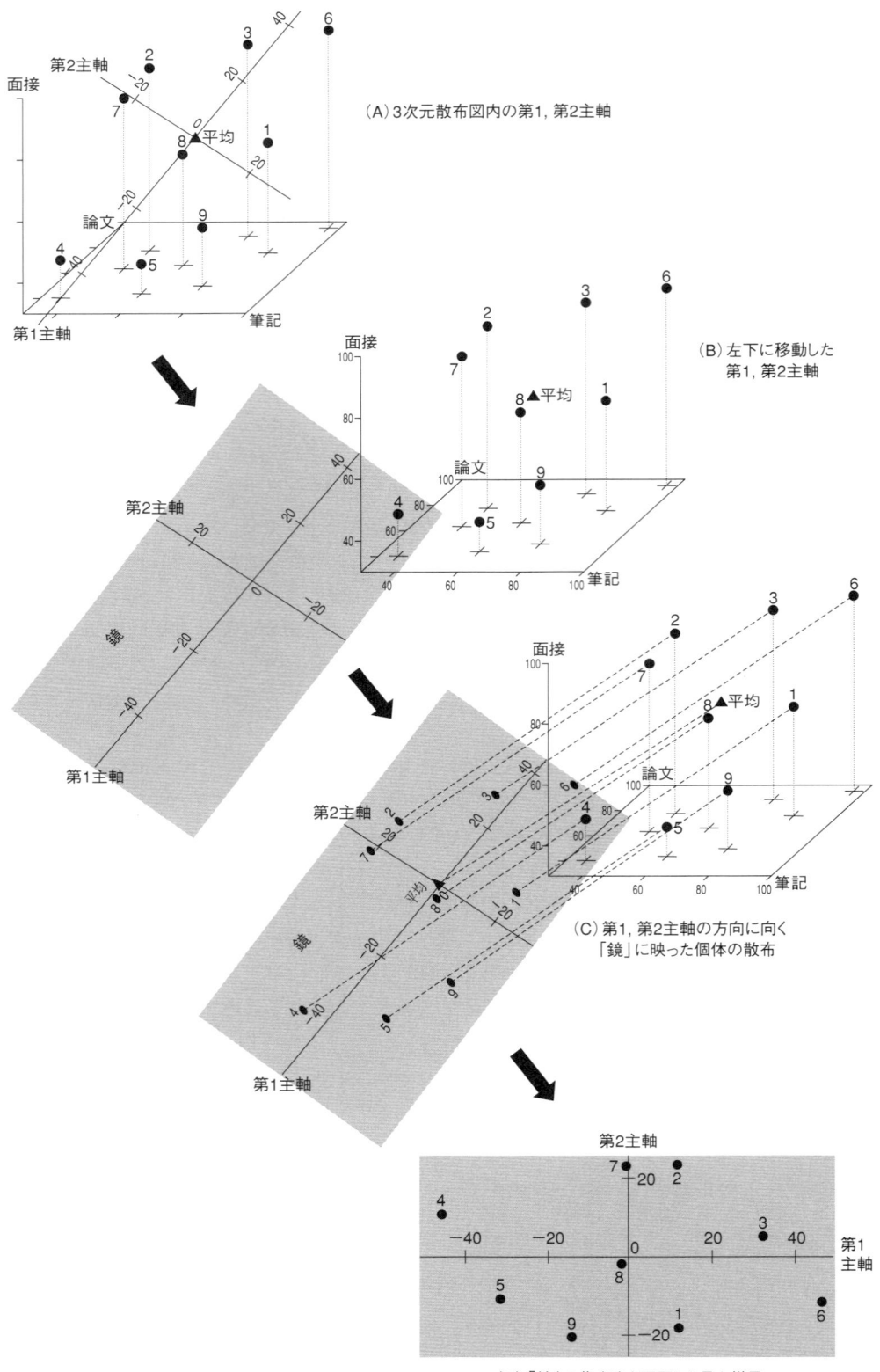

(A) 3次元散布図内の第1, 第2主軸

(B) 左下に移動した第1, 第2主軸

(C) 第1, 第2主軸の方向に向く「鏡」に映った個体の散布

(D)「鏡」の像（C）を正面から見た様子

図3.4 多次元の散布を「鏡」に映す行為としての主成分分析

の矢印で表したが，これら9つの距離の2乗（平方距離）の合計を，「個体数」または「個体数−1」で除した値（1.4節参照）を，**総分散**と呼ぶことにする。これは，3次元散布図の中での，すべての方向への個体の散らばりを表す。図3.5の総分散は1195.2となるが，この総分散について，一般に，次の等式が成り立つ。

$$\text{総分散} = \text{各変数の分散の総和} = \text{各主成分得点の分散の総和}. \tag{3.3}$$

表3.1の最下行を見ると，3変数（筆記・論文・面接）の分散の総和は 402.7 + 364.8 + 427.8 = 1195.2（四捨五入しない数に基づくと1195.2）となり，第1〜第3主成分得点の分散の合計も 892.4 + 293.1 + 9.7 = 1195.2 となって，(3.3)式が成り立つことが確認できる。

(3.3)式の意味を，図3.6に模式的に表した。この図で，帯グラフ（A），（B），（C）の横幅が等しいのは，(3.3)式の等号を表し，（A）と（C）の帯グラフ内の分割の横幅は，各変数・主成分の分散の大きさに対応している。ここで，帯グラフ（A）から（B）に伸びる矢印は，3つの変数の

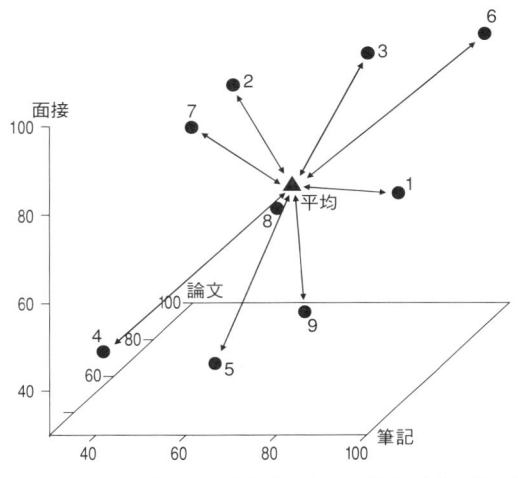

図3.5 平均の点（重心）と各個体の点の距離（双方向の矢印）

分散の合計が総分散に等しいことを表し，（B）から（C）に伸びる矢印は，「**総分散が，上位の主成分得点により多く反映されるように，配分される**」ことを表す。

各主成分得点の分散を総分散で除した値は，**寄与率**と呼ばれ，総分散の中で，各主成分得点の分散が占める割合を表す。例えば，図3.6（C）のカッコ内に示すように，第1主成分の寄与率は 892.4/1195.2 = 0.747（= 74.7%）であるが，これは，「個体の第1主軸の方向への散らばりが，総分散1195.2のうちの74.7%を占めること」を表す。この寄与率を，第1主成分から当該主成分まで累積した**累積寄与率**が，本節の冒頭の問いに答える指標になる。例えば，第2主成分までの累積寄与率は，第1，第2主成分の寄与率の累積 892.4/1195.2 + 293.1/1195.2 = (892.4 + 293.1)/1195.2 = 0.992 となる。これは，総分散1195.2のうちの99.2%を，第1と

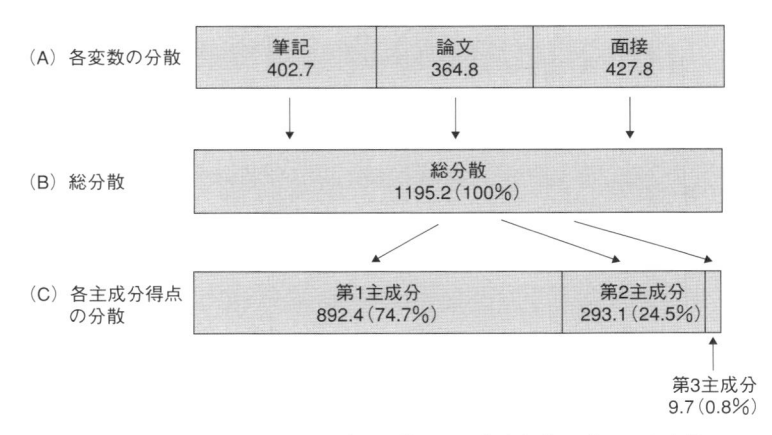

図3.6 変数の分散，総分散，主成分得点の分散，および，寄与率のパーセント表示（カッコ内）

第2主軸の方向への散らばりが占めること，すなわち，図3.4の（C）または（D）の「鏡」の中での個体の散らばりが占めることを表す。このことは，総分散の99.2％が「鏡」に映されていると言い換えられる。さらに言えば，第1，第2主成分得点には反映されずに残った分散の成分は，1－累積寄与率＝1－0.992＝0.008（＝0.8％）である。

3.6. 変数の標準化

表3.1と変数は同じであるが，数値の異なるデータを表3.2（A）に示す。表3.2（A）のデータは，**分散が変数間で大きく異なる**ことに着目しよう。一般に，PCAで得られる第1主軸は，分散の大きい変数の軸の方向に伸びる。表3.2（A）のデータにPCAを適用した結果の第1主軸を，図3.7（A）に示す。（立体図であるので気づきにくいが）第1主軸は，分散の大きい変数「筆記」の軸に近い方向を向く。つまり，第1主成分得点は，その大小が，筆記試験の得点の高低ばかりに対応して，論文や面接の得点には，あまり関係しない値になる。

表3.2　分散が大きく異なる3変数の素データと標準得点（仮想数値例）

個体 (被験者)	(A) 素データ（素点）			(B) 標準得点		
	筆記	論文	面接	筆記	論文	面接
1	77	18	45	0.51	1.10	1.09
2	60	8	20	－0.34	－1.26	－1.36
3	97	20	45	1.51	1.57	1.09
4	35	8	22	－1.58	－1.26	－1.16
5	66	14	32	－0.04	0.16	－0.18
6	48	12	41	－0.94	－0.31	0.69
7	78	10	24	0.56	－0.79	－0.97
8	52	16	44	－0.74	0.63	0.99
9	88	14	32	1.06	0.16	－0.18
平均	66.8	13.3	33.9	0.00	0.00	0.00
分散*	402.7	18.0	104.9	1.00	1.00	1.00

* 不偏

このように「変数間の分散の相違がPCAの結果に影響すること」を防ぎたいときは，表3.2（B）のようにデータを**標準化**して，これにPCAを適用するのがよい。表3.2（B）にPCAを適用した結果の第1主軸を図3.7（B）に示すが，主軸の方向が，（A）の素データの分析結果と異なることがうかがえよう。

以上の**データの標準化**と，3.1節の［注意2］の**主成分得点の標準化**を混同しないため，表3.3を見よう。標準化の対象がデータか主成分得点のいずれであるかによって，PCAは4通りに分けられ，［注意2］の標準化は，表3.3の②と④に該当するのに対して，図3.7（B）は表3.3の③つまり「標準得点を分析して，主成分得点は標準化しない結果」に該当する。

表3.3　4通りの主成分分析

		出力：主成分得点	
		標準化しない	標準得点
入力： データ	素データまたは 平均偏差得点	①	②
	標準得点	③	④

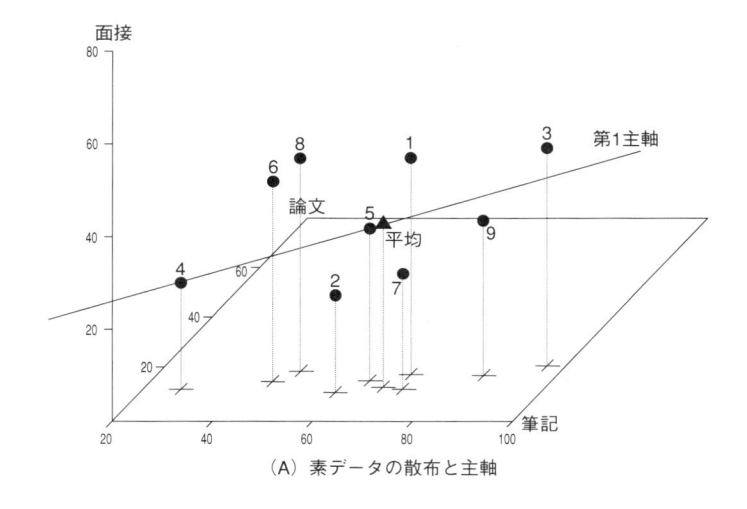

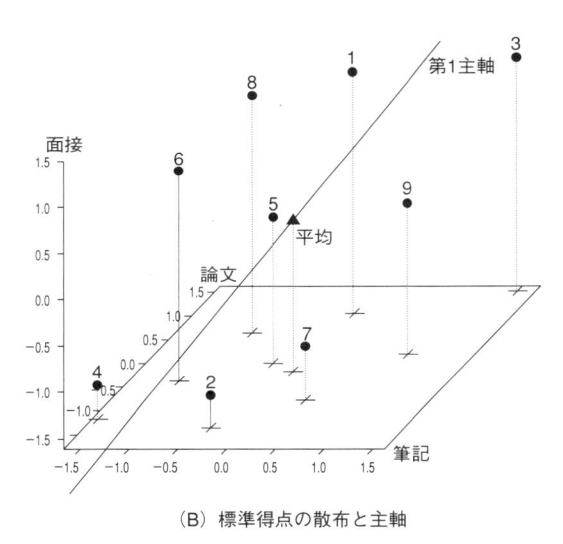

図3.7 表3.2の素データ(A)および標準得点(B)の主成分分析から得られる第1主軸

3.7. 多次元データの主成分分析

表3.4（A）に，6つの変数に関する32個体（プロ野球の打者）の得点を標準化したデータを示す。このデータに PCA を適用しよう。

変数の数が幾つであっても，PCAの原理は，前節までと全く同じである。図3.8の右上部には，表3.4（A）の32の個体が，6つの変数に対応する6次元の空間に点在する様子を，模式的に描いた。例えば，野村選手は座標値 [−0.50, 1.00, 1.06, −0.09, 0.30, −0.60] の点として，この空間に位置づけられている。こうした散布から，(3.1)，(3.2) の原理によって主軸が求められる。一般に，**個体数が変数の数より多いときは，変数と同数の主軸が得られる**ので，表3.4のデータからは，第1から第6主軸まで得られる。第1主軸は原理 (3.1) によって，第2以降の主軸は原理 (3.2) によって求められる。例えば，第4主軸は，第1，2，3主軸とは直交して，かつ，その方向に沿って個体の分散が最大となる軸である。以上の主軸上での個体の座標値が，表3.4（B）の主成分得点である。

表 3.4 2004 年度公式戦終了時に 2000 試合以上に出場しているプロ野球打者の通算成績の標準得点（実データ）と PCA による分析結果 *1

個体（選手）	球団*3	(A) データ*2（標準得点）						(B) 主成分得点					
		打率	本塁打	打点	得点	三振	盗塁	第1	第2	第3	第4	第5	第6
野村克也	南海	−0.50	1.00	1.06	−0.09	0.30	−0.60	1.29	0.82	0.01	−0.63	0.29	0.13
王　貞治	巨人	1.03	2.61	2.17	2.97	0.34	−0.68	4.25	−1.53	0.38	−1.01	−0.66	−0.12
張本　勲	東映	2.18	0.43	0.64	0.53	−0.99	0.27	0.95	−1.93	−1.32	0.35	0.45	−0.02
衣笠祥雄	広島	−0.95	0.53	0.17	0.00	0.93	0.07	0.43	0.86	1.04	−0.20	0.13	−0.15
大島康徳	中日	−0.82	0.17	0.12	−0.75	1.18	−0.60	0.26	1.63	0.47	0.32	0.06	−0.05
門田博光	南海	0.27	1.05	1.04	0.13	0.98	−0.80	1.84	0.65	0.01	0.22	0.08	−0.06
土井正博	近鉄	−0.18	0.48	0.35	−0.84	−0.88	−0.68	0.07	0.61	−1.10	−0.75	0.40	−0.08
福本　豊	阪急	0.39	−1.02	−1.13	1.91	−0.15	3.81	−1.66	−3.34	2.53	0.37	0.50	0.09
伊東　勤	西武	−2.41	−1.13	−0.79	−1.46	0.46	−0.28	−1.95	2.34	0.76	−0.38	−0.13	0.37
山本浩二	広島	0.33	1.21	0.89	1.07	0.25	0.11	1.67	−0.64	0.42	−0.41	0.09	−0.13
高木守道	中日	−0.82	−0.82	−1.23	−0.53	−0.67	0.71	−1.96	0.03	0.26	−0.35	0.05	−0.22
山崎裕之	ロッテ	−1.26	−0.50	−0.52	−0.26	0.78	−0.36	−0.64	1.26	0.79	0.03	−0.55	0.06
落合博満	ロッテ	1.67	1.21	1.43	1.29	0.48	−0.68	2.69	−0.97	−0.49	0.43	−0.23	0.05
山内一弘	大毎	0.65	0.38	0.49	0.53	−0.49	−0.44	0.81	−0.57	−0.66	−0.24	−0.24	0.07
大杉勝男	東映	0.14	1.00	1.16	−0.31	0.37	−0.88	1.54	0.78	−0.50	−0.17	0.35	0.08
榎本喜八	東京	0.84	−0.61	−0.52	0.22	−1.01	−0.24	−0.60	−0.89	−1.02	0.11	−0.52	−0.02
柴田　勲	巨人	−1.14	−0.92	−1.30	0.71	0.37	1.98	−1.78	−0.74	2.16	−0.04	−0.08	−0.08
広瀬叔功	南海	−0.18	−1.39	−1.35	0.53	−1.22	2.06	−2.41	−1.83	0.75	−0.26	0.09	0.14
松原　誠	大洋	−0.56	0.01	0.22	−0.66	−0.67	−0.60	−0.26	0.73	−0.70	−0.70	0.10	0.20
秋山幸二	西武	−0.95	0.59	0.42	0.36	1.95	0.47	0.93	0.86	1.95	0.34	0.20	−0.02
長島茂雄	巨人	1.29	0.59	1.01	0.49	−0.85	−0.13	1.16	−1.15	−1.06	−0.22	0.31	0.25
清原和博	西武	−0.56	1.26	1.26	0.93	2.56	−0.72	2.61	1.24	1.65	0.47	−0.40	0.05
木俣達彦	中日	−0.50	0.01	−0.44	−1.86	0.16	−0.92	−0.71	1.81	−0.83	0.20	0.37	−0.37
江藤慎一	中日	0.14	0.38	0.47	−0.75	−0.52	−0.60	0.29	0.49	−0.99	−0.32	0.42	0.02
新井宏昌	近鉄	0.39	−1.59	−1.23	−0.58	−1.53	−0.09	−2.15	−0.56	−1.29	0.13	−0.49	0.15
有藤道世	ロッテ	−0.18	0.22	0.00	0.62	0.84	0.51	0.37	−0.18	1.09	0.25	−0.08	−0.14
駒田徳広	横浜	0.27	−0.82	−0.25	−1.28	0.73	−0.84	−0.48	1.23	−0.66	1.21	−0.06	0.16
若松　勉	ヤクルト	2.18	−0.61	−0.42	0.13	−1.35	−0.17	−0.37	−1.72	−1.87	0.73	−0.24	−0.12
毒島章一	東映	−0.50	−1.39	−1.26	−1.11	−0.72	0.03	−2.23	0.47	−0.52	0.14	−0.15	0.04
真弓明信	阪神	0.01	0.01	−0.32	−0.09	0.37	0.15	−0.13	0.09	0.28	0.31	0.08	−0.27
加藤英司	阪急	0.78	0.33	0.89	0.13	0.59	−0.24	1.19	−0.08	−0.18	0.59	0.21	0.29
藤田　平	阪神	0.08	−0.76	−0.89	−1.24	−0.76	−0.56	−1.40	0.57	−1.20	0.20	−0.06	−0.22
吉田義男	阪神	−1.14	−1.80	−2.09	−0.75	−1.83	0.95	−3.60	−0.33	−0.17	−0.76	−0.23	−0.09
分　散*4		1.00	1.00	1.00	1.00	1.00	1.00	2.92	1.54	1.18	0.23	0.10	0.03

*1 自作プログラムを使用。なお，付録（A.3 節における 3 章の解説）に記すように，SPSS（BASE）を用いる場合には，その出力に付加的処理を加える必要がある。
*2 打率と同様に，本塁打・打点・得点・三振・盗塁も打数で除した値を，素データとしている。
*3 最も長く在籍した球団
*4 不偏

　第 1, 第 2 主成分得点の散布図を描くことは，図 3.8 に描くように，**6 次元の散布を「鏡」に映すこと**と同じである。この「鏡」を正面から見た図が，図 3.9 である。この図は，**地図**と同様に見ることができ，近くに位置づけられた個体どうしは互いに似ているといえる。また，個体の位置関係から主軸・主成分得点が，何を表すのかを解釈できる。例えば，第 1 主軸に着目すると，右に位置する選手が長距離打者として知られるのに対して，左の選手はそうではない点から，**第 1 主成分得点**は長打力を表すと解釈できる。次に第 2 主軸に着目すると，上に位置する選手は盗塁が多いのに対して，下の選手はそうではなく，**第 2 主成分得点**は，走力を表すと解釈できる。

　変数はすべて分散が 1 の標準得点であるので，(3.3) 式より，表 3.4（A）のデータの総分散 = 各変数の分散の総和は 1 + 1 + 1 + 1 + 1 + 1 = 6 であり，これが主成分得点の分散の合計 2.92 + 1.54 + 1.18 + 0.23 + 0.10 + 0.03 = 6 に一致する。従って，第 2 主成分得点までの**累積寄与率**は（2.92 + 1.54）/6 = 0.74 であり，もとの 6 次元空間における個体の散布の情報の 74 % を，図 3.9 の散布図が表しているといえる。

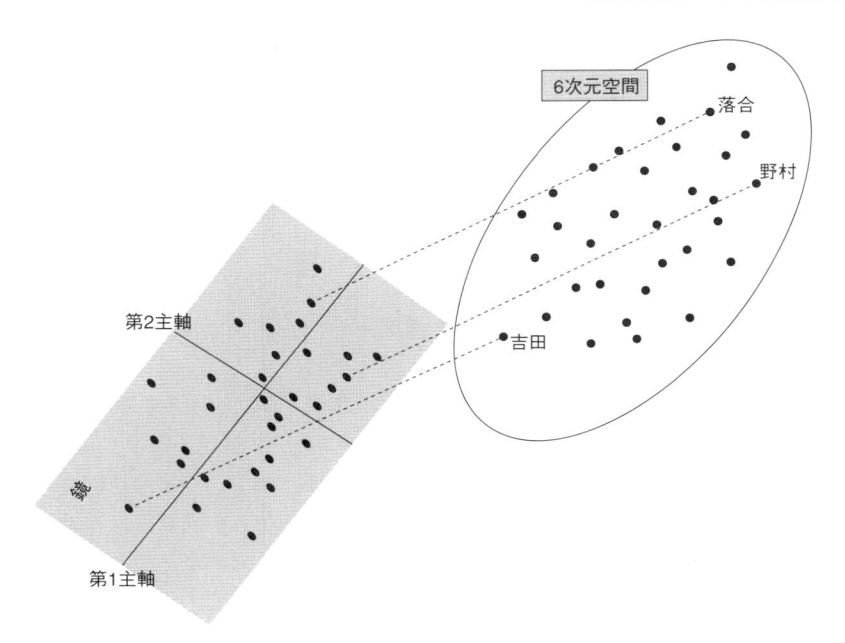

図3.8　6次元空間における選手の散布（右上）とそれを映す「鏡」（左下）

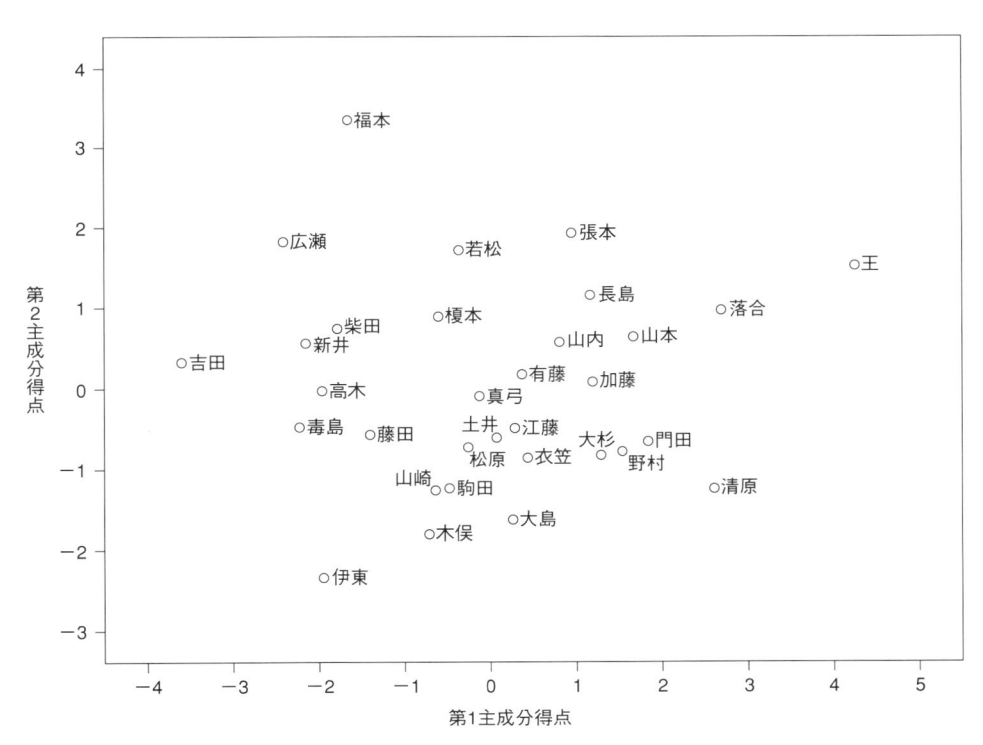

図3.9　上位2つの主成分得点による選手の散布図（累積寄与率=0.74）

3.8. 重みつき合計としての主成分得点

ここまで，主成分得点を，主軸の座標値として幾何学的に説明してきたが，数式を用いると，主成分得点は，各変数の**平均偏差得点の重みつき合計**で表せる。例えば，表3.1の入社試験データのPCAでは，

$$\text{主成分得点} = p \times 筆記 + q \times 論文 + r \times 面接 \tag{3.4}$$

と表せる。ここで (3.4) 式では，本来は，「筆記・論文・面接の平均偏差得点」と書くべきところを「筆記・論文・面接」と記している。各変数の重み，つまり，係数 p, q, r の値は，第1，第2，第3主成分得点の間で異なる。これらを，表3.5に掲げた。表の左の列に記すように，第1主成分の係数は $p = 0.47$, $q = 0.63$, $r = 0.62$ であるので，これらの値を使って，(3.4) 式は

表3.5 各主成分の係数 (重み)

変数	記号	主成分		
		第1	第2	第3
筆記	p	0.47	−0.84	0.27
論文	q	0.63	0.10	−0.77
面接	r	0.62	0.53	0.58
$p^2 + q^2 + r^2$		1.00	1.00	1.00

$$\text{第1主成分得点} = 0.47 \times 筆記 + 0.63 \times 論文 + 0.62 \times 面接 \tag{3.5}$$

と表せる。この右辺に，表3.1 (B) に示す個体1の筆記，論文，面接の平均偏差得点 21.2, 4.3, −3.0 を代入すると，「個体1の第1主成分得点」$= 0.47 \times 21.2 + 0.63 \times 4.3 + 0.62 \times (-3.0) = 10.8$ のように，表3.1 (C) に記す個体1の第1主成分得点が得られる。

なお，表3.5の下の行でわかるように，各変数の係数の平方和は1，つまり，

$$p^2 + q^2 + r^2 = 1 \tag{3.6}$$

となる。

PCA が実際に行っている計算は，(3.4) 式と (3.6) 式を基礎にしている。すなわち，「(3.6) 式を満たす p, q, r の具体的数値の中で，(3.4) 式で表せる**主成分得点の，個体間の分散をできるだけ大きくする**係数 p, q, r の値」を求め，これらが第1主成分得点の係数，すなわち，(3.5) 式に記した 0.47, 0.63, 0.62 となる。この計算原理が，幾何学的には，3.2節の**分散最大方向の原理** (3.1) と一致する。

上記の計算原理の「分散をできるだけ大きくする係数」という一節は，「個体差をできるだけ大きくする係数」と言い換えられ，これは次のことを意味する。通常，複数の変数から総合点を求める場合，「総合点 = 筆記 + 論文 + 面接」のように単純合計することが多いが，(3.5) 式のように，変数に重みづけをすれば，個体の相違が一層明瞭になる総合点が得られる。

表3.6 主成分得点どうしの共分散[*1]

主成分	第1	第2	第3
第1	892.4		
第2	0.0[*2]	293.1	
第3	0.0	0.0	9.7

[*1] 不偏
[*2] (表3.1 (C) のように四捨五入した数値で計算すると，ちょうど0にはならないが) 四捨五入しない得点に基づくと0になる。

第2主成分以降の係数は，「(3.6) 式を満たす p, q, r の値の中で，(3.4) 式で表せる主成分得点が，より上位の主成分得点と<u>無相関</u>になり，かつ，分散ができるだけ大きくなるような p, q, r の値」である。このカッコ内の文は長く，読者は特に理解する必要はな

いが，表 3.1（C）の第 1，2，3 主成分得点どうしの共分散を求めると，表 3.6 に示すように，異なる主成分得点どうしの共分散は 0，つまり，

異なる主成分どうしは無相関 (3.7)

となって，カッコ内の下線部の通りになることだけを頭にとどめておこう。

4 重回帰分析（その1）

1章の1.7節には，1つの説明変数から1つの従属変数を予測・説明するための回帰分析を記したが，複数の説明変数から1つの従属変数を予測・説明するための分析法も**回帰分析**に含まれる。ただし，説明変数が1つの場合の方法と，複数の場合の方法を区別するため，前者を**単回帰分析**と呼び，後者を**重回帰分析**と呼んで区別することがある。「説明変数が1つのときの重回帰分析が，単回帰分析である」ともいえる点で，この章以降に記す重回帰分析の性質は，すべて単回帰分析にもあてはまる。

重回帰分析の目的を大雑把に表せば，「従属変数の値の大小が，（複数の）説明変数の値の大小によって，1)「どのくらい正確に予測・説明されるか」，2)「どのように予測・説明されるか」といった問いに答えることである。この章では，重回帰分析の基本的な説明をした後，主に1)の問いに関することを記し，2)の詳細は5章に記す。

4.1. 重回帰分析の予測式

Tシャツの売れ行きを，素材（の良さ）・値段・デザイン（の良さ）という3つの説明変数の大小によって予測・説明することを考える。こうした場合に，重回帰分析では，**従属変数**

表 4.1　Tシャツデータ：個体（Tシャツ）の素材・値段・デザイン・売れ行き枚数（A）とそれらの要約統計値（B）

(A) Tシャツ・データ（仮想数値例）

個体	素材	値段	デザイン	売れ行き	個体	素材	値段	デザイン	売れ行き	個体	素材	値段	デザイン	売れ行き
1	7	1400	3.8	137	18	2	1300	4.0	86	35	3	1200	3.6	135
2	5	1550	4.2	104	19	7	1800	6.8	109	36	1	1450	6.0	112
3	5	1250	3.0	122	20	4	1300	3.4	103	37	4	1600	4.8	106
4	5	1150	1.0	104	21	6	1350	4.0	113	38	5	1600	3.8	99
5	6	1700	7.0	125	22	9	1450	1.8	100	39	1	1100	4.2	143
6	6	1550	4.0	105	23	5	1300	4.2	111	40	6	1600	3.8	54
7	5	1200	3.6	135	24	6	1450	4.0	138	41	4	1450	6.6	139
8	3	1000	1.8	128	25	7	1750	4.0	101	42	2	1300	1.6	90
9	6	1300	5.8	145	26	4	1500	4.2	126	43	4	1200	5.2	203
10	5	1300	3.0	124	27	6	1700	4.6	29	44	3	1150	2.4	96
11	6	1550	5.8	99	28	6	1500	2.2	73	45	7	1350	3.2	125
12	9	1800	4.2	102	29	4	1250	3.4	129	46	7	1200	1.2	107
13	8	1400	4.4	146	30	9	1650	3.2	77	47	5	1550	5.0	130
14	6	1300	3.0	138	31	5	1500	3.4	84	48	5	1600	4.2	72
15	5	1400	3.8	122	32	4	1350	3.8	103	49	10	1800	2.6	48
16	10	1950	3.0	13	33	4	1350	3.8	112	50	7	1600	5.4	106
17	4	1550	5.2	103	34	3	1550	4.6	77					

(B) 要約統計値*

統計量	素材	値段	デザイン	売れ行き
平均	5.22	1443.00	3.91	107.76
標準偏差	2.12	204.45	1.33	31.39
分散	4.49	41801.00	1.77	985.02

* Excel を使用

（売れ行き）の**予測値**を，各**説明変数**に係数を乗じた値の和に**切片**を加えた

$$予測値 = b_1 \times 素材 + b_2 \times 値段 + b_3 \times デザイン + c \tag{4.1}$$

という**予測式**で表し，最適な係数 b_1, b_2, b_3 および切片 c の値を，データから求める。なお，数式の記号表現では，上記の「b_1, b_2, b_3」のように，同種のものに同じ記号（b）を用いた上で，添え字（1, 2, 3）をつけて区別することが多い。さて，(4.1) 式は，1.7 節の単回帰分析の予測式 (1.15) の直接的な拡張となっている。つまり，説明変数が複数になったのに伴って，複数の「係数×説明変数」の項が足し算でつながっている。b_1, b_2, b_3 のことを，重回帰分析では，「偏」という語を回帰係数の前につけて，**偏回帰係数**と呼ぶ。

価格が千円台の 50 種の T シャツ（個体）について，素材の良さ（専門家による評定値），値段（円），デザインの良さ（10 名の被験者の平均評定値），および，売れ行き（1 店舗 1 ヵ月あたりに売れた枚数）を調べたところ，表 4.1 のようなデータが得られたとしよう。このデータに重回帰分析を適用すれば，表 4.2 に示すように，係数と切片の具体的数値が出力される。この解がどのような方法で得られたかは，4.3 節に記す。解をみると，例えば，値段の係数 b_2 は負（-0.18）になり，値段が高ければ売れ行きが下がることがわかる。

表 4.2 偏回帰係数と切片の解*

偏回帰係数			切片
素材	値段	デザイン	
$b_1 = 7.61$	$b_2 = -0.18$	$b_3 = 18.23$	$c = 256.40$

* SPSS (BASE) の「回帰→線型」を使用

表 4.2 の解を (4.1) 式に代入すれば，従属変数（売れ行き）の**予測式**は，

$$予測値 = 7.61 \times 素材 - 0.18 \times 値段 + 18.23 \times デザイン + 256.40 \tag{4.2}$$

と表せる。この結果は次のように応用できる。例えば，明日から売りに出す T シャツの素材が 6 点，値段が 1500 円，デザインが 4 点であるとしよう。これらの値を (4.2) 式の右辺に代入すれば，予測値 $= 7.61 \times 6 - 0.18 \times 1500 + 18.23 \times 4 + 256.40 = 104.98$（≒ 105）となり，上記のシャツは，105 枚くらい売れるだろうと予測できる。

4.2. 重回帰モデルとパス図

前節で分析結果を記したが，この節と次節では，分析の基本原理を解説するので，(4.2) 式のような具体的結果の式ではなく，分析前の式，つまり，係数・切片が（分析前には値が未知であるので）b_1, b_2, b_3, c の記号で表された (4.1) 式に戻ろう。

この式の左辺が，従属変数の売れ行きではなく，その**予測値**であることに注意しよう。すなわち，(4.1) 式が表すものは，あくまで，説明変数（素材・値段・デザイン）に基づく予測値であり，b_1, b_2, b_3, c の最適な値が得られたとしても，予測には「誤差はつきもの」である。そこで，**誤差**を

$$誤差 = 従属変数 - 予測値 \tag{4.3}$$

と表そう。この式は，従属変数を左辺にすると，

$$\text{従属変数} = \text{予測値} + \text{誤差} \tag{4.4}$$

と書き換えられる。この式の右辺の予測値に，(4.1)式を代入すれば，

$$\text{従属変数} = b_1 \times \text{素材} + b_2 \times \text{値段} + b_3 \times \text{デザイン} + c + \text{誤差} \tag{4.5}$$

と表せる。(4.1) と (4.4) 式，あるいは，それらを1つにまとめた (4.5) 式を，重回帰分析の基本式として，**重回帰モデル**と呼ぶ。

重回帰モデルは，図4.1（A）のパス図を用いて視覚的に表わされる。**パス図**では，観測される変数は四角で，誤差を円で描く。説明変数が記された四角から，予測値の四角に伸びる単方向の矢印（パス）は，(4.1)の予測式を表す。すなわち，パスに添えられた b_1，b_2，b_3 が説明変数に乗じられ，これらと切片 c の和が予測値になることを表している。なお，切片 c を表す図形は，通常，パス図では省かれる。次に，予測値と誤差から売れ行きに伸びるパスが，(4.4) 式を表す。なお，図の左に描かれた説明変数間の双方向の矢印は，説明変数間の相関関係を表すものであるが，これについては6章で解説するので，今は気にとめないでおこう。

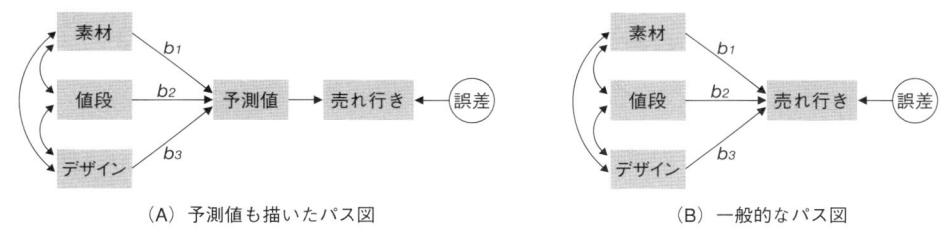

(A) 予測値も描いたパス図

(B) 一般的なパス図

図4.1　Tシャツデータの重回帰モデルのパス図による表現

さて，予測値の四角はなくても，重回帰モデルを表すことはでき，一般には，図4.1（B）のように，予測値の四角を除いて，説明変数から従属変数に直接にパスが伸びる図が使われる。この図の3つの説明変数から伸びるパスは，(4.5) 式の右辺の前半部「$b_1 \times \text{素材} + b_2 \times \text{値段} + b_3 \times \text{デザイン}$」に対応し，誤差から伸びるパスは，(4.5) 式の末尾「$+ \text{誤差}$」に対応する。

図4.1のパスの向きでわかるように，重回帰モデルは，いわば「**結果**」である従属変数を，その「**原因（要因）**」と見なせる説明変数で説明しようとするモデルである。そして，「説明変数では説明されずに残った要因」として，**誤差**が導入され，そこから従属変数にパスが伸びるわけである。すなわち，売れ行きは，素材・値段・デザインによって完全に決まるわけではなく，例えば，その年の流行や色あるいは偶然的要因も売れ行きに影響するだろう。こうした説明変数以外で従属変数に影響する変数の集まりが，誤差を構成している。すなわち，誤差を，文字通りの「誤った差」と見なすのではなく，

$$\text{誤差} = 「\text{説明変数では説明しきれずに残った成分}」 \tag{4.6}$$

のように考えるべきである。

4.3. 係数と切片の解法

この節では，表4.2に記した b_1, b_2, b_3, c の解が，どのようにして得られたかを記す。解を

表 4.3 予測式と従属変数の二乗誤差

個体	説明変数*			予測値の式*	従属変数	誤差の大きさ（誤差の2乗）
	素	値	デ	$b_1 \times$ 素 $+ b_2 \times$ 値 $+ b_3 \times$ デ $+ c$	売れ行き	(売れ行き − 予測式)^2
1	7	1400	3.8	$7b_1 + 1400b_2 + 3.8b_3 + c$	137	$(137 - 7b_1 - 1400b_2 - 3.8b_3 - c)^2$
2	5	1550	4.2	$5b_1 + 1550b_2 + 4.2b_3 + c$	104	$(104 - 5b_1 - 1550b_2 - 4.2b_3 - c)^2$
3	5	1250	3.0	$5b_1 + 1250b_2 + 3.0b_3 + c$	122	$(122 - 5b_1 - 1250b_2 - 3.0b_3 - c)^2$
･	･	･	･	･	･	･
･	･	･	･	･	･	･
･	･	･	･	･	･	･
49	10	1800	2.6	$10b_1 + 1800b_2 + 2.6b_3 + c$	48	$(48 - 10b_1 - 1800b_2 - 2.6b_3 - c)^2$
50	7	1600	5.4	$7b_1 + 1600b_2 + 5.4b_3 + c$	106	$(106 - 7b_1 - 1600b_2 - 5.4b_3 - c)^2$

* 説明変数名は，素＝素材，値＝値段，デ＝デザインのように略記

上の合計を最小にする b_1, b_2, b_3, c の値を求める

求めるための幾つかの解法があるが，ここでは，**最小二乗法**による解法を，表 4.3 を参照しながら，解説する．この表には，灰色の列に，表 4.1（A）のデータ（途中の個体は省略）を再掲したが，白い欄の「予測値の式」と「誤差の大きさ」が重要な役割を果たす．

まず，表 4.3 の個体 1 の説明変数の値，素材＝ 7，値段＝ 1400，デザイン＝ 3.8 に着目しよう．これらを，予測式（4.1）に代入すれば，個体 1 の売れ行きの予測値の式 $b_1 \times 7 + b_2 \times 1400 + b_3 \times 3.8 + c = 7b_1 + 1400b_2 + 3.8b_3 + c$ が得られるが，実際の従属変数（売れ行き）の値は 137 である．従って，個体 1 の誤差は，(4.3) 式より，「売れ行き − 予測値」＝ 137 − $(7b_1 + 1400b_2 + 3.8b_3 + c)$ ＝ $137 - 7b_1 - 1400b_2 - 3.8b_3 - c$ と表せる．この誤差の「大きさ」が小さいことが望ましい．

誤差の大きさを，誤差の絶対値つまり |誤差| によって表すべきと思われるが，数学的には，その 2 乗である |誤差|^2 で表すのが合理的であることが知られている．なお，2 乗すると（例えば $|-3|^2 = 3^2 = (-3)^2 = 9$ でわかるように），2 乗される数に絶対値記号をつけても，つけなくても結果は同じであるので，誤差の大きさを，|誤差|^2 ではなく，**(誤差)^2** のように表すことにする．従って，上記の個体 1 の誤差の大きさは，表 4.3 の右の列に記すように，$(137 - 7b_1 - 1400b_2 - 3.8b_3 - c)^2$ と表せる．

この誤差の大きさを，できるだけ小さくする b_1, b_2, b_3, c の値が望ましい．ただし，個体は 1 から 50 まであるので，個体 1〜50 の誤差の大きさ（表 4.3 の右の列）の合計，つまり

$$\text{誤差の二乗和} = (137 - 7b_1 - 1400b_2 - 3.8b_3 - c)^2 + (104 - 5b_1 - 1550b_2 - 4.2b_3 - c)^2 + \cdots + (106 - 7b_1 - 1600b_2 - 5.4b_3 - c)^2 \quad (4.7)$$

を最小にする係数・切片の値（b_1, b_2, b_3, c の具体的数値）を，求めるべき解とする．この解は，線形代数と呼ばれる分野の演算によって求められる．ただし，読者はその演算法を知る必要はない．以上の解が，表 4.2 の値である．

4.4. 分析結果の誤差の大きさ

4.2 節と前節では，モデルや計算原理を記すため，係数や切片を b_1, b_2, b_3, c の記号で表していたが，この節からは，それらの解（表 4.2 に掲げた具体的数値）が得られた後の話になる．

重回帰分析の解が得られた後，われわれが第一に行うべきことは，解を代入した予測式 (4.2)，すなわち，「予測値＝ 7.61 ×素材 − 0.18 ×値段 ＋ 18.23 ×デザイン ＋ 256.40」によって，

どのくらい正確に従属変数を予測できるか，言い換えれば，誤差（＝従属変数－予測値）の値がどの程度，小さいか（大きいか）を見積もることである．結論を先に述べると，誤差の「小ささ」は，4.6節の(4.14)式によって見積もれるが，その理由を順次説明していく．

既に表4.2に示す解が得られているので，まず，誤差の具体的数値を求めることができる．例えば，個体1の素材・値段・デザインの値を予測式(4.2)に代入すれば，個体1の予測値は $7.61 \times 7 - 0.18 \times 1400 + 18.23 \times 3.8 + 256.40 = 127.0$ である（この式の左辺を計算すると126.9になるが，四捨五入しない値に基づくと127.0になる）が，従属変数（売れ行き）の値は137であるので（表4.1 (A)），誤差は $137 - 127 = 10$ となり，「当たらずとも，遠からず」である．この $137 - 127 = 10$ のように，誤差の具体的数値のことを**残差**と呼ぶ．すなわち，(4.3)〜(4.5)式のようなモデルに現れる従属変数と予測値の差を「誤差」と呼ぶのに対して，分析後に求められる誤差の値を「残差」と呼ぶ．この残差という用語は，(4.6)に記した「説明変数では説明しきれずに<u>残った</u>成分」の下線部「<u>残った</u>」に由来する．しかしながら，「残差」と「誤差」を厳密に区別して2つの用語を使い分けると，かえって読みにくくなるので，以降では，残差と呼ぶべき誤差の具体的数値も，単に**誤差**あるいは「誤差の値」と記す．

上述の個体1の場合と同様にして求めた他の個体の誤差と，従属変数の値・予測値を列挙したのが表4.4 (A) であり，50個体を通した平均や分散などを，表4.4 (B) に示す．ここで，

$$\text{誤差の平均} = 0 \tag{4.8}$$

表4.4 Tシャツ・データの従属変数（売れ行き），予測値，誤差 (A) とそれらの要約統計値 (B)

(A) 従属変数，予測値，および，誤差の値（残差）[*1]

個体	従属	予測	誤差	個体	従属	予測	誤差	個体	従属	予測	誤差
1	137	127.00	10.00	18	86	110.60	−24.60	35	135	128.91	6.09
2	104	92.08	11.92	19	109	109.70	−0.70	36	112	112.46	−0.46
3	122	124.19	−2.19	20	103	114.88	−11.88	37	106	86.41	19.59
4	104	105.74	−1.74	21	113	132.03	−19.03	38	99	75.80	23.20
5	125	123.73	1.27	22	100	96.76	3.24	39	143	142.63	0.37
6	105	96.04	8.96	23	111	137.07	−26.07	40	54	83.40	−29.40
7	135	144.12	−9.12	24	138	114.04	23.96	41	139	146.21	−7.21
8	128	132.09	−4.09	25	101	75.27	25.73	42	90	66.86	23.14
9	145	151.01	−6.01	26	126	93.47	32.53	43	203	165.68	37.32
10	124	115.20	8.80	27	29	57.17	−28.17	44	96	116.04	−20.04
11	99	128.85	−29.85	28	73	72.23	0.77	45	125	125.06	−0.06
12	102	77.52	24.48	29	129	123.88	5.12	46	107	115.60	−8.60
13	146	145.54	0.46	30	77	86.29	−9.29	47	130	106.66	23.34
14	138	122.80	15.20	31	84	86.50	−2.50	48	72	83.09	−11.09
15	122	111.78	10.22	32	103	113.17	−10.17	49	48	55.97	−7.97
16	13	36.27	−23.27	33	112	113.17	−1.17	50	106	120.17	−14.17
17	103	102.70	0.30	34	77	84.16	−7.16				

(B) 従属変数と予測値と誤差の要約統計値 [*2]

	従属	予測	誤差
平均	107.76	107.76	0.00
平方和 [*3]	49251.12	35964.73	13286.39
分散	985.02	719.29	265.73
率	1.00	0.73	0.27
予測値と誤差の相関係数		0.00	
予測値と従属変数の相関係数	0.85		

[*1] 予測値と誤差の算出には，SPSS (BASE) の「回帰→線型」を使用
[*2] Excelを使用
[*3] 「各個体の値－平均」の2乗の合計

となっているが、これは、いかなるデータの分析結果にも成り立つ性質である。一般に、誤差が正の（従属変数の値が予測値より大きい）個体もあれば、誤差が負の個体もあり、正負が相殺されて、平均は0になるわけである。

さて、表4.4（B）に掲げた**誤差の分散**（= 265.73）は、全個体について（各個体の誤差 − 誤差の平均）^{2}を合計して、この合計を「個体数」で除した値であるが、(4.8) 式より、（各個体の誤差 − 誤差の平均）^{2} =（各個体の誤差 − 0）^{2} =（各個体の誤差）^{2}になり、誤差の分散は、

$$\text{「（各個体の誤差）}^2\text{の合計」} / \text{個体数} \tag{4.9}$$

と表せる。4.3節でも言及したように、（誤差）^{2}は「誤差の大きさ」を表す合理的な指標であることから、(4.9) 式の分子は、「（全個体を通した）誤差の大きさの合計」と言い換えられる。従って、それを個体数で除した (4.9) 式は、「全個体の誤差の大きさの平均」、すなわち、平均的な**誤差の大きさ**を表し、

$$\textbf{誤差の分散 = 誤差の大きさ} \tag{4.10}$$

と考えてよいことになる。

なお、(4.9) 式の分母を「個体数 − 説明変数の数 − 1」（Tシャツデータの場合には 50 − 3 − 1 = 46）と代えて、「誤差分散 =（各個体の誤差）^{2}の合計 /（個体数 − 説明変数の数 − 1）」とすることがある。この定義法は、5.6節に記す仮説検定などの過程で使われるが、この章では (4.9) 式を誤差の分散として、解説を行う。

以上より、表4.4（B）の誤差の分散 265.73 が、誤差の大きさ、言い換えれば、予測の不正確さを表すといえる。しかし、この 265.73 がどの程度大きい（小さい）値なのかを把握するためには、次節に記すように、誤差の分散と適当な指標との比を求める必要がある。

4.5. 予測値と誤差の関係

表 4.5　説明変数と誤差の相関係数

	素材	値段	デザイン
誤差	0.00	0.00	0.00

表4.4の（B）に記すように、（A）の予測値と誤差の相関係数は0になる。さらに、誤差と各説明変数との相関係数を求めた結果を表4.5に示すが、

$$\textbf{誤差と予測値の相関係数 = 誤差と説明変数の相関係数 = 0} \tag{4.11}$$

は、常に成り立つ関係である。つまり、誤差とは、説明変数およびそれらに基づく予測値とは無関係な成分であるといえる。導出法は省くが、(4.11) 式から、「**従属変数の平方和 = 予測値の平方和 + 誤差の平方和**」という関係式が導かれ、この式は**平方和の分割**と呼ばれる。ここで、**平方和**とは、表4.4（B）に記すように、「各個体の値 − 平均」の2乗を、個体を通して合計した値を指し、例えば、予測値の平方和は、$(127.00 - 107.76)^2 + (92.08 - 107.76)^2 + \cdots + (120.17 - 107.76)^2 = 35964.73$ となる。表4.4（B）の各平方和の値より、$49251.12 = 35964.73 + 13286.39$ となって、平方和の分割が成り立つことを確認できる。

さて、例えば $35964.73/50 = 719.29$（表4.4（B）の予測値の分散）のように、平方和を個体

数で除した値が**分散**であるので，平方和の分割の関係式の両辺を，個体数で除すと，「従属変数の平方和／個体数＝予測値の平方和／個体数＋誤差の平方和／個体数」，すなわち，

$$\text{従属変数の分散} = \text{予測値の分散} + \text{誤差の分散} \tag{4.12}$$

という関係式が導かれる。表 4.4（B）の従属変数・予測値・誤差の分散を見ると，985.02 ＝ 719.29 ＋ 265.73 となり，(4.12) 式の等号を確認できる。

(4.12) 式の関係を図示したのが，図 4.2（A）の楕円であり，楕円の面積に対応する従属変数の分散が，予測値と誤差の分散に分割されることを描いている。この楕円全体の面積を 1（＝ 100％）とすれば，その内，誤差の分散（大きさ）がどれだけの比率を占めるかを見積もることによって，誤差の大きさを評価できる。すなわち，(4.12) 式の両辺を，従属変数の分散で除すと，

$$1 = \frac{\text{予測値の分散}}{\text{従属変数の分散}} + \frac{\text{誤差の分散}}{\text{従属変数の分散}} \tag{4.13}$$

という式が得られるが，右辺の第 2 項「（誤差の分散）／（従属変数の分散）」が，**誤差の大きさの指標**となる。この比率は，表 4.4（B）に示すように，265.73/985.02 ＝ 0.27（＝ 27％）である。

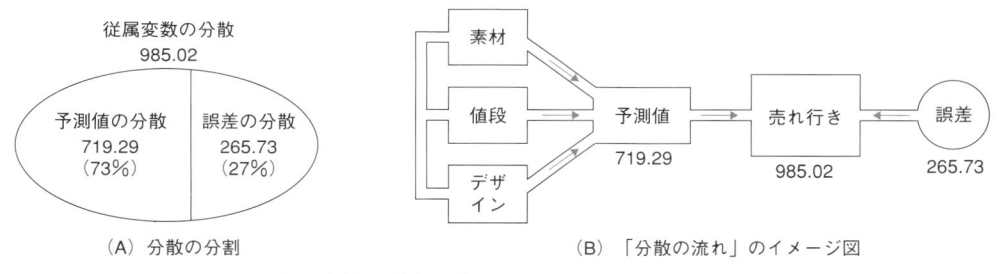

図 4.2 従属変数・誤差（残差）・予測値・説明変数の分散の相互関係

(A) 分散の分割

(B) 「分散の流れ」のイメージ図

4.6. 分散説明率と重相関係数

さて，(4.13) 式の右辺の第 2 項（誤差の分散の比率）が小さければ，右辺の第 1 項（予測値の分散の比率）が大きくなるので，第 1 項が誤差の小ささ，つまり，予測の正確さの指標となる。これは，**分散説明率**または**決定係数**と呼ばれる。すなわち，

$$\text{分散説明率} = \frac{\text{予測値の分散}}{\text{従属変数の分散}} = 1 - \frac{\text{誤差の分散}}{\text{従属変数の分散}} \tag{4.14}$$

である。表 4.4（B）より，分散説明率は 1 － 0.27 ＝ 0.73（＝ 73％）となる。なお，明らかなことであるが，分散説明率は下限が 0，上限が 1 の指標である。

分散説明率という用語は，「**従属変数の分散の中で，説明変数によって説明される分散の割合**」を意味する。この意味を直感的に示すイメージ図が，図 4.2 の（B）である。これは，図 4.1（A）のパス図の矢印を「その中を分散が伝わる管」に見立てたもので，予測値の分散（＝ 719.29）と，誤差の分散（＝ 265.73）が，従属変数の「タンク」で合流して (4.12) 式のとお

り985.02になることを描いている。ここで、予測値を規定するのは、その「源流」にある説明変数（素材・値段・デザイン）であり、説明変数から予測値に「分散が流れ込む」様子も描いてある。図の意味を、データに即して言えば、従属変数である売れ行きの分散、つまり、Tシャツの売れ行きの多少は、素材の良し悪し・値段の高低・デザインの良し悪しに基づく予測値の分散（予測値の大小）と、誤差の分散（大小）の合計（= 985.02）であるといえる。そして、この合計の中で、説明変数の集まりである予測値の分散（= 719.29）が占める割合が、分散説明率（= 719.29/985.02 = 0.73）である。

さて、以上の分散説明率とは別に、予測値と従属変数との相関係数も、予測の精度の高さを表す。この相関係数は、（説明変数と従属変数の）**重相関係数**と呼ばれる。表4.4の場合には、（B）の最下行に記すように、予測値と従属変数の相関係数つまり重相関係数は0.85であるが、これを2乗すると、分散説明率 $0.73 = 0.85^2$ に一致する（$0.85^2 = 0.7225$ であるが、四捨五入しない数に基づくと、0.73に一致する）。この関係、

$$\text{分散説明率} = \text{重相関係数の2乗} \tag{4.15}$$

も常に成り立つ性質である。つまり、一見異なる重相関係数と分散説明率は、同じ情報を荷う。なお、重相関係数という名称は、これが、<u>複数つまり多重</u>の説明変数が一体になったもの（予測値）と、1つの従属変数の相関を表すことに由来し、「重相関係数」の先頭につく「重」には、複数という意味がこめられている。

4.7. 非標準解と標準解

予測の正確さの指標を説明した4.4節〜前節とは話題を変え、この節では、**偏回帰係数**に着目する。図4.1（B）の偏回帰係数の記号の箇所に、表4.2の解を表示したパス図が、図4.3の（A）である。ここで、誤差の大きさ（分散）は、誤差の円に付して記した。

図4.3（A）を見ると、「偏回帰係数の絶対値の大きい説明変数ほど、従属変数への影響力が大きい」という考えが浮かぶかもしれないが、この考えは、「半分正しいが、半分間違っている」。間違っている理由は、偏回帰係数が、説明変数の値の散布度つまり**分散の影響**を受けるからである。例えば、表4.1（A）の説明変数の1つである値段を、円単位ではなく千円単位、つまり、1250（円）を1.25（千円）というように、1000分の1にすると、標準偏差も1000分の1の0.204になるが、偏回帰係数の解は1000倍の−180.0になる。以上のように、偏回帰係数は、変数の分散（値の大小の広がり）によって変わるものであり、分散が異なる変数の間で係数を比較しても意味がない。

上記の分散の影響を除去するためには、すべての説明変数と従属変数を**標準化**して、分散が1になるように統一化し、これらに重回帰分析を適用すればよい。こうして得られる係数を**標準偏回帰係数**と呼ぶ。しかし、実際には、標準得点に変換されたデータを再分析するのではなく、変換式

$$\text{標準偏回帰係数} = \text{偏回帰係数} \times \frac{\text{該当する説明変数の(素データの)標準偏差}}{\text{従属変数の(素データの)標準偏差}} \tag{4.16}$$

によって、もとの素データに基づく解から標準偏回帰係数は得られ、多くのソフトウェアは、これと（標準化しない）偏回帰係数を同時に出力する。図4.3（B）のパス図には、標準偏回

(A) 非標準解　　　　　　　　　　(B) 標準解

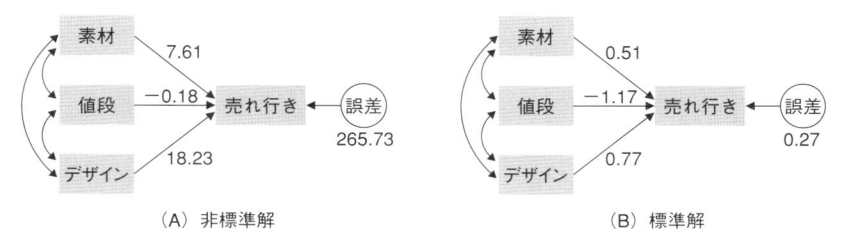

図4.3　分析結果のパス図

帰係数を示した．なお，すべての変数が標準得点であるとき，切片 c の解は0になる．

標準偏回帰係数は説明変数間で比較でき，これの絶対値の大きい変数は，従属変数への**寄与**（影響力）が大きいといえる．図4.3（B）を見ると，売れ行きへの影響が最も大きい変数は，係数が -1.17 の値段であり，係数にマイナスがつくので，値段の安さが売れ行きを高める大きな要因といえ，売れ行きへの寄与が比較的小さいのは，素材といえよう．

図4.3（A），（B）の標題のように，素データの分析結果を**非標準解**，標準化したデータの分析結果を**標準解**と呼ぶ．従って，「標準解の偏回帰係数」と言えば，これは標準偏回帰係数を指し，「非標準解の偏回帰係数」とは，偏回帰係数（表4.2）を指す．非標準解と標準解は，異なる2つの解を指すのではなく，単一の分析で得られる**1つの解の2とおりの表現**と考えよう．すなわち，非標準解が得られれば，標準解の係数は（4.16）のような変換式で求められ，さらに，4.4節〜4.6節に記した関係式は，すべて標準解にも成り立つ．

ここで，図4.3（B）の円につく標準解の誤差分散 0.27 が，4.6節に記した「（誤差の分散）/（従属変数の分散）」= 0.27 に等しいことに着目しよう．**標準解の場合には「従属変数の分散 = 1」**であるので，**誤差の分散**が，そのまま，「（誤差の分散）/（従属変数の分散）」という比率を表すことになるわけである．さらに，標準解の場合には，「従属変数の分散 = 1」より（4.12）式と（4.13）式が同じ式「1 = 予測値の分散 + 誤差の分散」になるので，（4.14）式は，

$$\text{分散説明率} = 1 - \text{標準解の誤差の分散} \tag{4.17}$$

となる．

4.8. データが満たすべき条件

この章の重回帰分析，および，後の章で記すパス解析・確認的因子分析・探索的因子分析・構造方程式モデリングの分析対象となるデータは，

$$\text{「個体の数」が「変数の数」より，（十分に）多い} \tag{4.18}$$

という条件を満たさなければならない．単に「多い」だけでなく，「十分に多い」のが望ましい．ただし，どれだけ多ければ十分であるかの客観的基準はない．重回帰分析では，個体の数が変数の数の10倍以上であれば十分であるとの目安もあるが，これは単に「区切りのよい目安」であり，これより個体数が少なくても十分であるケースも多い．

個体の数が説明変数の数より少ないデータは，もちろん（4.18）の条件を満たさず，そもそも重回帰分析の演算が不可能になる．こうしたデータに対して「それらしい答え」を出力して，

「重相関係数＝1」つまり「予測が完全」と見間違う結果を出力するソフトウェアがあることに注意すべきである。このような出力は，重回帰分析の解ではない。

なお，クラスター分析，主成分分析，および，13章の数量化分析などは，個体数が変数の数より少ないデータにも適用できる。

5 重回帰分析（その2）

　この章では，引き続き，重回帰分析を解説するが，多くの部分を占めるのは，偏回帰係数の解釈法である。前章の4.7節では，標準解の係数が，従属変数への寄与の大きさを表すことを記したが，5.1節〜5.5節では，偏回帰係数の，より深い意味を解説する。この意味とは，各説明変数の偏回帰係数が，「他の説明変数を一定にしたときに当該変数が従属変数に与える影響」を表すことである。ここで，括弧内の下線部は「他の説明変数の影響を除いたとき……」と言い換えられる。この偏回帰係数の意味の理解には，5.3節に記す「誤差の積極的役割」の理解が重要になる。以上の説明の後，5.6節以降では，仮説検定・区間推定や多重共線性の問題などに言及する。

5.1. 相関係数と回帰係数と偏回帰係数

　表4.1（A）のTシャツデータに重回帰分析を適用した結果の非標準解が，表4.2であったが，これを，基本式である（4.5）式に代入して，従属変数を具体名（売れ行き）で表すと，前章の**重回帰分析**の非標準解は，

$$売れ行き = 7.61 \times 素材 - 0.18 \times 値段 + 18.23 \times デザイン + 256.40 + 誤差 \quad (5.1)$$

と書ける。

　さて，表4.1（A）の素材だけを説明変数として，売れ行きを予測する**単回帰分析**を行うと，非標準解は，

$$売れ行き = -4.02 \times 素材 + 128.73 + 誤差 \quad (5.2)$$

となる。ここで，回帰係数は-4.02と負になり，「素材がよければ，売れ行きは下がる」ことを示す常識に反する結果になっている。一方，重回帰分析で得られた（5.1）式の素材の偏回帰係数7.61は正であり，「素材がよければ，売れ行きは上がる」ことを示している。

　変数どうしの**相関係数**は，いかなる値を示すだろうか。表5.1には，4つの変数間の相関係数を記したが，その中で，素材と売れ行きの相関係数は-0.27と負の値になっている。

表5.1　変数間の相関係数*

	変数	素材	値段	デザイン	売れ行き
説明	素材	1.00			
	値段	0.57	1.00		
	デザイン	-0.16	0.39	1.00	
従属	売れ行き	-0.27	-0.58	0.24	1.00

* SPSS（BASE）の「相関→2変量」を使用

　素材と売れ行きの相関係数と単回帰分析の回帰係数が，常識に反する値になったのは，両変数に，値段がいわば「**第3の変数**」

として影響したことによると考えられる。すなわち，表5.1を見渡すと，素材と値段に正の相関（係数 = 0.57），値段と売れ行きに負の相関（-0.58）が見られ，前者の正の相関は①「素材がよい品は値段が高い」こと，後者の負の相関は②「値段が高いと売れない」ことを表す。これら①と②を総合すると，③「素材がよい品ほど，<u>値段も高くて</u>，売れない」こととなり，一見して常識に反する相関係数の値や単回帰分析の結果と整合する。

　重回帰分析が「素材がよければ，売れ行きは上がる」という常識的な結果を示したのは，この分析が，素材・値段・デザイン・売れ行きという**すべての変数を同時に扱う**ために，「素材→売れ行き」の関係に，「第3の変数」として，値段およびデザインが影響することを考慮でき，「値段とデザインの<u>影響を除いた上での</u>，素材→売れ行きの関係」として，偏回帰係数7.61を出力するからである。上記の「……<u>影響を除いた上での</u>……」という偏回帰係数の意味は，次節以降に詳述する。

　重回帰分析とは異なり，**相関係数や単回帰分析の回帰係数**は「素材と売れ行き」のように**2つの変数だけに基づく**ので，これらに他の変数が及ぼす影響を除いた結果までは，示せない。すなわち，前述した③「素材がよい品ほど，<u>値段も高くて</u>，売れない」の下線部「<u>値段も高くて</u>」の影響は，表5.1全般を見渡してはじめて気づくことであり，「素材と売れ行き」の相関係数や回帰係数だけを見ていても，③から下線部を除いた「素材がよい品ほど，売れない」という解釈しか得られないわけである。

5.2. 偏回帰係数の意味

　結論を先に述べると，**偏回帰係数**の意味とは，次の2つの表現で表せる。

「<u>当該説明変数から他の説明変数の影響を除いた独自の成分が</u>1 だけ増加
　することに伴う，従属変数の平均的な変化」． (5.3)

「<u>当該説明変数以外の説明変数を一定にしたとき，当該説明変数を</u>1 だけ
　増加させることに伴う，従属変数の平均的な変化」． (5.4)

　上記の（5.3）と（5.4）は，下線を引いた前半部が異なるが，統計学の理論に基づけば，本質的に同じことを，別の言い方で表したものである。ただし，理論は難解になるので，読者は，両者が同義であると納得しておこう。しかし，（5.3），（5.4）それぞれについて，別々の解説をする方が理解を促す。そこで，この節では，まず後者の（5.4）だけを説明する。

　例えば，素材の偏回帰係数7.61は，（5.4）より「値段・デザインを一定にしたとき，素材が1点だけよくなると，売れ行きは，平均して7.61枚だけ増える」ことを意味する。下線部をイメージしやすいように言い換えれば，「値段とデザインのよさが同じ複数枚のTシャツの中では，素材が他のものより1点だけよいシャツは，平均的に7.61枚だけ，たくさん売れる」ことを意味する。

　この意味の根拠を理解するため，値段とデザインは（5.1）式と同じ（一定）であるが，素材は，（5.1）式から1点だけ増加させて「素材＋1」とした式

売れ行き* = 7.61 ×（素材 + 1）- 0.18 ×値段 + 18.23 ×デザイン + 256.40 + 誤差*　(5.5)

を考えよう。ここで，(5.1) 式と値が違うことを示すために，「売れ行き」と「誤差」には「*」をつけた。さて，(5.5) 式から (5.1) 式を引くと，値段とデザインの項は同じなので消えて，

$$売れ行き* - 売れ行き = 7.61 \times (素材 + 1) - 7.61 \times 素材 + (誤差* - 誤差)$$
$$= 7.61 + (誤差* - 誤差) \quad (5.6)$$

となる。ここで，右辺の末尾につく（誤差* − 誤差）すなわち「誤差の差」は，平均すれば，正負が相殺されて 0 になる。従って，(5.6) 式の「売れ行き* − 売れ行き」の平均は，7.61 になる。

他の偏回帰係数も同様に解釈でき，例えば，値段の係数 (−0.18) は，「素材とデザインが一定であれば，値段が 1 円高くなると，売れ行きは平均して 0.18 枚だけ減る」ことを意味する。

さて，単回帰分析の結果 (5.2) 式の**回帰係数** (−4.02) は，「素材が 1 点だけよくなると，売れ行きは平均して 4.02 枚だけ減る」ことを表すが，他の説明変数が分析に含まれていないため，「他の説明変数を一定にしたとき」という前置きは入らない。正確には，回帰係数の −4.02 の意味は，「素材が 1 点だけよくなると，<u>それに相関する値段やデザインなどの変化も影響して</u>，売れ行きは平均して 4.02 枚だけ減る」と表せよう。しかし，下線部の最後の「<u>…影響して</u>」がどのような影響であるかは，単回帰分析の結果からはわからない。

(5.4) の意味づけは，そのまま標準解の偏回帰係数にも当てはまる。例えば，前章の図 4.3 (B) に示すように，値段の**標準偏回帰係数**は −1.17 であるが，これは，「素材とデザインを一定にしたとき，値段の<u>標準得点</u>が 1 増えると，売れ行きの<u>標準得点</u>は平均して 1.17 だけ減る」ことを意味する。ここで，標準解は，変数を標準化した上での結果であるので，カッコ内で下線を引いたように，意味づけに「標準得点」がつき，さらに，標準得点は，「円」や「点」といった具体的単位のない数であるので，具体的単位は意味づけには使えない。ここで，**標準得点に具体的単位がない**ことは，表 4.1 の個体 1 の値段 1400 円を例にすると，値段の平均 1443 円，標準偏差 204.45 円および (1.11) 式より，「個体 1 の標準得点 = (1400 円 − 1443 円)/204.45 円 = −43.0 円/204.45 円 = −0.21」のように，分子と分母の単位「円」が打ち消しあうことから，理解できよう。

5.3. 他の説明変数の影響の除去と誤差

(5.3) の意味を，カッコ内の前半「当該説明変数から他の説明変数の影響を除いた独自の成分」略して「**独自成分**」と，後半「独自成分が 1 だけ増加することに伴う，従属変数の平均的な変化」に分けて説明する。結論を先に述べると，前半の独自成分とは，「**当該説明変数を他の説明変数から予測する重回帰分析の誤差の値**」に相当し，後半は「**独自成分を説明変数として，従属変数を予測する単回帰分析**」の結果に対応する。以上の前半・後半を，T シャツデータの値段を当該説明変数として，解説しよう。

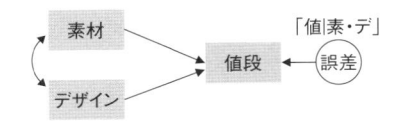

図5.1 値段を従属変数とした重回帰分析

前半：図 5.1 に描くように，(ここまで説明変数として扱った) 値段を従属変数，素材とデザインを説明変数として重回帰分析を行うと，値段の予測式（非標準解）

$$値段の予測値 = 62.00 \times 素材 + 74.73 \times デザイン + 827.03 \quad (5.7)$$

表 5.2 Tシャツデータ（表 4.1(A)）と幾つかの重回帰分析に基づく誤差の値*

個体	(A) もとのデータ：表 4.1(A) を再掲				(B) 説明変数から他の説明変数の影響を除いた成分			(C) 従属変数から2つの説明変数の影響を除いた成分		
	① 素材	② 値段	③ デザイン	④ 売れ行き	① 素|値・デ	② 値|素・デ	③ デ|素・値	① 売|値・デ	② 売|素・デ	③ 売|素・値
1	7	1400	3.8	137	2.03	−145.00	0.70	25.44	36.09	22.74
2	5	1550	4.2	104	−0.83	99.12	−0.27	5.57	−5.92	6.94
3	5	1250	3.0	122	0.61	−111.21	−0.11	2.47	17.82	−4.25
・	・	・	・	・	・	・	・	・	・	・
・	・	・	・	・	・	・	・	・	・	・
・	・	・	・	・	・	・	・	・	・	・
49	10	1800	2.6	48	1.14	158.70	−1.28	0.67	−36.53	−31.24
50	7	1600	5.4	106	1.63	−64.55	1.39	−1.80	−2.55	11.20

* 誤差の値（残差）の算出には，SPSS（BASE）の「回帰→線型」を使用

が得られる．この右辺に，表 5.2（A）に再掲した個体1の素材とデザインの値（7 と 3.8）を代入すると，62.00 × 7 + 74.73 × 3.8 + 827.03 = 1545.00（円）となるが，実際の値段は 1400円であるので，誤差の値（残差）は 1400 − 1545 = −145 円となる（個体1のシャツは，素材とデザインによって予測される値段より 145 円安い「割安」の品といえる）．上記の誤差の式 1400 − 1545 = −145 円は，従属変数 1400 円だけを左辺にすれば，

$$1400 \text{円} = 1545 \text{円} + (-145 \text{円}) \tag{5.8}$$

と書き換えられるが，右辺の予測値 1545 円が，素材とデザインによって予測される「値段には独自でない成分」を表すのに対して，誤差の −145 円は「素材とデザインには関係しない（言い換えれば，両者の影響が除かれた）値段に独自の成分」といえる．以下，こうした独自成分，つまり，誤差の値を

$$\text{「当該変数} \mid \text{他の説明変数」} \tag{5.9}$$

のように，その影響が除かれる変数を，縦線 | の後に書いた記号で表す．従って，値段の独自成分は「値|素・デ」と表せる．ここで，値・素・デは，値段・素材・デザインの略である．個体1の「値|素・デ」は −145 であるが，他の個体の「値|素・デ」を，表 5.2（B）②の列に記した．

後半：表 5.2（B）の②「値|素・デ」を説明変数，表 5.2（A）の④売れ行きを従属変数とした単回帰分析を行うと，

$$\text{売れ行き} = -0.18 \times \text{「値} \mid \text{素・デ」} + 107.76 + \text{誤差} \tag{5.10}$$

という結果（非標準解）が得られ，**回帰係数**（−0.18）は，(5.1)式の値段の**偏回帰係数**（非標準解）に一致する．(5.10)式の係数（−0.18）は，(5.3)に記した意味，すなわち，「値段の独自成分，つまり，値段から素材とデザインの影響を除いた成分が1だけ増加すると，売れ行きは平均して 0.18 枚だけ減る」ことを表し，(5.1)式の偏回帰係数（−0.18）も，上記と同じことを意味する．

以上の前半・後半に記したことは，他の説明変数についても成り立つ．例えば，**前半**の手順で，値段とデザインから素材を予測する重回帰分析を行い，各個体の誤差の値つまり「素|

値・デ」を求めると，表5.2（B）の①に記す値が得られる．次に**後半**の手順で，「素｜値・デ」から売れ行きを予測する単回帰分析を行えば，得られる回帰係数は7.61となって，(5.1)式の素材の偏回帰係数と一致する．つまり，「素材から値段とデザインの影響を除いた，素材独自の成分が1だけ増加すると，売れ行きは平均して7.61枚だけ増える」といえる．

なお，(5.3)の意味づけは，そのまま，重回帰分析の標準解にも当てはまる．例えば，値段の標準偏回帰係数の−1.17（図4.3（B））は，「値段の標準得点の独自成分が1増えると，売れ行きの標準得点は平均して1.17だけ減る」ことを意味する．

5.4. 偏相関係数

(5.10)式は，「値｜素・デ」を説明変数，売れ行きを従属変数とした単回帰分析の結果であるが，従属変数の売れ行きからも，素材・デザインの影響を除いて得られる成分「売｜素・デ」を考えよう．これは，「素材とデザインから売れ行きを予測する重回帰分析の結果の誤差の値」に相当し，その値を表5.2（C）の②に示す．以上の「売｜素・デ」を従属変数として，「値｜素・デ」（表5.2（B）の②）を説明変数とした単回帰分析の結果（非標準解）は，

$$\text{「売｜素・デ」} = -0.18 \times \text{「値｜素・デ」} + 0.00 + 誤差 \qquad (5.11)$$

となり，再び，回帰係数は偏回帰係数（−0.18）と一致する．すなわち，偏回帰係数は，(5.3)の意味だけではなく，「当該説明変数の独自成分が1だけ増加することに伴う，従属変数の独自成分の平均的な変化」という意味も持つ．

さて，（説明変数から従属変数を予測する）回帰分析の話を離れて，2つの変数どうしの相関係数を考えよう．ただし，もとの変数どうしの相関ではなく，**誤差つまり独自成分どうしの相関係数**を考える．例えば，「素｜値・デ」と「売｜値・デ」（表5.2の（B）①と（C）①）との相関係数は0.58となるが，これは，「値段とデザインの影響を除いた上での，素材と売れ行きの相関」を表す．このように，2つの変数から他の変数の影響を除いた相関係数を，**偏相関係数**と呼ぶ．すなわち，

$$素材と売れ行きの偏相関係数 = \text{「素｜値・デ」と「売｜値・デ」の相関係数} \qquad (5.12)$$

と表せる．素材と売れ行きの（通常の）相関係数は−0.27と負の値であったが（表5.1），上記のように，偏相関係数は0.58となり，値段とデザインの影響を除けば，素材と売れ行きには正の相関関係があることがわかる．

以上の偏相関係数は，パス図を用いれば，図5.2の（A）の誤差と，（B）の誤差との相関係数に対応するといえる．すなわち，値段とデザインでは説明されずに残る素材独自の成分，および，売れ行き独自の成分の相関係数が，(5.12)の偏相関係数である．

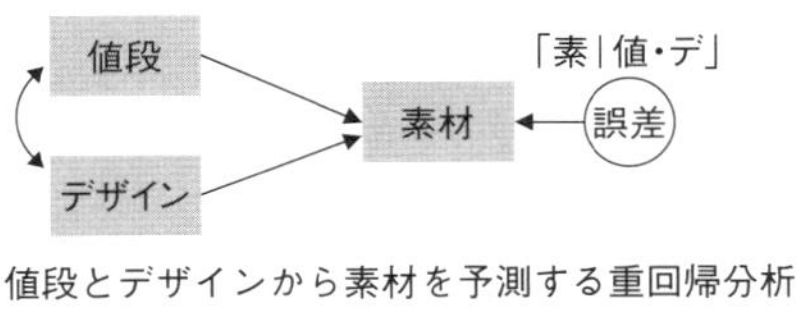

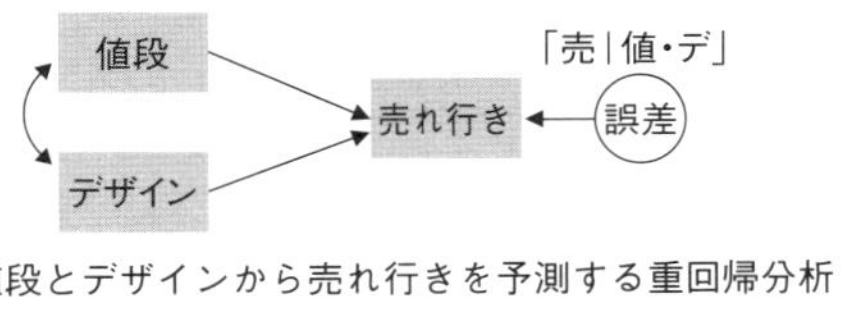

（A）値段とデザインから素材を予測する重回帰分析　　（B）値段とデザインから売れ行きを予測する重回帰分析

図5.2 値段・デザインの影響を除いた素材と売れ行きの偏相関係数を求めるための2種類の誤差

他の変数間についても同様に，偏相関係数を求めることができる。例えば，素材と値段の影響を除いたデザインと売れ行きの偏相関係数は，「デ｜素・値」と「売｜素・値」（表5.2の(B)③と(C)③）の相関係数であり，0.77となる。

5.5. 抑制変数

表5.3　相関が正，偏回帰係数が負のケース

(A) お菓子のデータ（仮想数値例）

菓子	素材	甘さ	おいしさ
1	60	50	65
2	75	80	70
3	80	75	85
4	65	70	60
5	50	60	45
6	90	75	95
7	80	70	85
8	70	60	75
9	75	65	70
10	60	75	55

(B) 変数間の相関係数

変数	素材	甘さ	おいしさ
素材	1.00		
甘さ	0.54	1.00	
おいしさ	0.95	0.35	1.00

表5.4　相関が0，偏回帰係数が0でないケース

(A) 営業職のデータ（仮想数値例）

社員	積極性	慎重さ	実績
1	7	2	6
2	6	5	8
3	4	3	3
4	7	4	7
5	5	4	5
6	7	3	7
7	5	5	6
8	6	4	7
9	7	4	5
10	4	6	4

(B) 変数間の相関係数

変数	積極性	慎重さ	実績
積極性	1.00		
慎重さ	−0.47	1.00	
実績	0.68	0.00	1.00

5.1節の素材と売れ行きのように，2つの変数どうしの**相関係数**と，重回帰分析の**偏回帰係数**との間で，**正・負が一致しないケースは少なく**ない。こうした不一致が見られる，他のデータの分析例（2つの例）を見よう。

10種類のお菓子の素材（の良さ）・甘さ・おいしさを調べたところ，表5.3（A）のデータが得られたとしよう。このデータの素材と甘さから，おいしさを予測する重回帰分析を行うと，「おいしさ＝1.39×素材−0.40×甘さ＋0.22＋誤差」という非標準解が得られ，甘さの係数（−0.40）は負であり，標準解の甘さの係数も負（−0.24）となる。なお，いかなるデータであっても，非標準解と標準解の間で，偏回帰係数の正負は一致する。

以上の**負の偏回帰係数**とは逆に，表5.4（B）に示す甘さとおいしさの**相関係数は正**（0.35）である。この不一致も，前節までと同様に解釈できる。つまり，甘さとおいしさの相関係数では，素材の影響は考慮されないが，甘さの偏回帰係数は，(5.3)，(5.4)の意味より「素材を一定にすると（素材の影響を除くと），甘いお菓子ほどおいしくない」，あるいは，「素材が同程度のお菓子に限れば，甘いお菓子ほどおいしくない」ことを意味している。

上記の甘さのように，従属変数との相関係数が正であるのに，偏回帰係数が負になる説明変数を，特に**抑制変数**と呼ぶ。この抑制変数という用語は，広義には，従属変数との相関係数が負であるのに，偏回帰係数が正になる説明変数も指す。

さて，営業の仕事につく10名の社員の積極性・慎重さ・（仕事の）実績を調べたところ，表5.4（A）のデータが得られたとしよう。このデータから求めた変数間の相関係数（表5.4（B））をみると，慎重さと実績は**無相関**であるが，積極性と慎重さから実績を予測する重回帰分析の非標準解は，「実績＝1.09×積極性＋0.55×慎重さ−2.74＋誤差」となり，慎重さも実績に寄与することを示す**正の係数**（0.55）が得られる。この結果は，「積極性を一定にすれば（積極性の影響を除けば），慎重さは実績に正の効果を持つ」，あるいは，「積極性が同程度の人に限

5.6. 重相関係数の検定と偏回帰係数の区間推定

れば，慎重な人ほど実績が高い」ことを示す。

前章からここまで解説してきた重回帰分析を振り返ると，分析で得られる統計量は，**全体**的指標と，**変数**ごとの指標に大別できる。前者は，重相関係数と分散説明率（決定係数）であり，説明変数全体と従属変数の関係を表す。後者は，偏回帰係数であり，個々の説明変数と従属変数の関係を表す。

さて，これらの統計量の値は，1つの標本（手もとのデータ）から計算されたものであり，その標本の抽出源である**母集団**での値（母数）とは異なるかもしれない。例えば，表4.1（A）のTシャツは，「世間で販売される1000円台のTシャツ全体」という母集団からサンプリングされた50品だと見なせるが，母集団での重相関係数や偏回帰係数を，私たちは知りえない。しかしながら，母集団での係数の値に関する仮説の検定はできる。以下，読者が仮説検定の基本を知っていることを前提にして，重回帰分析の結果の検定を紹介する。

まず，**重相関係数**についての検定は，「母集団における重相関係数は0，その2乗である分散説明率も0である」という帰無仮説を検証する。この仮説を，Tシャツデータに即して表せば，「素材・値段・デザインは売れ行きを全く説明しない」ことと言い換えられる。検定は，帰無仮説が正しいときに，重相関係数に基づいて算出されるF値という統計量が，F（エフ）分布に従うことに基づく。Tシャツデータでは，表5.5（A）に示した有意確率（p値）が0.05以下であることから，帰無仮説は棄却される。

偏回帰係数の検定は，「母集団における偏回帰係数は0，（4.16式に示すように）これの一定倍である標準偏回帰係数も0である」という帰無仮説を検証する。この仮説は，「当該説明変数が従属変数に寄与しない」ことと言い換えられる。帰無仮説が正しいときに，係数に基づいて算出されるt値という統計量が，t（ティー）分布に従うことに基づき，検定がなされる。Tシャツデータでは，表5.5（B）に示した有意確率より，すべての説明変数について帰無仮説が棄却されている。

偏回帰係数については，**信頼区間**が有用になることが多い。表5.5（B）の右の列には，非標準解の偏回帰係数の95％信頼区間を示す。この区間の意味を簡単に言えば，「母集団での偏回帰係数がこの区間内の数値であると考えて，差し支えない」ことを表す。例えば，母集団での値段の偏回帰係数は，−0.22〜−0.14の区間内にあると考えて差し支えなく，区間の上限も負（−0.14）であるので，値段が売れ行きに負の影響を持つことが確信できよう。

表5.5 重相関係数の検定と，偏回帰係数の検定・区間推定*

(A) 重相関係数と分散説明率の検定

重相関係数	分散説明率	F値	分子の自由度	分母の自由度	有意確率（p値）
0.85	0.73	41.51	3	46	0.00

(B) 偏回帰係数の検定と信頼区間

説明変数	偏回帰係数		t値	自由度	有意確率（p値）	95％信頼区間（非標準解）
	非標準解	標準解				
素材	7.61	0.51	4.81	46	0.00	4.42〜10.79
値段	−0.18	−1.17	−10.26	46	0.00	−0.22〜−0.14
デザイン	18.23	0.77	8.09	46	0.00	13.69〜22.76

* SPSS（BASE）の「回帰→線形」を使用

5.7. 多重共線性の問題

　一般に，優れた統計解析法も，幾つかの弱点を持つ。重回帰分析の弱点の1つは，「説明変数間の相関が強すぎる場合に，分析結果が過度に不安定になる」ことであり，「説明変数間の相関が強すぎる」という性質を，**多重共線性**と呼ぶ。この性質を持つ数値例を，表5.6（A）に示す。なお，多重共線性が不安定な結果をもたらすメカニズムは，線形代数という数学の分野の知識を要するので，読者は特に知る必要はない。

　背景模様の中に対象図形が描かれた24種の図案（個体）について，①対象図形の目立ち具合，②背景模様の目立ち具合，③（対象図形と背景模様の）コントラストの強さ，④図案の視認性（見やすさ）を調べた結果，表5.6（A）のデータが得られたとしよう。①，②，③から④の視認性を予測する重回帰分析を行うと，重相関係数は0.9（分散説明率0.81）と高いが，表5.6（B）の**偏回帰係数**は，対象図形の係数が負，背景模様の係数が正の値をとり，「対象図形が目立たず，背景模様が目立つ」ほど「視認性は上がる」という不自然な傾向を意味している。

　ここで，表5.6（B）の95％信頼区間をみると，対象図形と背景模様の偏回帰係数の**信頼区間**が，それぞれ－5.31～4.26および－5.01～5.94のように負の値から正の値にわたり，「対象図形や背景模様が視認性に及ぼす影響が，正か負のどちらとも言える」という**不安定**さを感じさせる結果である。この不安定さを実感するため，個体1の対象図形の値6.5だけを仮に7.2に入れ替えて分析してみよう。すると，対象図形，背景模様，コントラストの偏回帰係数の解は，それぞれ，0.11，－0.23，8.60となり，入れ替える前とは正負まで変わる結果が得られる。

表5.6　多重共線性を持つデータの例（A）と重回帰分析の結果（B），および，説明変数間の相関・重相関係数（C），（D）*

（A）図案の視認性のデータ（仮想数値例）

個体(図案)	対象図形	背景模様	コントラスト	視認性
1	6.5	3.6	6.0	94
2	8.3	6.9	4.6	78
3	3.1	4.0	3.0	58
4	3.8	3.7	4.4	66
5	5.1	6.3	3.6	66
6	1.0	3.5	2.8	64
7	4.8	1.0	6.8	96
8	7.5	10.0	2.2	60
9	7.6	7.6	4.0	66
10	4.6	7.3	2.4	58
11	1.5	3.2	3.6	66
12	6.5	6.6	3.8	62
13	7.9	7.0	4.6	60
14	1.5	5.8	1.6	42
15	4.4	5.6	3.8	80
16	4.2	5.2	4.4	60
17	7.5	6.9	5.0	76
18	6.6	5.9	4.2	70
19	6.0	2.0	7.0	94
20	6.0	8.1	3.6	72
21	10.0	9.8	3.6	62
22	2.7	7.4	1.0	38
23	5.7	6.7	3.8	68
24	6.6	7.4	3.4	62

（B）偏回帰係数*

説明変数	偏回帰係数 非標準解	偏回帰係数 標準解	95％信頼区間（非標準解）
（切片）	30.19		－7.72～68.11
対象	－0.52	－0.09	－5.31～4.26
背景	0.47	0.08	－5.01～5.94
コントラスト	9.60	0.97	1.76～17.44

（C）説明変数間の相関係数

説明変数	対象図形	背景模様	コントラスト
対象図形	1.00		
背景模様	0.54	1.00	
コントラスト	0.37	－0.55	1.00

（D）説明変数間の重相関係数*

従属変数	説明変数	重相関係数
対象図形	背景模様・コントラスト	0.966
背景模様	対象図形・コントラスト	0.972
コントラスト	対象図形・背景模様	0.966

＊　SPSS（BASE）の「回帰→線型」を使用

結果の不安定さの原因である**多重共線性**を確認するため，説明変数どうしの相関係数を求めた結果が表5.6（C）であるが，絶対値が顕著に大きな係数は見当たらず，「変数間の相関が強すぎる」とは思えない。しかし，表5.6（D）を見よう。この（D）は，例えば，対象図形を従属変数，背景模様とコントラストを説明変数にするというように，<u>3つの説明変数のそれぞれを，他の2つの変数から予測する重回帰分析から得られた**重相関係数**</u>を示す。係数の値はいずれも上限の1に近く，例えば「対象図形と背景模様の目立ち具合がわかれば，コントラストの強さもわかる」というように，いずれの説明変数も，他の2つの説明変数によって規定されていることがわかる。すなわち，2つの変数間の「1」対「1」の相関は特に高くはないが，重相関係数が示す「1」対「多」の相関は非常に高く，表5.6のデータが多重共線性を持つことがわかる。

なお，表5.6（C）のように，説明変数間の相関係数の絶対値がさほど大きくないのに，多重共線性が見られるデータは多くない点で，表5.6はやや極端な例であるかもしれない。しかし，前段に記したように，説明変数が3つ以上のデータの多重共線性を検出するためには，2変数間の相関を見るだけでは不十分であり，重相関係数のように「**各説明変数と他の説明変数全体との相関**」を表す指標を参照する必要がある。

多重共線性の問題に**対処**する方法の1つは，いずれかの説明変数を除くことである。例えば，コントラストは，対象図形と背景模様の目立ち具合に規定される，言い換えれば，「対象図形と背景模様の2変数に，コントラストの情報は含まれる」ので，コントラストを説明変数から除いてみる。すなわち，表5.6（A）の対象図形と背景模様だけから視認性を予測する重回帰分析を行うと，重相関係数は0.86となり，偏回帰係数（とその95％信頼区間）は，対象図形が5.05（信頼区間：3.40〜6.71），背景模様が−5.97（信頼区間：−7.68〜−4.27）のように，安定した解釈可能な結果が得られる。

5.8. 平均偏差得点の重回帰分析

すべての説明変数と従属変数の平均が0であるとき，切片 c の解は常に0となることが知られている。そこで，素データの平均が0でなくとも，それらの平均が0になるように変換する，つまり，すべての説明変数と従属変数を**平均偏差得点**に変換して，これらをデータとして重回帰分析を行うと，切片 c の解は0となり，さらに，c 以外は，偏回帰係数の解（非標準解と標準解）や重相関係数（と分散説明率）などのすべてが，素データを分析した場合と全く同じになる。従って，**平均偏差得点が分析対象であることを前提**にすれば，重回帰モデルは，4章の(4.5)式から切片 c を省いた

$$\text{売れ行き} = b_1 \times \text{素材} + b_2 \times \text{値段} + b_3 \times \text{デザイン} + \text{誤差} \tag{5.13}$$

で表せる。なお，この(5.13)式では，売れ行き・素材・値段・デザインのそれぞれの後に付けるべき「……の平均偏差得点」を略している。

後続の章で解説するパス解析や因子分析や構造方程式モデリングなどの方法でも，データを平均偏差得点とすれば，切片の解が0となる以外の結果は，素データを分析した場合と変わらない。そこで，簡便さのため，平均偏差得点が分析対象であることを前提にして，(5.13)式のように，**切片を無視した式**を基本モデルとすることが多い。

なお，念のため付記しておくと，以上に述べたことは，「実際には，平均偏差得点を分析す

るのではないが，分析の基礎になるモデルは，切片を除いて簡略化した式で表して不都合はない」ことを意味している。

6 パス解析（その1）

　4章と5章で取り上げた重回帰分析のモデルは，説明変数を原因，従属変数を結果とした因果関係のモデルと見なせる。しかしながら，実際の現象の因果関係には，重回帰分析とは異なる因果モデルによって，表現されるべきものも多い。こうした**因果モデル**を，分析者自身が考え，そのモデルのもとで行う分析が，**パス解析**である。

　例えば，3つの変数A，B，Cについて，「変数Aが変数Bに影響し，変数Bがさらに変数Cに影響する」というように，「A→B→C」の因果連鎖のモデルが考えられるとき，パス解析によって，このモデルの適切さや，変数どうしの関係を検討することができる。しかし，重回帰分析では，変数A，B，Cのいずれかを結果（従属変数），他の変数を原因（説明変数）とした分析しかできないため，上記のモデルの検討はできない。

　分析者自身がモデルを考えるパス解析では，複数の因果モデルの候補のうち，いずれが適切であるかを調べることが多いが，こうしたモデル間比較と，計算原理は，次章にまわし，この章では特定のモデルだけを取り上げて，パス解析の入門的解説を行う。

6.1. 重回帰分析からパス解析へ

　多変量解析に関する授業について，60名の個体（被験者）の興味・知識・欠席・勉強（時間）・成績を調べたところ，表6.1（A）のデータが得られたとしよう。ここで，「興味」は被験者が授業に抱く興味の強さ，「知識」は前年度の関連授業の成績で，事前の知識の程度を表し，「欠席」は授業の欠席率（%），「勉強」は授業に関する一週間の平均的な予習・復習時間（分の単位），「成績」は授業の最終的な評価得点を表す。

　以上の成績データに，成績を従属変数，その他を説明変数とした**重回帰分析**を適用するとしよう。この分析のモデルは，図6.1（A）のパス図で表せる。この図でわかるように，重回帰モデルは，興味・知識・欠席・勉強を原因，成績を結果と見なす因果モデルである。

　しかしながら，図6.1（A）のモデルが，5つの変数の因果関係を表すものとして，最適であるとは限らない。例えば，図6.1の（B）のような因果関係を考える方が，データに相応しいかもしれない。このモデルは「①興味があると，欠席が少なくなって，勉強（時間）も長くなる。②知識があると，成績は上がるが，勉強（時間）は短くなる。③欠席が少なく，勉強（時間）が長いと，成績は上がる。④知識と興味は相関する」といった研究仮説に基づく。このように分析者が考えた因果モデルに基づく分析を，**パス解析**と呼ぶ。パス解析では，図6.1（B）とは違ったモデルを考えて分析することもできるので，図6.1の標題の末尾に「モデルの例」と記してある。

　図6.1（A）のパスに付された係数b_1，b_2，…を，重回帰分析では偏回帰係数と呼ぶが，以下では，パス図の単方向の矢印につく係数を，**パス係数**と総称する。なお，図6.1（B）に現れるパス係数以外の記号（v_1，…，v_5，c）の意味は後で解説する。成績データをパス解析で分析

表6.1 成績データ：60名の被験者（個体）の授業への興味，（事前の）知識，勉強（時間，単位は分），欠席（率％），成績のデータ（A）と，それらの要約統計値（B）

(A) 成績データ（仮想数値例）

個体	興味	知識	欠席	勉強	成績	個体	興味	知識	欠席	勉強	成績	個体	興味	知識	欠席	勉強	成績
1	4	54	13.8	120	82	21	5	80	9.5	150	88	41	5	66	6.2	120	86
2	7	68	0.0	150	96	22	1	56	39.7	0	48	42	3	52	38.0	30	48
3	4	66	19.6	90	82	23	7	74	11.5	180	84	43	6	66	5.8	150	86
4	4	68	17.5	90	80	24	4	60	15.5	90	80	44	5	62	19.4	90	86
5	4	68	35.1	60	70	25	1	64	53.6	0	52	45	5	82	9.9	30	92
6	4	66	24.0	90	58	26	5	60	23.4	150	80	46	3	60	36.4	60	62
7	3	76	26.1	30	82	27	5	50	16.7	180	74	47	4	58	24.0	120	82
8	3	66	32.2	60	66	28	5	66	13.9	90	74	48	2	56	32.1	60	60
9	2	58	41.2	0	40	29	5	76	26.2	120	80	49	4	58	38.8	60	56
10	6	70	1.1	150	90	30	5	62	10.4	120	88	50	2	40	30.7	90	64
11	6	98	10.6	60	90	31	3	64	25.5	60	78	51	4	50	31.9	90	72
12	2	48	48.0	60	44	32	3	62	27.4	60	68	52	4	64	10.5	120	78
13	4	70	11.9	150	98	33	3	72	37.0	30	64	53	3	44	19.8	60	66
14	6	76	13.7	120	90	34	3	74	22.8	90	90	54	5	70	9.4	150	82
15	3	50	39.7	90	70	35	6	68	24.2	180	94	55	4	50	24.5	120	74
16	5	62	11.8	120	96	36	3	64	35.8	60	76	56	4	68	25.6	120	76
17	3	52	25.2	60	60	37	5	70	16.8	90	94	57	5	62	26.0	120	86
18	2	74	34.0	0	54	38	4	58	17.5	90	90	58	5	74	15.8	60	90
19	3	52	33.1	90	64	39	2	56	25.2	0	58	59	4	64	4.8	90	94
20	5	70	13.0	150	86	40	5	64	9.4	120	90	60	4	52	43.3	90	58

(B) 要約統計値

統計量	興味	知識	欠席	勉強	成績
平均	4.03	63.47	22.77	90.50	75.77
標準偏差	1.35	9.99	12.08	46.63	14.61
分散	1.83	99.72	145.87	2174.75	213.48

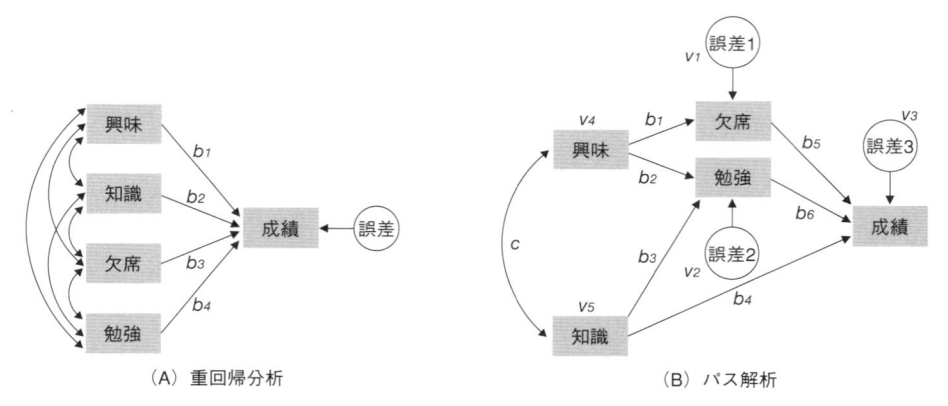

(A) 重回帰分析　　　　　　　　　　　(B) パス解析

図6.1　重回帰モデル（A）とパス解析のモデルの例（B）

すると，図6.1（B）に現れる記号の具体的数値が解として得られる。

6.2. 従属変数の誤差と説明変数間の相関

以下では，他の変数から寄与を受ける変数のすべてを**従属変数**と呼び，他を**説明変数**と呼ぶ。すなわち，パス図では，少なくとも1本の**パス**（**単方向の矢印**）が届く変数が従属変数，パスが届かない変数が説明変数となる。図6.1（B）のモデルでは，従属変数は，欠席・勉強・成績であり，説明変数は，興味と知識の2つだけである。以下に，従属変数と説明変数に関する基本的なことを記す。

従属変数について不可欠なことは，必ず**誤差**を伴うことである。例えば，勉強は，それに寄与する興味と知識に完全に規定されるわけではなく，勉強に影響する他の諸要因を表す誤差から，パスを受ける必要がある。なお，図 6.1（B）で，「誤差」の後に付された「1，2，3」という番号に特別な意味はなく，異なる誤差を区別する通し番号である。

説明変数が複数ある場合には，通常，それらの間に**相関関係**があることを表す「**双方向の矢印**」を引く。図 6.1（B）でも，説明変数である興味と知識は，双方向の矢印で結ばれている。この双方向の矢印は不可欠なものではないが，この矢印を引かないことは，「説明変数どうしが互いに無相関」であるという強い仮定を表し，このように無相関である説明変数どうしは多くはないので，説明変数間に双方向の矢印を引くモデルが一般的である。

図 6.1（A）の重回帰モデルで説明変数どうしが双方向の矢印で結ばれるのも，上記の理由による。すなわち，「説明変数どうしが互いに無相関」という仮定は，重回帰分析にはなく，重回帰モデルのパス図では，説明変数どうしは双方向の矢印で結ばれる。

従属変数間には，相関関係を表す双方向の矢印は引かない。理由は，従属変数間の相関は，「それに寄与する説明変数によって生じる」とするのが，パス解析の考えの基礎であるからである。例えば，図 6.1（B）のモデルでは，「欠席と勉強に（おそらく負の）相関が生じるのは，興味という共通の原因があることによる」という仮定が，興味から欠席と勉強へ届くパスで表されており，これらに加えて双方向の矢印まで引くのは余分である。

6.3. 構造方程式モデル

この節では，図 6.1（B）のパス解析のモデルを式で表す。そのために，従属変数の①欠席，②勉強，③成績に着目しよう。まず，②の勉強を取り上げると，これには計 3 つのパスが届く。つまり，興味から係数 b_2 が付されたパス，知識から b_3 が付されたパス，および，誤差 2 からのパスが届き，勉強に届くパスの集まりは，勉強を従属変数，興味と知識を説明変数とした重回帰モデルになっている。これを式で書くと，「勉強 = b_2 × 興味 + b_3 × 知識 + 切片 + 誤差 2」となる。ここで，5.8 節に記した重回帰分析の場合と同様に，パス解析でも，データを平均偏差得点に変換したものを分析すると，切片の解が 0 になる以外は，素データを分析したときの解と同じになる。そこで，**平均偏差得点**が分析対象であると考えれば，切片を無視でき，勉強に届くパスの集まりは，

$$勉強 = b_2 \times 興味 + b_3 \times 知識 + 誤差2 \tag{6.1}$$

と表せる。

同様にして，従属変数の①欠席を取り上げると，これには，興味から係数 b_1 が付されたパスと誤差 1 からパスが届くので，欠席に関するパスの集まりは，

$$欠席 = b_1 \times 興味 + 誤差1 \tag{6.2}$$

と表せる。また，③成績には，知識，欠席，勉強から，それぞれ b_4，b_5，b_6 と付されたパス，および，誤差 3 からパスが届くので，成績に届く 4 つのパスの集まりは，

$$成績 = b_4 \times 知識 + b_5 \times 欠席 + b_6 \times 勉強 + 誤差3 \tag{6.3}$$

と表せる。

以上の3つの式を，(6.2)，(6.1)，(6.3) 式の順で列挙すれば，次のようになる。

$$\begin{aligned}
\text{欠席} &= b_1 \times \text{興味} + \text{誤差}_1, \\
\text{勉強} &= b_2 \times \text{興味} + b_3 \times \text{知識} + \text{誤差}_2, \\
\text{成績} &= b_4 \times \text{知識} + b_5 \times \text{欠席} + b_6 \times \text{勉強} + \text{誤差}_3.
\end{aligned} \quad (6.4)$$

これら3本の式に，図 6.1 (B) におけるパスの結びつきはすべて表されている。(6.4) の各式は，重回帰または単回帰分析のモデルとなっているが，パス係数 b_1, …, b_6 の具体的数値は，各式に対応する重（単）回帰分析によって求められるのではなく，次章の 7.1 節〜7.2 節に記す計算原理によって算出される。

計算して値を求める対象は，(6.4) 式に現れる**パス係数**だけでなく，**誤差の分散**（誤差 1 の分散 v_1，誤差 2 の分散 v_2，誤差 3 の分散 v_3），**説明変数の分散**（興味の分散 v_4，知識の分散 v_5），および，興味と知識の相関関係を表す**共分散** c も，パス解析によって具体的数値が算出される対象となる。そこで，分散や共分散に関する式を（式というよりは，言葉と記号の対応関係だけを表すものであるが），以下のように列挙しておく。

$$\begin{aligned}
&\text{誤差 1 の分散} = v_1, \quad \text{誤差 2 の分散} = v_2, \quad \text{誤差 3 の分散} = v_3, \\
&\text{興味の分散} = v_4, \quad \text{知識の分散} = v_5, \quad \text{興味と知識の共分散} = c.
\end{aligned} \quad (6.5)$$

上記の式の中に従属変数の分散を表す記号がないのは，例えば，「欠席の分散 $= b_1^2 v_4 + v_1$」のように，(6.4)，(6.5) 式に記された記号の関数として表せるからである。しかし，こうした式の導出法を，読者は知る必要はない。ここで，「興味・知識の分散や，興味と知識の共分散は，1.2 節に記したような式で算出できるので，(6.5) 式のように記号で表して，パス解析で算出される対象とする記述は，不自然である」と感じる読者もおられよう。しかし，こうした説明変数の分散や共分散も，7.1 節〜7.2 節に記す計算原理によってパス係数とともに算出される。ただし，算出される解は，1.2 節に記した共分散・分散の定義式によって与えられる値と同じになる。

以上の (6.4)，(6.5) 式が，図 6.1 (B) のモデルの数式表現であり，(6.4) と (6.5) の複数の式をまとめて**構造方程式**あるいは**構造方程式モデル**と呼ぶ。なお，9 章に再び現れる構造方程式モデリングと区別するため，パス解析を指して，**観測変数の構造方程式モデリング**と呼ぶことがあるが，この区別・呼び名の詳細は，9 章で説明する。

構造方程式モデルの数式 (6.4)，(6.5) 式と，図 6.1 (B) のパス図は，**1 対 1 に対応**する。つまり，前者の数式から後者のパス図を描け，逆に，パス図から数式を導ける。従って，幾つかのソフトウェアでは，(6.4)，(6.5) のような式を理解しなくても，自分の考えをパス図で描けば，パス解析を行ってくれる。

さて，(6.4)，(6.5) 式あるいは図 6.1 (B) で，記号で表わされた指標 b_1, …, b_6, v_1, …, v_5, c のように，分析前は値が未知であるが，分析によって具体的数値（つまり解）が求められる指標のことを，一般に，**パラメータ**と呼ぶ。図 6.1 (B) のモデルに基づくパス解析を行うと，（次章の計算原理によって）パラメータの解 $b_1 = -6.9$, …, $b_6 = 0.10$, $v_1 = 58.55$, …, $v_5 = 99.72$, $c = 6.38$ が求められ，これをパス図の該当箇所に表示したのが，図 6.2 (A) である。

6.4. モデルの適切さの検討

　図6.2（A）に示す個々のパラメータ（係数や分散）の解を見る前に，図6.1（B）のパス図のモデルが，表6.1（A）の変数間の因果関係を表すものとして適切か否か，言い換えれば，このモデルがデータに適合しているかどうかを検討しなければならない。

　モデルのデータへの**適合度**を表す指標には，次章に記すように，幾つかのものがあるが，よく使われる指標GFIの値を図6.2の上部に記した。**GFI**は，とり得る値の上限が1であり，GFIの値が大きいことは，そのモデルのデータへの適合がよいことを表す。慣習的に，GFIの値が0.9以上のモデルは，データに適合していると考えて差し支えないとされる。近年では，この0.9は目安としては小さいという考えから，0.95を目安にすべきであるという意見もある。図6.2（A）のモデルのGFI（= 0.984）は，0.9，さらには，0.95も超えて1に近い値を示し，適切なモデルといえる。なお，以上の0.9や0.95という基準は，単に大きいことを表す「切りのよい」目安であり，それらを「0.01でも下回れば，モデルは不適切と判断される」わけではない。なお，GFIという名称はGoodness of fit indexの略であるが，これを直訳すると，他の指標も含めた総称名「適合度指標」になってしまうので，単に「GFI」と呼ぶのがよい。

　モデルの適否を見るために，**カイ二乗検定**も利用できる。この検定の仮説は，

　　帰無仮説：「モデルは真である」　　　　　　　　　　　　　　　　　　　　(6.6)

であり，帰無仮説が正しいとき，χ^2**値（カイ二乗値）という統計量が**χ^2**分布（カイ二乗分布）**に従い，かつ，大きな値のχ^2値が現れにくいことを利用して，検定がなされる。カイ二乗分布は**自由度**（degree of freedomを略して***df***）によって形状が決まる分布であるが，自由度の求め方については次章に記す。図6.2の上部に記したように，このモデルは，χ^2値 = 2.36，$df = 3$で，有意確率は$p = 0.50$と有意水準0.05（5％）をはるかに上回って，(6.6)の仮説は採択される。

　さて，上記の検定で**注意**すべきことは，①「パス解析を使うケースの多くで，分析者にとって，帰無仮説は採択されることが望ましい」ことと，②「仮説検定では，一般に，個体数が多いほど，帰無仮説が棄却されやすくなる」ことの2点である。つまり，苦労して，多くのデー

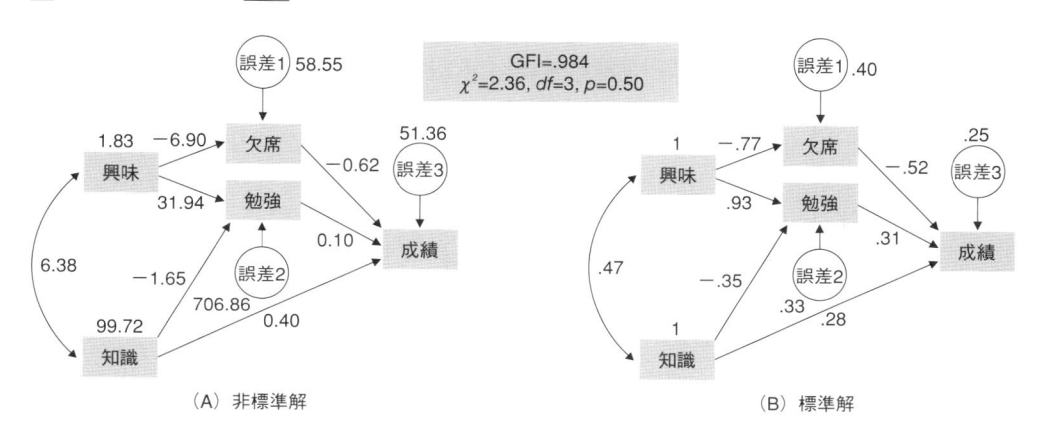

図6.2　パス解析（図6.1（B）のモデル）の解
分析にはAMOSを使用
なお，AMOSの標準解のパス図では，分散説明率（=1−標準解の誤差分散）を表示するが，(B)では誤差分散を表示している

タを集めるほど，帰無仮説（自分の考えたモデルは正しいという仮説）は否定されやすくなるという，いわば「**理不尽**」な結果になる点である．例えば，個体数が1000以上のデータでは，たとえ妥当なモデルであっても，帰無仮説は棄却されやすくなる．従って，個体数が1000以上のように多い場合には，カイ二乗検定の結果は，参照すべきではない．

6.5. 非標準解と標準解

図6.2（A）に示すパス解析の解は，重回帰分析の**非標準解**の偏回帰係数などと同様に，変数の分散の影響を受けるものである．そこで，異なるパスの間で影響力の大小を比較したい場合には，もとの変数を標準化して，すべての変数の分散を1に統一化したときの**標準解**を求める必要がある．ただし，実際には，標準解を求めるために，標準得点に変換されたデータを再分析するのではなく，簡単な変換によって，図6.2（A）の非標準解を（B）の標準解に変換できる．すなわち，(6.4)，(6.5)の構造方程式に現れる変数が標準得点になるように，非標準解の値を変換した値が，標準解である．ソフトウェアでは，適切な指定を行えば，非標準解と同時に標準解も出力してくれる．

標準解では，すべての変数の分散は1であるので，図6.2（B）に記すように興味と知識の分散も$v_4 = 1$，$v_5 = 1$となる．(1.14)式に示すように，分散が1の標準得点どうしの共分散は相関係数に一致するので，興味と知識の双方向の矢印につくパラメータcの解0.47は，両変数の**相関係数**を表すことになる．

非標準解と標準解は，別々の解ではなく，同じモデルにおける**1つの解の2とおりの表現**と考えよう．標準解に基づいても，前節のGFIのような適合度指標や検定結果は，非標準解と変わらないので，これらを，図6.2では（A）と（B）の中間に記してある．

6.6. 誤差の分散と分散説明率

ここから6.8節までは，図6.2の個々のパラメータの解を見て，結果の細部を解釈していく．次章に記すように，パス解析は，(6.4)の3つの式に対応する重回帰分析を繰り返すのではないが，得られた解については，**重回帰分析の解と同様**の解釈ができる．

解釈の主な対象は，①各従属変数の誤差の分散，②各従属変数に対する各説明変数の寄与，および，③説明変数間の相関である．

この節では，①の**誤差の分散**，つまり，6.2節で記号v_1，v_2，v_3で表したパラメータの解に着目しよう．重回帰分析の場合と同様に「誤差の分散＝誤差の大きさ」と見なせ，4.4節〜4.6節に記した性質がそのまま成り立つ．特に，(4.12)式「従属変数の分散＝予測値の分散＋誤差の分散」から，(4.13)，(4.14)式が得られ，標準解では(4.17)式，すなわち，

$$\text{分散説明率} = 1 - \text{標準解の誤差の分散} \tag{6.7}$$

が成り立つことが，解釈の上で重要になる．

まず，**勉強の誤差（誤差2）の分散**（誤差2の大きさ）に着目しよう．非標準解では$v_2 = 706.86$であり，これは，表6.1（B）に示した勉強の分散2174.75のうち，706.86は，説明変数である興味と知識の分散（高低）では説明できずに残ることを表す．勉強の分散を1として，誤差が占める割合を見たければ，（B）の標準解を見ればよい．標準解の誤差2の分散は0.33

であり，これは，(6.7) 式より，勉強の分散（つまり勉強時間の長短）の 1 − 0.33 = 0.67 = 67％は，興味と知識の高低によって説明されることを表す。なお，ソフトウェアの中には，標準解として，図6.2（B）のように誤差の分散をパス図に表示するのではなく，(6.7) 式による分散説明率をパス図に表示するものもある。

　欠席の誤差（誤差1）の分散は，標準解では0.40であり，分散説明率は0.60（= 1 − 0.40 = 0.60）である。すなわち，欠席の多少の60％は，興味の高低によって説明され，40％は興味には依存しないといえる。標準解の**成績の誤差（誤差3）の分散**は0.25，分散説明率は0.75（= 1 − 0.25）であり，成績の高低のうちの75％は，説明変数である欠席・勉強・知識の分散によって説明され，25％は説明されずに残るといえる。

6.7. パス係数と相関

　パス係数に基づいて，前節の冒頭に記した「②各従属変数に対する各説明変数の寄与」を見よう。パス係数の解釈の仕方も，重回帰分析の偏回帰係数の場合（5.2節，5.3節）と同様である。なお，標準解の偏回帰係数を標準偏回帰係数と呼ぶのと同様に，標準解のパス係数を**標準パス係数**と呼ぶ。

　図6.2（A）の**非標準解**について，各従属変数に対する説明変数のパス係数を見ていこう。まず，**欠席**は，説明変数の興味だけからパスを受け，その係数 −6.90 は，興味が1増加すれば，欠席率は平均して6.90％下がることを表す。次に，**勉強**の説明変数は，興味と知識であり，興味の係数31.94は，「知識を一定とすれば，または，知識の影響を除けば，興味の程度が1だけ増すと，勉強の時間は平均して31.94分，長くなる」ことを表す。一方，知識からの係数 −1.65 は，「興味を一定にすれば（または興味の影響を除けば）事前の知識が1点増えると，勉強時間は平均して1.65分だけ短くなる」こと，より簡単にいえば，「知識があれば，勉強時間は短くなる」ことを表す。**成績**の説明変数である欠席，勉強，知識のパス係数は，それぞれ，−0.62, 0.10, 0.40である。例えば，勉強の係数0.10は，「欠席と知識を一定にすれば（または，それらの影響を除けば），勉強時間が1分長いと，成績は，平均して0.1点だけ上がる」ことを意味している。

　以上の解釈法は，**標準解**についても同じである。ただし，標準パス係数は，各変数を標準得点化した上での係数であるので，「分」や「％」といった単位は使えなくなる。例えば，図6.2（B）の，勉強から成績への係数0.31については，「欠席と知識を一定にすれば，勉強時間の標準得点が1だけ増えると，成績の標準得点は平均して0.31だけ増える」と解釈することになる。

　パス係数間の**大小比較**のためには，**標準解**を参照しなければならない。例えば，成績の3つの説明変数，欠席・勉強・知識の中では，係数の絶対値が最大である欠席の影響が大きいといえ，−0.52と負の値であるので，欠席の少なさ，つまり，出席の多さが高い成績をとるために重要であることを示している。

　残るパラメータは，説明変数（興味と知識）間の共分散 c であるが，この c は，6.5節に記したように，標準解では**相関係数**を表す。図6.2（B）を見ると，相関係数 c は0.47であり，興味と知識の間には，特に高い値ではないが，正の相関関係があることがわかる。

6.8. 直接効果と間接効果と総合効果

前節で解釈したパス係数は，変数から別の変数への直接的な影響である**直接効果**を表す。変数から別の変数への影響の仕方は，こうした直接効果だけでなく，間接的影響もある。例えば，図6.2で，知識が成績へ及ぼす影響を見ると，知識から成績に直接に伸びるパスとは別に，「知識→勉強→成績」というように，「知識→勉強」と「勉強→成績」の2つのパスが表す「勉強を介した知識から成績への影響」もある。こうした間接的影響を，**間接効果**と呼ぶ。さらに，直接効果と間接効果の和を，**総合効果**と呼ぶ。

直接・間接・総合効果をそれぞれ数値で表す方法を，非標準解（図6.2（A））の知識が成績に及ぼす効果を例にして説明する。まず，直接効果は，知識から成績に伸びるパスの係数0.4である。間接効果は，原因となる変数から従属変数に伸びる**複数パスの係数の積**，つまり，「知識→勉強」のパスの係数 -1.65 と「勉強→成績」のパスの係数0.10の積，$-1.65 \times 0.10 = -0.165$ となる。そして，総合効果は，

$$\text{総合効果} = \text{直接効果} + \text{間接効果} \tag{6.8}$$

であり，知識が成績に及ぼす総合効果は，$0.40 + (-0.165) = 0.24$ となる（四捨五入しなければ，左辺は0.24に一致する）。

前段の各効果の数値を振り返ろう。知識から成績の間接効果は，（知識が勉強時間を短縮させることに起因して）負の値 -0.165 になり，「知識は成績に悪影響する」といった不自然に思える傾向を示す。しかしながら，総合効果は正の値0.24となり，総合的には，知識は成績を高めることがわかる。

標準パス係数を使って，以上と同じ計算をすれば，**標準解**の直接・間接・総合効果が求められる。表6.2には，左（行）に記す変数から，列（上）に記す変数への総合効果を示した。表6.2には，総合効果が0の欄が多いが，勉強と欠席のように，複数のパスをたどっても，一方から他方へたどり着けない変数どうしの効果はすべて0となる。また，「成績が欠席に及ぼす効果」というように，パスとは反対方向の効果は0であり，こうした効果の欄は表6.2からは省かれている。

表6.2 総合効果*

(A) 非標準解

原因となる変数	従属変数		
	欠席	勉強	成績
興味	-6.90	31.94	7.36
知識	0.00	-1.65	0.24
欠席	0.00	0.00	-0.62
勉強	0.00	0.00	0.10

(B) 標準解

原因となる変数	従属変数		
	欠席	勉強	成績
興味	-0.77	0.93	0.69
知識	0.00	-0.35	0.17
欠席	0.00	0.00	-0.52
勉強	0.00	0.00	0.31

* AMOSを使用。ただし，AMOSでは，上の表の行と列を入れ替えた結果が表示される。

ここまでとは別の例として，興味から成績への標準解（図6.2（B））の総合効果を求めてみよう。両者間に直接のパスはないので，直接効果は0である。一方，間接効果には，①「興味→欠席→成績」と②「興味→勉強→成績」という，2とおりの効果がある。①の効果は，対応する係数の積 $-0.77 \times (-0.52) = 0.40$ であり，②の効果は，$0.93 \times 0.31 = 0.29$ である。このように**複数経路**の効果がある場合には，**各経路の効果の合計**が間接効果となる。すなわち，興味

が成績へ及ぼす間接効果は 0.40 + 0.29 = 0.69 である。直接効果は 0 であるので，総合効果は，0 + 0.69 = 0.69 となる。

7 パス解析（その2）

　パス解析の計算で中核的役割を果たすのが，共分散構造である。この**共分散構造**とは，モデルから導かれる共分散の理論式の集まりである。実は，この後の章に現れる因子分析や構造方程式モデリングの計算も上記の共分散構造に基づき，さらに，重回帰分析の解も，4.3節の計算法とは別に，パス解析と同じ計算原理から導くことができる。こうした点で，4章～11章の方法をまとめて，共分散構造分析と総称することがある。

　この章の前半では，パス解析の計算原理を記す。また，後半では，1組のデータに対して複数のモデルを考え，それらの間で適否を比較するというモデル間比較を取り上げる。

　共分散構造に基づく計算原理，および，モデル間比較は，**共分散構造分析と総称される分析法に共通**するため，この章の内容は，8章～11章の分析法の基礎となる。

7.1. 標本共分散行列と共分散構造

　前章の成績データに対するモデルを，図7.1に再掲する。7.4節以降で取り上げる別のモデルと区別するため，図7.1のモデルを「モデル①」と呼ぶことにする。モデル①を式で表した構造方程式モデル（6.4）と（6.5）式をまとめて，次に（7.1）式として再掲する。

$$
\begin{aligned}
&欠席 = b_1 \times 興味 + 誤差1, \\
&勉強 = b_2 \times 興味 + b_3 \times 知識 + 誤差2, \\
&成績 = b_4 \times 知識 + b_5 \times 欠席 + b_6 \times 勉強 + 誤差3, \\
&誤差1の分散 = v_1, 誤差2の分散 = v_2, 誤差3の分散 = v_3, \\
&興味の分散 = v_4, 知識の分散 = v_5, 興味と知識の共分散 = c.
\end{aligned}
\tag{7.1}
$$

　ここに現れるパラメータ $b_1, \cdots, b_6, v_1, \cdots, v_5, c$ の具体的数値つまり解が，どのような計算によって得られるのかを，この節から次節にかけて解説する。

　この計算は，変数どうしの共分散に着目して算出される。その計算原理は，一文で記すと，「表7.1の（A）の**標本共分散行列**と（B）の**共分散構造**との相違が，できるだけ小さくなるようなパラメータ $b_1, \cdots, b_6, v_1, \cdots, v_5, c$ の値を求めること」である。ここで，（A）の**標本共分散行列**とは，前章の表6.1のデータから算出された5変数間の共分散を集めた表である。一方，（B）の**共**

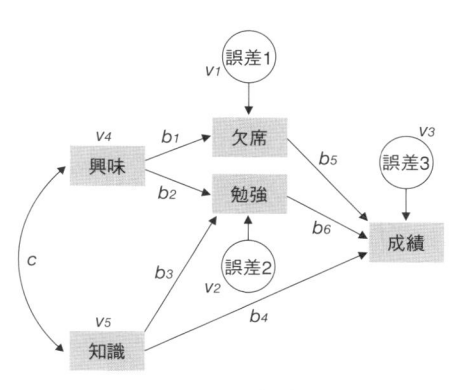

図7.1　モデル①

分散構造とは，モデル（7.1）式から導かれる**共分散の理論式**を集めた表であるが，読者は，表7.1（B）の式の導出法を理解する必要は全く<u>なく</u>，単に，（B）の式が，すべて（7.1）式に現れるパラメータ（アルファベット記号）に基づくことを察するだけでよい．例えば，勉強と欠席の共分散は，（7.1）の式に基づけば，$b_1 b_2 v_4 + b_1 b_3 c$ のような式で表せ，成績の分散や成績と他の変数の共分散は非常に複雑な式になる一方，説明変数である興味・知識の共分散は（7.1）式に現れる記号の1つだけ（v_4, v_5 または c）である．以上のように，表7.1（B）には，種々の式や記号が現れるが，いずれも，パラメータまたはそれらを組み合わせた式になっている．

上記のように，（A）と（B）の相違を小さくするパラメータの値が，解となる．例えば，欠席と知識の共分散の理論式は $b_1 c$ となるが（表7.1（B）），これと，欠席と知識の標本共分散 -51.10（表7.1（A））ができるだけ合致する，すなわち，下の式のようになる b_1, c の具体的数値が解となる．

$$b_1 c \fallingdotseq -51.10 \quad \text{つまり「} -51.10 \text{ と } b_1 c \text{ の相違」が小．} \tag{7.2}$$

ここで，左の式の両辺をつなぐ記号が，等号「＝」ではなく，「できるだけ合致」つまり近似を表す「≒」であることに注意しよう．また，欠席の分散の理論式は $b_1^2 v_4 + v_1$ であり（表7.1（B）），実際の分散は 145.87（表7.1（A））であるので，

$$b_1^2 v_4 + v_1 \fallingdotseq 145.87 \quad \text{つまり「145.87 と } b_1^2 v_4 + v_1 \text{ の相違」が小} \tag{7.3}$$

となればよい．

表7.1 成績データ（表6.1（A））から算出された共分散（A），モデル（図7.1）から導かれた共分散の理論式（B），および，解に基づく共分散（C）

(A) 標本共分散行列（データに基づく共分散）

変数	興味	知識	欠席	勉強	成績
興味	1.83				
知識	6.38	99.72			
欠席	−12.65	−51.10	145.87		
勉強	47.98	39.27	−350.54	2174.75	
成績	15.34	75.14	−144.42	443.12	213.48

(B) 共分散構造（モデルに基づく共分散の理論式）

変数	興味	知識	欠席	勉強	成績
興味	v_4				
知識	c	v_5			
欠席	$b_1 v_4$	$b_1 c$	$b_1^2 v_4 + v_1$		
勉強	$b_2 v_4 + b_3 c$	$b_2 c + b_3 v_5$	$b_1 b_2 v_4 + b_1 b_3 c$	$v_2 + b_2^2 v_4 + b_3^2 v_5 + 2 b_2 b_3 c$	
成績	$(b_1 b_5 + b_2 b_6) v_4$ $+ (b_4 + b_3 b_6) c$	$(b_1 b_5 + b_2 b_6) c$ $+ (b_4 + b_3 b_6) v_5$	$(b_1 b_5 + b_2 b_6) b_1 v_4 +$ $(b_4 + b_3 b_6) b_1 c + b_5 v_1$	$(b_1 b_5 + b_2 b_6) b_2 v_4 + (b_4 + b_3 b_6) b_3 v_5$ $+ (b_1 b_3 b_5 + 2 b_2 b_3 b_6 + b_2 b_4) c + b_6 v_2$	$(b_1 b_5 + b_2 b_6)^2 v_4 + (b_4 + b_3 b_6)^2 v_5 + 2(b_1 b_5$ $+ b_2 b_6)(b_4 + b_3 b_6) c + b_5^2 v_1 + b_6^2 v_2 + v_3$

(C) 解を代入した共分散構造（解に基づく共分散）

変数	興味	知識	欠席	勉強	成績
興味	1.83				
知識	6.38	99.72			
欠席	−12.65	−44.08	145.87		
勉強	47.98	39.27	−331.26	2174.75	
成績	15.01	70.81	−139.75	431.23	207.71

さて，(7.2) や (7.3) の左の式の両辺が，「＝」でつながれないのを不思議に思う読者もおられよう。例えば，(7.2) 式で，「$b_1 = -5.11$，$c = 10.0$」を解とすれば，「$b_1 c = -51.10$」と書ける。しかし，b_1，c は，(7.2) 式だけでなく，(7.3) 式やその他の理論式（表7.1 (B)）にも現れ，「$b_1 = -5.11$，$c = 10.0$」とすれば，他の共分散の理論式については，標本共分散と相違が大きくなってしまう。実は，7.5 節に記す特殊なモデルを除けば，すべての標本共分散とその理論式が完全に一致する解を求めることはできない。そこで，両者の相違を考え，これを小さくする解を求めるわけである。

7.2. 標本共分散と共分散構造の相違の最小化

標本共分散とその理論式のペアは，(7.2)，(7.3) 式に例示した2組を含めて，計15組ある（表7.1 (A)，(B)）。そこで，これら15組の相違度の合計，つまり，表4.1 (A)，(B) の左上から右下までの和

「1.83 と v_4 の相違」＋「6.38 と c の相違」＋ $\cdots$
　　＋「-51.10 と $b_1 c$ の相違」＋「145.87 と $b_1^2 v_4 + v_1$ の相違」＋ $\cdots$
　　＋「213.48 と $(b_1 b_5 + b_2 b_6)^2 v_4 + (b_4 + b_3 b_6)^2 v_5$
　　　　　　 $+ 2(b_1 b_5 + b_2 b_6)(b_4 + b_3 b_6)c + b_5^2 v_1 + b_6^2 v_2 + v_3$ の相違」　　(7.4)

を，(総合的な) 相違度として，これを最小にするパラメータの値を求める。

ここで，(7.4) 式の基礎になる (7.1) は複数の式であるが，(7.4) は1本の式であることを，認識してほしい。この (7.4) 式を最小にする12種類のパラメータ (b_1, $\cdots$, b_6, v_1, $\cdots$, v_5, c) の具体的数値が，パス解析の解となる。この解が，前章の図6.2 (A) に示した非標準解 ($b_1 = -6.90$，$b_2 = 31.94$，$\cdots$，$c = 6.38$) である。

(7.4) 式を，成績データから離れて，一般的な表現で記せば，

(A) 標本共分散行列と**(B) パラメータの関数である共分散構造の相違度**　　(7.5)

と表せよう。4章〜11章の分析法は，すべて，(7.5) 式の**相違度を最小にするパラメータの具体的数値**を求めることを計算原理とし，**共分散構造分析**という総称名の傘下におさめることができる。この総称に含まれる分析法の相互関係は，9章の9.8節で解説する。

さて，(7.4)，(7.5) 式に記した「相違（度）」の，正式な数式による**定義法**は幾通りかあり，これらは，最尤法と呼ばれるものに基づく定義と最小二乗法に基づく定義に大別されるが，前章から10章までの記述は，「変数が**多変量正規分布**という理論分布に従う」ことを仮定したうえで**最尤法**を用いることを前提にしている。ただし，最尤法とは何であるかの知識は，本書では必要とせず，上のカッコ内に記した多変量正規分布についても，14章まで知る必要はなく，これの理解が必要となる15章で説明する。

以上の計算原理でわかることは，前章の表6.1 (A) のような個体×変数のデータがなくとも，表7.1 (A) のような**変数×変数の共分散行列**さえあれば，パス解析をはじめとした共分散構造分析は実行できることである。

7.3. 標本共分散と解を代入した共分散構造

前章の図 6.2（A）の非標準解（$b_1 = -6.90$, $b_2 = 31.94$, ..., $c = 6.38$）を，表 7.1（B）の共分散構造の理論式に代入して得られる値を，表 7.1（C）に示す。例えば，欠席と知識の共分散の理論式は $b_1 c$ であるが，これに解を代入すると，$-6.90 \times 6.38 = -44.08$ となる（より下位の小数点の桁で四捨五入した値によれば，両辺は正確に一致する）。表 7.1（A）がデータに基づくのに対比させて，表 7.1（C）の値を，「解を代入した共分散構造の値」を簡略化して，**解に基づく共分散**と呼ぶことにする。

モデルが適切なものであれば，解に基づく共分散と，**データに基づく共分散**（つまり標本共分散）の相違は小さくなる，言い換えれば，合致度は高くなるはずである。そこで，表 7.1 の（A）と（C）の 15 組の共分散を見比べると，知識と興味の共分散のように値が一致するものもあれば，一致しなくとも似た値の組もある。後者の例として，成績と知識のデータに基づく共分散は 75.14 であるのに対して，解に基づく共分散は 70.81 であり，互いに近い値になっている。

こうしたデータおよび解に基づく共分散のペアが，表 7.1 では 15 組あるが，15 組のペアの相違あるいはその逆の合致度を総合して，1 つの値にまとめたものが，適合度指標であり，その 1 つが 6.4 節で紹介した **GFI** である。また，6.4 節に記した検定の **χ^2 値**も，共分散のペアの相違に基づいて算出される。

7.4. 他のモデルの例

パス解析を使う場合には，意中のモデル以外のモデルに基づく分析も行って，これら幾つかのモデルの間で適合度を比較することが多い。表 6.1 の成績データに対する①以外のモデルの例として，図 7.2 の（A），（B）にモデル②と③を示す。

モデル②は，モデル①に 1 本パスを加え，興味は，欠席の少なさや勉強を介して成績に影響するだけでなく，興味そのものが直接に成績に影響すると考えるモデルである。モデル③は，「知識が勉強時間に影響する」という因果はないと考え，モデル①のパスを 1 本削除したものである。これら 2 つのモデルの例だけでなく，モデル①とは，大幅に異なるモデルも考えられ

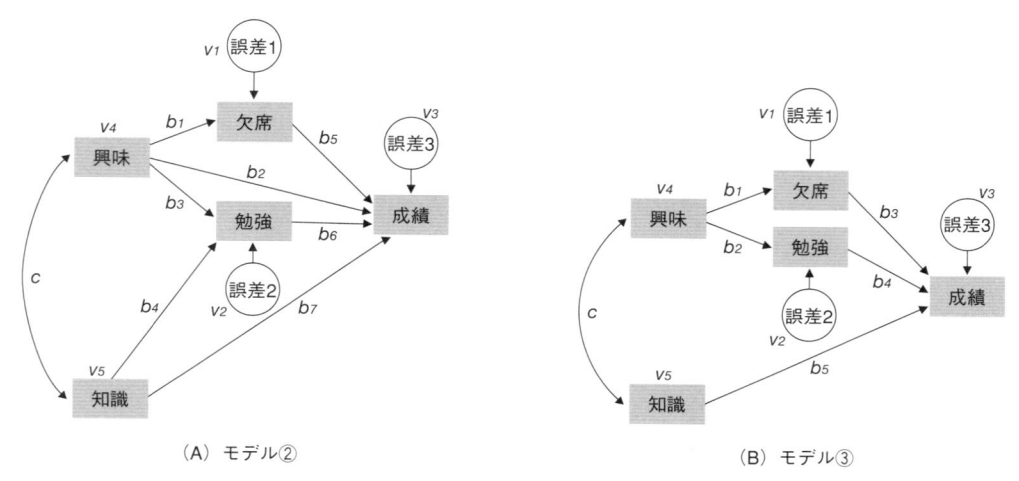

（A）モデル②　　　　　　　　　　　　（B）モデル③

図7.2　モデル①とは異なる成績データのモデルの例

るが，例は，この2つにとどめておく。

　こうした複数モデルの相違を見るときに着目すべき点の1つは，モデル間での**パラメータ数**の違いである。例えば，モデル②は，モデル①よりパスが1本多いので，計算して求めるべきパス係数も1つ増えて，パラメータ数は①より1つ多い。モデル②と③を比べれば，後者は前者よりパラメータが2つ少ない。

　さて，モデル②および③のもとで分析を行うと，モデルごとに異なるパラメータの値（解）が得られ，また，モデルごとに適合度や検定結果が得られる。パラメータの解の図表は省略するが，カイ二乗検定の結果，GFI，および，パラメータ数を，モデルごとに表7.2にまとめた（表の飽和・独立モデルは次節で解説する）。ここで，検定の基礎になるカイ二乗分布の形を規定する**自由度**（df）は，

$$自由度 = 共分散の数 - パラメータ数 \tag{7.6}$$

によって求められ，パラメータ数の多少とは，ちょうど反対になる。すなわち，表7.1より共分散の数は15個であるので，例えば，パラメータが $b_1, \cdots, b_6, v_1, \cdots, v_5, c$ の12種であるモデル①の自由度は，15 − 12 = 3 となる。

　表7.2に示す検定では，モデル①および②は，有意確率 p が有意水準 0.05（= 5％）を上回り，それらが真であるという帰無仮説は採択されるが，有意確率 $p = 0.001 < 0.05$ の③については，「モデル③は真である」という仮説は棄却される。しかし，GFIについては，0.9を目安と

表7.2　各モデルのパラメータ数・検定結果・GFI*

モデル	パラメータ数	検定 χ^2	df	p	GFI
飽和	15	0.00	0		1.000
②	13	2.04	2	0.361	0.987
①	12	2.36	3	0.500	0.984
③	11	17.79	4	0.001	0.908
独立	5	221.48	10	0.000	0.389

* AMOSを使用

すれば，モデル①，②，③のいずれも0.9を越え，容認されるモデルであるといえる。

　さて，モデル間で良し悪しを比較する基準があれば，上記のように容認される複数のモデルの中で，よりよいモデルを選び出すことができよう。こうした**複数モデル間の比較**のためには，検定は適さない。検定は，取り上げた1つのモデルの是非を問うことを目的とするからである。そこで，「GFIの値を大小比較して，より値が大きいモデルを選択する」といった考えが浮かぶかもしれないが，**GFIもモデル間比較の指標ではない**。その理由は，モデル間比較のためには，7.3節に記したデータおよび解に基づく共分散の相違または合致度とは別に，**モデルのパラメータ数の多少を考慮する必要**が生じ，GFIはパラメータ数を考慮した指標ではないからである。上記のパラメータの多少が持つ意味を説明するために，次節では，考えうるモデルの中でパラメータが最多および最少のモデルを紹介する。

7.5. 飽和モデルと独立モデル

　図7.3に，パス解析のモデルとは呼び難いが，成績データに対する2つの極端なモデルを掲げた。図7.3の（A）は飽和モデルと呼ばれ，（B）は，矢印が消えたミスプリントではなく，独立モデルと呼ばれるものである。

　図7.3（A）の**飽和モデル**は，5つの変数すべてを双方向の矢印で結び，お互いに相関関係があることだけを表す。このモデルに単方向のパスはなく，変数に，説明変数と従属変数という

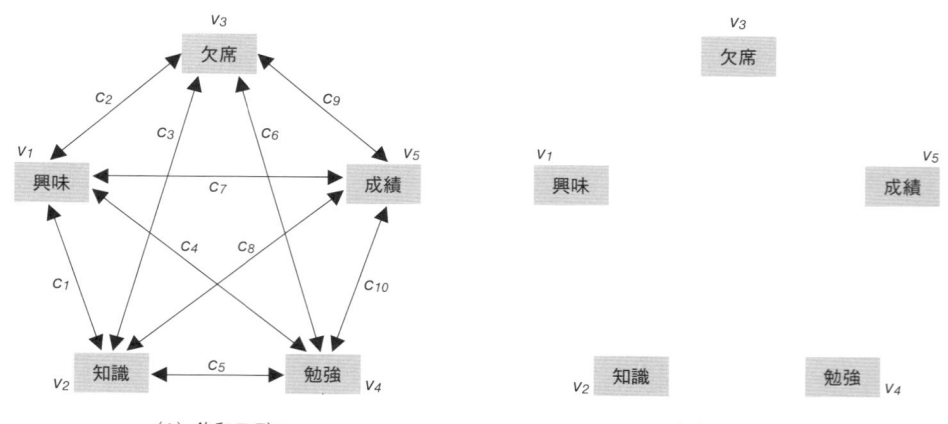

(A) 飽和モデル

(B) 独立モデル

変数	興味	知識	欠席	勉強	成績
興味	v_1				
知識	c_1	v_2			
欠席	c_2	c_3	v_3		
勉強	c_4	c_5	c_6	v_4	
成績	c_7	c_8	c_9	c_{10}	v_5

(C) 飽和モデルの共分散構造

変数	興味	知識	欠席	勉強	成績
興味	v_1				
知識	0	v_2			
欠席	0	0	v_3		
勉強	0	0	0	v_4	
成績	0	0	0	0	v_5

(D) 独立モデルの共分散構造

図7.3 成績データに対する飽和モデルと独立モデル

役割分担はないので，誤差もない．求めるべきパラメータは，図7.3（A）に記号で表した異なる変数間の共分散と各変数の分散となる．このモデルに基づく共分散の理論式つまり共分散構造を図7.3（C）に示すが，理論式といっても，該当箇所に1つのパラメータが記されるだけで，同じ記号は別の箇所には現れない．これと標本共分散の相違を最小にする解は，例えば，$c_{10} = 443.12$ というように，表7.1（A）の標本共分散そのものとなる．従って，データに基づく共分散と解に基づく共分散は完全に合致して，**GFIは上限1**をとる．このように完全合致を示す図7.3（A）は，よいモデルだろうか？ 明らかに，「因果関係については何も語らないモデル」である．

以上の飽和モデルのパラメータは $v_1, \cdots, v_5, c_1, \cdots, c_{10}$ の計15個であり，一方，標本共分散は15個，つまり，

飽和モデル：共分散の数＝パラメータ数，つまり，自由度＝0 (7.7)

となる．一般に，考えうるモデルの中で，(7.7)がパラメータ数の上限である．すなわち，共分散の数より多いパラメータをもつモデルを考えても，計算ができないことが知られている．この「計算ができない」ことの理由や意味は，9章9.3節に記す．実は，(7.7)に記したことが飽和モデルの原義であり，この名称は，「**パラメータ数が上限に達して飽和している**」ことに由来する．なお，自由度（*df*）が0のカイ二乗分布は存在しないため，飽和モデルの検定はできず，表7.2の有意確率 p の欄は空欄になっている．

飽和モデルと対照をなすのは，図7.3（B）の**独立モデル**である．パス図で変数どうしにパスがないことは，「互いに相関関係がない」つまり「**独立である**」という強い仮定を意味する．従って，図7.3（D）に示すように，独立モデルの共分散構造では，異なる変数どうしの共分散は0に限定される．すなわち，独立モデルは「データから算出される異なる変数間の共分散

は，表 7.1（A）のように 0 ではないが，これは偶然にすぎず，本当は，変数は互いに独立である」と断言するモデルである。このモデルで算出されるパラメータは，図 7.3（D）の記号 $v_1, \cdots, v_5$ の 5 つだけであり，データに対して考えうる**パラメータ数が最少のモデル**である。表 7.2 を見ると，独立モデルは検定で棄却され，GFI も非常に小さい。なお，独立モデルは，常に否定されるべき結果を示すわけではなく，例えば，被験者の「身長」と「住所の末尾の番地」と「生年月日が 1 〜 31 の何日か」のように，無相関と考えられる変数のデータについては，妥当なモデルである。

7.6. モデル間比較に使える適合度指標

ここまで，成績データに対して，モデル①，②，③と前節の飽和・独立モデルが登場した。これら計 5 つのモデルを，パラメータ数の多さに従って順位づけると，表 7.2 の左のように，パラメータ最多の飽和モデルと最少の独立モデルという両極端の間に，その他のモデルが位置づけられる。ここで，**パラメータ数が多いモデルほど，GFI は高い値を示す**ことが確認でき，この性質は，いかなるデータについても見られる一般的性質である。従って，GFI のような適合度指標の大小比較に基づくと，図 7.3（A）の飽和モデルのように，「因果については何も語らないモデル」を選んでしまうことになる。

実は，モデルのよさの指標は，

「合致度の指標」−「パラメータの多さの指標」　　　　　　　　　　　　　(7.8)

のような形になるべきことが理論的に知られている。ここで，「合致度の指標」とは，7.3 節に記した，データに基づく共分散と解に基づく共分散の合致度を指す。(7.8) 式の理論的基礎は難解になるので省くが，(7.8) 式のようにパラメータの多さが差し引かれた指標によれば，図 7.3（A）の飽和モデルが必ずしも最適とはならないことは理解できよう。

(7.8) 式のようにパラメータ数を考慮して，**モデル間比較**にも使える**適合度指標**が考案されている。なお，これらの指標は，必ずしも，(7.8) 式のような 2 つの指標の単純な差ではないが，わかりやすさのため，(7.8) 式には簡略化した式を示した。考案されている指標は数多くあるが，「値の大きさがモデルのよさを表す指標」と「値の小ささがモデルのよさを表す指標」に大別される。後者は，(7.8) 式に負の数を乗じるような方法で定義され，いわば，モデルの悪さの指標と言い換えられる。

モデル間比較に使える指標の例として，表 7.3 には，AGFI，RMSEA，AIC，CAIC を取り上げ，成績データの各モデルの値を記したが，以下に各指標を説明する。まず，**AGFI**（Adjusted GFI）は，パラメータ数を考慮して GFI を補正したものである。AGFI も，GFI と同様に上限が 1 の指標であり，値の大きさがモデルのよさを表す。一方，**RMSEA** は，値の小ささがモ

表 7.3　モデル間比較の指標の例 *

モデル	パラメータ数	df	AGFI	RMSEA	AIC	CAIC
飽和	15	0			30.000	76.415
②	13	2	0.900	0.017	28.035	68.262
①	12	3	0.921	0.000	26.364	63.496
③	11	4	0.656	0.242	39.792	73.830
独立	5	10	0.083	0.599	231.480	246.952

* AMOS を使用

デルのよさを表す。RMSEAは，0以上の値をとるように定義され，その値が0.05以下であれば，そのモデルは容認されるという目安がある。

AGFIやRMSEAは，共分散構造に基づく分析法（6～10章の方法）のために考案された指標であるが，こうした指標とは別に，最尤法に基づく統計解析法の全般を対象にして考案されたものとして，**情報量規準**と総称される複数の指標があり，いずれも値の小ささがモデルのよさを表す。その中で，**AIC**（赤池の情報量規準）は著名である。ただし，AICは，(7.8)式に負の数を乗じる方法で定義されるものの，個体数が少ない場合に，パラメータ数が多いモデルに有利な値（小さい値）を示す傾向があり，この性質を是正した指標の1つに**CAIC**がある。なお，前段のAGFIやRMSEAには（1や0）のように下限や上限があったが，情報量規準には，とりえる値の下限・上限はないため，「これ以下であれば，モデルは容認される」といった目安はない。すなわち，情報量規準では，**モデル間での数値の大小関係だけ**が意味を持つ。

表7.3の各指標の値をモデル間で比較すると，モデル①は，AGFIが最大，RMSEA，AIC，CAICが最小であり，いずれの指標も5つのモデルの中では，モデル①が最も適合することを示す。このように，すべての適合度指標が「どのモデルが最もデータに適合するか」について一致するケースばかりではなく，**指標間で不一致**が生じるデータも多い。しかし，どの指標が最も信頼できるかの定説はなく，不一致のケースには，分析者自身の考察も，モデルの優劣の判断にとって重要になる。なお，飽和モデルのAGFIとRMSEAは定義できず，表7.3の該当欄は空欄になっている。

7.7. 飽和モデルとしての重回帰モデル

飽和モデルの定義は(7.7)に記した事項であり，実は，図7.3（A）のモデルだけでなく，**重回帰分析**のモデルも(7.7)の事項を満たす**飽和モデル**である。これを確認するため，前章の図6.1（A）の重回帰モデルを，図7.4に再掲した。ここで，パス係数だけでなく，説明変数の分散や共分散も記号で付した。この重回帰モデルを，(7.1)式と同様の構造方程式で表すと，

$$
\begin{aligned}
&成績 = b_1 \times 興味 + b_2 \times 知識 + b_3 \times 欠席 + b_4 \times 勉強 + 誤差, \\
&興味の分散 = v_1, 知識の分散 = v_2, 欠席の分散 = v_3, 勉強の分散 = v_4, 誤差の分散 = v_5, \\
&興味と知識の共分散 = c_1, 知識と欠席の共分散 = c_2, 欠席と勉強の共分散 = c_3, \\
&興味と欠席の共分散 = c_4, 知識と勉強の共分散 = c_5, 興味と勉強の共分散 = c_6.
\end{aligned}
\tag{7.9}
$$

と書ける。ここで，記号で表したパラメータ（$b_1, \cdots, b_4, v_1, \cdots, v_5, c_1, \cdots, c_6$）は計15個になり，共分散の数（表7.1（A））と一致して，(7.7)の事項を満たす。

図7.4は，同じく飽和モデルである図7.3（A）とは，ずいぶん異なるが，モデル(7.9)式から導かれる共分散構造にパラメータの解を代入したものと，データに基づく共分散が完全に合致し，適合度は表7.2，表7.3の飽和モデルの欄に示されるとおりになる。

図7.3（A）を「因果については何も語らないモデル」と評したが，重回帰モデルは，いわば「飽和し

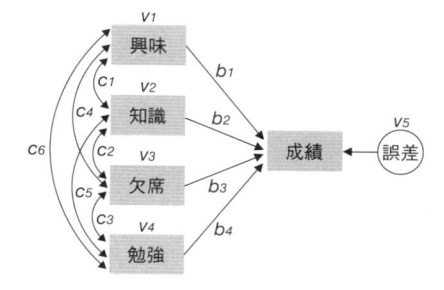

図7.4　成績データの重回帰モデル

た因果モデル」，すなわち，最大限のパラメータを使って，説明変数から1つの従属変数を予測・説明しようとする因果モデルと位置づけられる。なお，表7.3のAICとCAICに基づけば，重回帰モデルより，パス解析のモデル①の方が，成績データの因果モデルとして，より適切といえる。

7.8. 同値モデル

一般に，いかに優れた分析法にも限界はあり，因果関係をつきとめるうえでパス解析の限界を示すと思える性質に，「同値であるモデル」，略して，「同値モデル」の存在がある。**同値モデル**とは，互いに異なるモデルであるが，解に基づく共分散が同じ値になり，各種の適合度指標の値も同じになるモデルどうしを指す。

図7.1の**モデル①と同値である**モデル④と⑤の非標準解を，それぞれ，図7.5の（A）と（B）に示す。モデル①では，説明変数の興味と知識が双方向の矢印で結ばれていたが，図7.5の（A）のモデル④では，「知識→興味」の因果を表すパスが引かれ，モデル⑤では，逆の因果「興味→知識」が仮定される。しかし，モデル④に基づく共分散（つまりモデル④に基づく共分散の理論式に図7.5（A）の解を代入したもの），および，モデル⑤に基づく共分散は，ともに，表7.1（C）の共分散（モデル①に基づく共分散）に一致する。そして，モデル④，⑤の適合度や検定結果は，表7.2，表7.3のモデル①の行と同じになる。

モデル④と⑤は，互いに，興味と知識については逆の因果を仮定しながら，これらのモデル，および，モデル①の優劣は付けられないわけである。従って，最適と判断されたモデルに同値であるモデルが存在する場合，それらの中のいずれを結果として採用すべきかの判断は，**分析者に委ねられる**。上述のモデル①，④，⑤については，モデル④または⑤を支持する強力な根拠がなければ，興味と知識が相関することだけを仮定するモデル①を採用するのが無難であろう。

図7.4の重回帰モデルと図7.3（A）のモデルも，互いに解に基づく共分散が等しく，さらに，それが標本共分散に一致する飽和モデルである。つまり，図7.4と図7.3（A）のモデルも同値モデル，さらに言えば，**同値である飽和モデル**である。

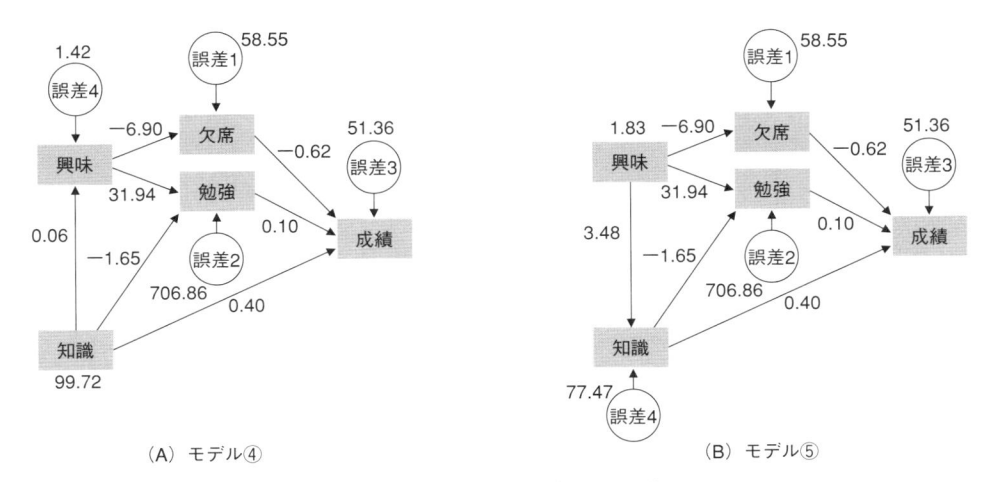

（A）モデル④　　　　　　　　　　　　　　（B）モデル⑤

図7.5　モデル①と同値であるモデルの非標準解
分析にはAMOSを使用

確認的因子分析（その1） 8

　4章～7章の重回帰分析・パス解析が，「データとして観測される変数」どうし，すなわち，観測変数どうしの因果のモデルに基づくのに対して，因子分析では，観測変数を説明するものとして，観測されない潜在的な変数，すなわち，潜在変数がモデルに登場する。この潜在変数は，因子あるいは共通因子とも呼ばれる。

　因子分析とは，因子（潜在変数）を説明変数，観測変数を従属変数とした因果モデルに基づく分析であり，「複数の観測変数の値の大小は，それらに共通する原因といえる共通因子（潜在変数）の値の大小によって，説明される」という考え方が基礎になる。こうした因子分析の着想を最初に提示したのは，人間の知能を研究していた計量心理学者スピアマン（C. Spearman）である。20世紀初頭に，彼が，「複数の科目の成績（観測変数）は，全科目に共通する知能というべき共通因子と，共通因子では説明されずに残る各科目に独自の因子によって規定される」と考えたことから，因子分析の歴史が始まった。その後，種々の拡張や改良を経て，現在に至っている。

　因子分析は，**探索的因子分析**と**確認（検証）的因子分析**に大別される。後者は，「観測変数がどのような因子に規定されるか」の仮定が事前にあるときに，その仮定を検証するために利用されるのに対して，前者は因子に関する明確な仮説がなく，因子を探るために使われる。前者の探索的因子分析が歴史的には先行し，また，多くの研究では，データに探索的分析を適用した後，確認的分析に進むことが多い。しかし，因子分析をよりスムーズに解説するため，この章で，先に**確認的因子分析**を説明し，探索的分析は11章で紹介する。

8.1.2 因子モデルの例

　100名の被験者（個体）に，8つの行動特性が「どの程度，自分にあてはまる」かを1（全くあてはまらない）～9（非常にあてはまる）の数値で回答させた結果，表8.1のデータが得られたとしよう。8つの行動特性とは，1. 積極性（何事も積極的に行う），2. 陽気，3. 先導（他者を先導する，つまり，リーダーシップをとる），4. 無愛想（愛想がない），5. 話好き，6. やる気（いつも，やる気に満ちている），7. 躊躇（行動する前にちゅうちょすることが多い），8. 人気（他者に人気がある）である。

　こうした8つの変数の値の大小は，より少数の潜在的な変数の値の大小によって説明されると考えることが，因子分析の基礎になる。後者の潜在的な変数のことを，**潜在変数**または**因子**と呼び，前者の，データとして観測される変数を**観測変数**と呼ぶ。なお，両種の変数を区別する必要がないときは，観測変数を単に**変数**と呼ぶ。

　ここでは，表8.1の観測変数のうち，積極性・先導・やる気・躊躇の程度の大小は，活動性とでも呼べる因子（因子1）の大小によって説明され，陽気・無愛想・話好き・人気の大小は，社交性という因子（因子2）の大小によって説明されると仮定するモデルを取り上げる。この

表 8.1 性格データ（A）とその要約統計値（B）

(A) 性格データ（仮想数値例）

個体	積極性	陽気	先導	無愛想	話好き	やる気	躊躇	人気
1	9	7	9	2	9	8	3	8
2	2	3	5	8	1	3	7	3
3	5	6	7	6	8	4	6	6
4	4	6	6	3	8	5	7	7
5	6	5	7	6	5	6	6	6
6	4	5	5	5	6	3	5	5
7	6	7	6	5	8	3	6	8
8	6	6	7	4	8	7	6	7
9	7	6	8	5	6	3	4	5
10	4	4	6	8	4	3	6	3
11	5	6	6	4	6	4	5	7
12	6	4	6	5	5	6	4	6
13	7	5	5	5	6	7	6	6
14	4	5	6	7	4	7	6	5
15	3	6	6	4	5	1	3	3
16	5	6	7	3	9	5	7	7
17	5	5	8	4	8	5	5	6
18	7	6	8	4	6	6	5	6
19	5	7	7	4	9	5	4	7
20	5	5	7	5	4	4	6	8
21	6	7	7	4	8	6	5	8
22	4	6	6	4	5	3	7	5
23	3	6	5	7	4	3	8	2
24	7	7	8	5	7	8	5	6
25	4	6	7	6	5	4	6	6
26	5	6	5	4	8	5	4	7
27	3	5	4	6	5	4	6	5
28	4	6	6	5	5	4	7	5
29	6	5	9	5	8	6	5	6
30	5	6	7	6	3	6	6	5
31	4	5	7	7	4	5	5	5
32	3	3	6	9	3	4	7	3
33	5	6	7	4	7	5	5	5
34	5	6	7	5	4	4	8	8
35	2	5	5	5	4	4	4	4
36	4	6	7	7	5	4	8	6
37	7	7	9	5	6	4	4	5
38	7	5	7	3	6	5	5	6
39	5	7	7	6	7	6	2	7
40	4	7	6	6	5	6	5	6
41	6	7	6	6	4	3	5	5
42	7	7	6	4	7	6	6	4
43	6	4	7	7	5	5	4	6
44	5	7	7	5	6	4	5	6
45	5	7	9	3	8	7	3	7
46	2	5	4	7	3	2	6	4
47	5	5	8	5	4	3	6	6
48	5	5	7	8	5	7	7	6
49	6	5	8	5	7	7	2	6
50	6	5	6	7	4	6	5	6
51	6	6	7	3	6	5	6	7
52	6	6	8	4	8	8	3	9
53	7	6	8	4	8	6	4	7
54	7	6	7	6	7	6	5	7
55	4	4	6	8	2	3	7	3
56	7	6	8	3	7	8	2	7
57	7	5	8	6	7	6	2	6
58	6	6	7	3	8	4	3	4
59	6	7	6	5	5	3	6	4
60	4	4	7	6	4	5	5	4
61	6	6	5	6	4	4	5	5
62	7	7	7	4	7	2	5	7
63	6	6	7	4	6	6	4	7
64	2	6	5	5	2	9	5	3
65	6	5	7	6	6	5	2	6
66	6	5	6	4	3	3	7	5
67	6	6	7	5	8	6	4	6
68	6	4	7	7	5	5	3	6
69	6	5	6	5	7	5	2	6
70	6	6	5	7	3	4	4	5
71	5	6	7	5	7	4	4	5
72	6	5	7	7	7	4	4	4
73	6	6	6	6	6	6	3	6
74	6	6	6	6	6	6	3	6
75	6	6	8	5	6	6	3	6
76	4	4	5	6	5	4	5	3
77	7	5	7	6	5	7	3	6
78	8	6	9	6	6	8	1	7
79	8	5	8	4	6	9	2	7
80	4	5	3	6	5	3	6	5
81	4	6	5	6	5	4	6	5
82	5	6	7	6	2	4	6	5
83	6	4	7	4	4	3	5	5
84	5	6	7	4	6	8	2	7
85	5	5	7	6	5	5	6	6
86	5	7	7	4	6	5	2	9
87	4	4	5	9	2	2	8	4
88	3	5	6	4	6	3	7	4
89	5	5	6	5	6	4	9	6
90	5	5	7	6	4	5	5	5
91	3	3	6	7	3	3	7	4
92	3	3	6	7	3	3	7	4
93	4	5	5	6	6	4	2	8
94	4	5	5	6	6	4	2	8
95	5	7	6	4	6	6	3	5
96	4	4	6	7	3	5	6	4
97	3	7	6	4	7	3	5	6
98	4	7	5	5	7	3	7	4
99	5	4	5	9	4	5	6	2
100	4	5	7	7	3	5	4	3

(B) 要約統計値

統計量	積極性	陽気	先導	無愛想	話好き	やる気	躊躇	人気
平均	4.99	5.54	6.47	5.51	5.72	4.88	5.29	5.62
標準偏差	1.44	1.07	1.25	1.49	1.69	1.61	1.83	1.41
分散	2.07	1.15	1.57	2.23	2.84	2.59	3.37	1.98

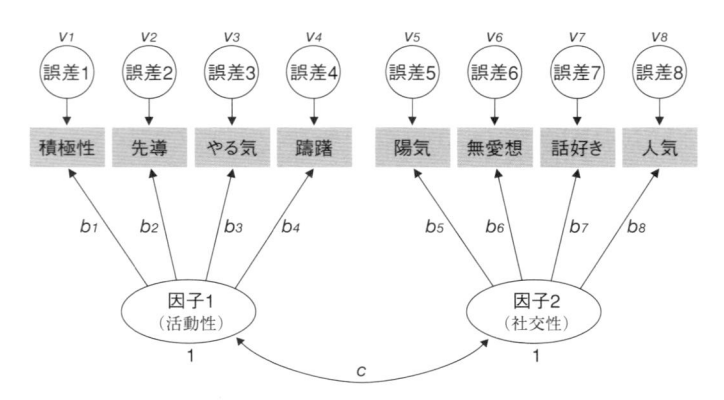

図8.1 性格データ（表8.1）の2因子モデル

モデルをパス図で表したのが，図 8.1 である．パス図では，潜在変数（因子）を楕円で描く．図では，活動性（因子 1）に関係する観測変数を左，社交性（因子 2）に関する変数を右にまとめたので，表 8.1 の列とは並ぶ順が異なる．図の楕円（因子）から長方形（観測変数）に伸びるパスにつく係数 $b_1, \ldots, b_8$ が，因子が変数に影響する程度および方向を表すパラメータであり，因子 1 と 2 をつなぐ双方向の矢印につく記号 c は，因子間の相関関係を表す．こうした因子分析のモデルを，**因子モデル**と呼び，図 8.1 のように 2 つの因子を考えるものを，2 因子

モデルと呼ぶ。

　パス図より，因子分析は，**因子を説明変数**，**観測変数を従属変数**とする分析であることが理解できよう。観測変数が因子によって完全に説明できることはないので，観測変数は，丸で描かれた誤差からパスを受ける。ここで，誤差につく $v_1, \cdots, v_8$ は，**誤差の分散**を表す。

　各因子が，複数の観測変数に共通する説明変数であることに着目しよう。例えば，因子1は，積極性・先導・やる気・躊躇に共通する原因と見なされている。こうした点で，因子のことを**共通因子**と呼ぶことがある。一方，誤差のそれぞれは，1つの観測変数に対応して，各変数に独自のものである点に着目しよう。こうした点で，共通因子と対比させて，因子モデルの誤差を，**独自因子**と呼ぶ。例えば，誤差8，つまり，人気の独自因子は，「外見のよさ」や「スポーツで目立つ程度」および偶然的な評定の誤差など，人気という観測変数に独自に作用するもので，共通因子の社交性とは異なる成分である。

　なお，共通因子を表す楕円の下の「1」は，「**因子の分散が1である**」ことを事前に仮定していることを表すが，この仮定の意味と理由は，8.6節に記す。

8.2. 非標準解・標準解とモデルの適合度

　図8.1で記号によって表わされたパラメータ $b_1, \cdots, b_8, v_1, \cdots, v_8, c$ の具体的数値が，因子分析の計算によって算出される。計算原理やモデルの適合度を表す指標は，次章で解説するように，パス解析と全く同じである。図8.1のモデルの解（非標準解）を，図8.2（A）に示す。例えば，社交性の因子2から無愛想に伸びるパスの係数の解は $b_6 = -1.25$ と負の値になり，「社交的であるほど，無愛想さは低減する（つまり愛想よくなる）」ことを示す。以上の解が，変数間での分散の相違（表8.1（B）参照）の影響を受ける**非標準解**であるのに対して，変数がすべて分散1の標準得点になるように，非標準解の値を変換した**標準解**を，図8.2（B）に示す。

　解を見る前に，図8.1のモデルが適切か否か，言い換えれば，このモデルが表8.1（A）のデータに**適合**するかどうかを判断しなければならない。GFIは0.953となり，0.9を超えて，モデルはデータに適合しているといえる。カイ二乗検定の結果も，「モデルが真である」という帰無仮説が採択されることを示している。

8.3. 共通性と独自性

　図8.2のパス図を観測変数（長方形）ごとに見ると，いずれも，1つの因子と誤差からパスが届き，因子から観測変数を予測する**回帰モデル**になっている。このことを実感するため，図8.2の観測変数の「先導」に関係する部分だけを切り取って，その分散も記したのが図8.3（A）と（B）である。

　図8.3（A）の非標準解を見ると，変数「先導」の分散は1.57，誤差の分散は0.64である。因子分析でも，パス解析や（重）回帰分析の場合と同様に，**誤差の分散**は，誤差の大きさと言い換えられ，先導（リーダーシップをとる傾向）の分散つまり1.57のうちの0.64は，因子1（活動性）の大小によって説明されずに残った成分であるといえる。さらに，誤差の大きさを変数の分散で除した $0.64/1.57 = 0.41$ は，先導の分散の中で誤差が占める割合が0.41（＝41％）であることを示す。ただし，こうした割り算を行わなくても，観測変数の分散が1になる標準解（図8.3（B））の誤差分散0.41が，上記の誤差の比率を表す。

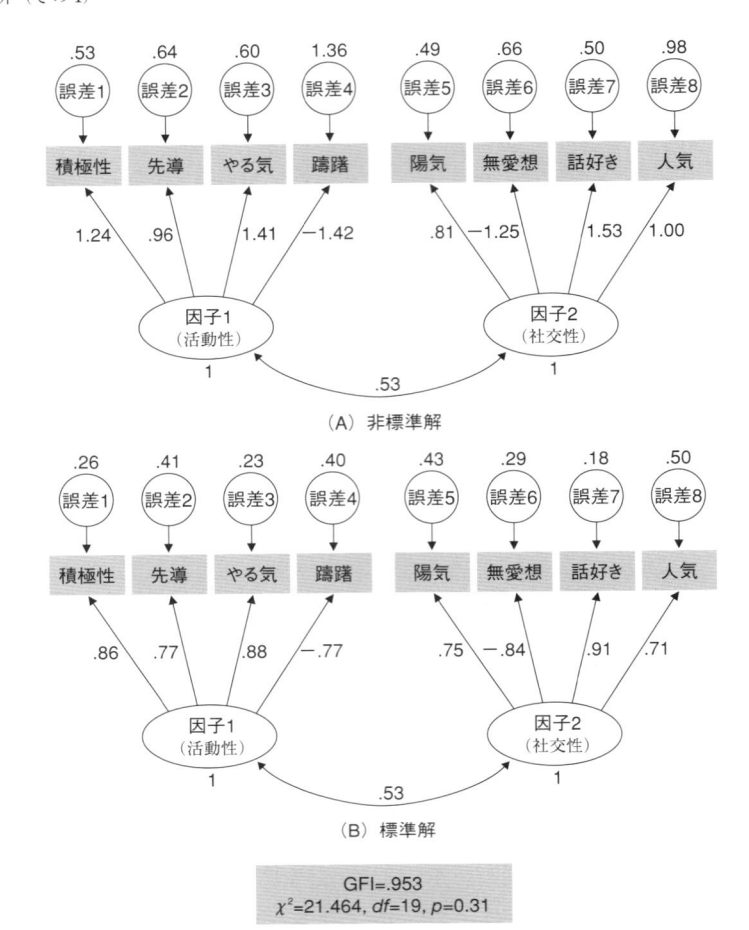

図8.2 性格データの2因子モデル（図8.1）の解
分析にはAMOSを使用
なお，AMOSの標準解のパス図では，分散説明率（=1−標準解の誤差分散）を表示するが，(B)では誤差分散を表示している

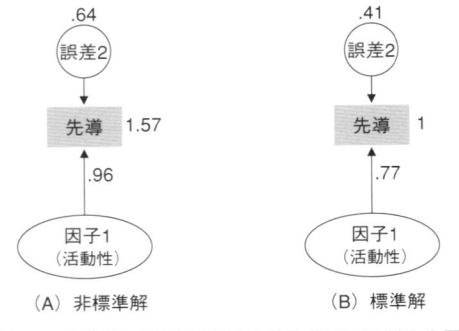

図8.3 変数「先導」に影響する部分だけを取り出した図

さて，標準化された観測変数の分散1から，標準解の誤差の分散 0.41 を減じた値 $1 - 0.41 = 0.59$ は，4章の (4.17) 式の**分散説明率**（決定係数）に相当し，先導の分散（高低）の 0.59（= 59%）は，活動性（因子1）の大小によって説明されることを意味する。因子分析の分野では，この分散説明率を，特に**共通性**と呼ぶ。この用語は，「各変数の分散のうち，共通因子によって説明される成分の割合」という意味を持つ。共通性に相対する語として，標準解の誤差の分散（先導については 0.41）を，特に**独自性**と呼ぶ。この語は，「観測変数の分散のうち，誤差つまり独自因子の大きさが占める割合」という意味を持つ。以上の2つの用語を

共通性 + 独自性 = 1（標準解の変数の分散） (8.1)

という式とともに，頭にとどめておこう。

ここまでの話は，「先導」以外の変数についても，全く同様にあてはまる．例えば，図 8.2 (B) より，無愛想さの独自性は 0.29，共通性は 0.71（= 1 - 0.29）であり，無愛想さの分散つまり大小の 71% は，共通因子の社交性の高低によって説明され，29% は他の要因の大小によるといえる．

図 8.2 (B) を見ながら，各因子について，誤差分散つまり**独自性の高低を観測変数間で比較**しよう．**因子 1（活動性）**からパスが届く 4 つの変数の中では，積極性・やる気の独自性が低く，つまり，共通性が高く，「これらの分散は活動性の高低によって，よく説明される」，言い換えれば，「積極性とやる気は，活動性をよく反映する」といえる．残りの変数である先導・躊躇は，積極性・やる気に比べて，独自性が高く，活動性以外の成分を多く含むといえる．例えば，先導は「（活動性とは関係しない）他者に優越したいという欲求」が強く関わり，躊躇は「思慮深さ」などが関わるのかもしれない．ただし，先導も躊躇も独自性は 0.5 以下で，特に高い値ではない．さて，**因子 2（社交性）**からパスが届く 4 変数の中では，話好き・無愛想が社交性を比較的よく反映し，これらに比べて，陽気・人気は，社交性と関係しない独自成分をより多く含むといえる．

なお，ソフトウェアによっては，図 8.2 (B) のように誤差分散（独自性）を表示するのではなく，パス図に共通性を表示するものもある．

8.4. 因子負荷量と因子間相関

因子分析の解は非標準解であっても，因子だけは分散が 1 に設定され，さらに平均も 0 に設定される（理由は 8.6 節に記す），つまり，**因子は標準得点**であることを踏まえて，図 8.2 (A) のパス係数を見よう．**パス係数**は単回帰分析の**回帰係数**と同様の解釈ができ，例えば，積極性の係数 1.24 は，「因子 1 の値，つまり，活動性（の標準得点）が 1 増せば，積極性は平均して 1.24 だけ高まる」，言い換えれば，「他の人より活動性が 1 だけ高い人は，平均して 1.24 だけ，より積極的である」ことを意味する．

非標準解のパス係数は観測変数の分散の影響をうけるため，変数間のパス係数の大小比較はできず，こうした比較には，図 8.2 (B) の標準解をみる必要がある．例えば，社交性からパスが届く 4 つの変数の中では，パス係数が 0.91 と最も大きい「話好き」が，「社交性を最もよく反映する」といえる．なお，因子分析の分野では，標準解のパス係数（標準パス係数）を，**因子負荷量**と呼ぶ．

図 8.2 (B) のように，誤差を除けば，従属変数に伸びるパスが，1 つの説明変数からのパスに限られる場合には，その**標準パス係数（因子負荷量）の 2 乗**が，**分散説明率（共通性）**と一致する．例えば，「無愛想」の共通性は，1 - 0.29 = 0.71 であるが，これは $(-0.84)^2$ に一致する．つまり，標準パス係数の絶対値と，分散説明率（共通性）は同様の情報を担う．ただし，分散説明率は 0 以上の値しかとらず，変数が因子から受ける影響の大きさだけを表すのに対して，パス係数は 0 以上または負の値をとって，影響の方向性も表す．例えば，上記の「無愛想」の標準パス係数 -0.84 は負の値であることから，社交性が増せば，無愛想さが低下する（つまり，愛想よくなる）という方向性を表す．

さて，図 8.2 (A) の非標準解と (B) の標準解ともに，因子間の相関関係を表すパラメータ c の解は同じく 0.53 になっている．これは，いずれの解でも因子が標準得点であるため，(1.14) 式より「c = 共分散 = 相関係数」であるからである．なお，因子間の相関係数は，特に**因子間相関**と呼ばれる．図 8.2 の因子間相関 0.53 より，因子 1（活動的）と因子 2（社交性）

の間には，正の相関関係があることがわかる。

8.5. 因子で変数を説明する回帰モデル

　ここまで，モデルのパス図とその解をみて，確認的因子分析を説明してきたが，この節からは，図8.1の2因子モデルを式で表して，因子分析の基礎になる考えを解説していく。

　確認的因子分析のモデルは，因子から観測変数を予測する**回帰分析**のモデルに等しく，例えば，「やる気」は，「やる気 = b_3×活動性 + 切片 + 誤差3」と表せる。ここで，8.6節に後述する理由によって，活動性つまり因子1は平均が0の変数であり，さらに，観測変数の「やる気」も平均0の平均偏差得点に変換したものを分析対象とすれば，5.8節に記した重回帰分析の場合と同様に，切片の解は0になるが，その他のパラメータの解は素データを分析した場合と変わらない。そこで，以下では，**平均偏差得点**を分析対象と仮定し，切片を省いた「やる気 = b_3×活動性 + 誤差3」という式を基本とする。なお，この式は，「やる気 = b_3×因子1 + 誤差3」と書いてもよいが，「因子1」でなく「活動性」と記した方が，イメージがわきやすいと考え，以下，因子をその具体的名称で記す。

　以上の要領で，8個の変数のモデルを列挙すると，

$$
\begin{aligned}
&\underline{積極性} = b_1 \times \underline{活動性} + \underline{誤差1}, \quad \underline{先導} = b_2 \times \underline{活動性} + \underline{誤差2}, \\
&\underline{やる気} = b_3 \times \underline{活動性} + \underline{誤差3}, \quad \underline{躊躇} = b_4 \times \underline{活動性} + \underline{誤差4}, \\
&\underline{陽気} = b_5 \times \underline{社交性} + \underline{誤差5}, \quad \underline{無愛想} = b_6 \times \underline{社交性} + \underline{誤差6}, \\
&\underline{話好き} = b_7 \times \underline{社交性} + \underline{誤差7}, \quad \underline{人気} = b_8 \times \underline{社交性} + \underline{誤差8}.
\end{aligned} \quad (8.2)
$$

と表せる。

　(8.2) の8本の式の中で，例えば，「やる気 = b_3×活動性 + 誤差3」を取り上げて，その意味を考えよう。この式には，個体1, 2, 3, …といった個体の区別が記されていないが，左辺の「やる気」は個体ごとに異なる値をとる変数で，右辺の「活動性」および「誤差3」も個体によって異なる値をとる変数である。こうした個体の相違を考慮すれば，「やる気 = b_3×活動性 + 誤差3」という1本の式が，

$$
\begin{aligned}
&\underline{個体1のやる気} = b_3 \times \underline{個体1の活動性} + \underline{個体1の誤差3}, \\
&\underline{個体2のやる気} = b_3 \times \underline{個体2の活動性} + \underline{個体2の誤差3}, \\
&\underline{個体3のやる気} = b_3 \times \underline{個体3の活動性} + \underline{個体3の誤差3}, \\
&\qquad \vdots
\end{aligned} \quad (8.3)
$$

のように，複数の式を列挙した形で表せる。ここで，(8.3) の各式の左辺は，計算前に，データ（表8.1 (A)）として与えられているので，それらを代入すると，(8.3) 式は

$$
\begin{aligned}
&8 - 4.88 = b_3 \times \underline{個体1の活動性} + \underline{個体1の誤差3}, \\
&3 - 4.88 = b_3 \times \underline{個体2の活動性} + \underline{個体2の誤差3}, \\
&4 - 4.88 = b_3 \times \underline{個体3の活動性} + \underline{個体3の誤差3}, \\
&\qquad \vdots
\end{aligned} \quad (8.4)
$$

と表せる。ここで，「やる気」の素点からその平均 4.88 が引かれているのは，上述したように，平均偏差得点を分析対象と見なしているからである。

(8.4) 式からわかるように，因子分析では，**計算前に既知であるのは，左辺の観測変数の値だけであり，右辺の各項は未知**である。ここで，未知の右辺の各項は，①パラメータと②潜在変数に分けられる。すなわち，①パス係数 b_3 のように，全個体を通して，同じ値になる**パラメータ**と，②因子（活動性）や誤差のように，個体によって値が変動するが，値が観測されていない**潜在変数**に分かれる。なお，潜在変数は因子と呼び換えられるが，誤差も，直接観測されない変数であるので，広義には潜在変数に含まれる。

8.6. 因子分析の推定対象

(8.4) 式で例示したように，因子分析で**計算前に値が未知**であるものは，$b_1, \cdots, b_8$ のようなパラメータに加えて，各個体の因子 1・因子 2（社交性・活動性），および，誤差 1，$\cdots$，誤差 8 の値である。計算前には値が未知であるものをまとめたのが，表 8.2 (A)，(B) であるが，因子分析の計算で算出されるのは，表 8.2 の灰色の欄に記号で記された**パラメータ**だけである。日本語で書かれた各個体の因子と誤差の値は，算出対象ではない（正確に言えば，パラメータの値を求めた後，事後的に算定することはできるが，直接的な計算対象ではない）。こうした因子や誤差については，個体ごとの値ではなく，個体を通した**分散**や**相関係数**といったパラメータが推定対象になり，それらを表 8.2 (B) の下部に記号（$v_1, \cdots, v_8, c$）で記した。

ただし，表 8.2 (B) の下を見ると，因子の平均・分散と誤差の平均の欄は，記号ではなく，

$$\text{各因子の平均} = 0, \tag{8.5}$$

$$\text{各因子の分散} = 1, \tag{8.6}$$

$$\text{各誤差の平均} = 0 \tag{8.7}$$

と，計算前から具体的な**定数に固定**されている。これら 3 つの式の意味は，次のとおりである。

表 8.2 性格データの 2 因子モデル（図 8.1）において，分析前には値が未知であるパラメータと潜在変数

(A) パス係数

変数	積極性	先導	やる気	躊躇	陽気	無愛想	話好き	人気
因子 1（活動性）	b_1	b_2	b_3	b_4				
因子 2（社交性）					b_5	b_6	b_7	b_8

(B) 因子・誤差とそれらの平均・分散・相関係数

個体	因子 1（活動性）	因子 2（社交性）	誤差 1（積極性の誤差）	誤差 2（先導の誤差）	$\cdots$	誤差 8（人気の誤差）
1	個体 1 の活動性	個体 1 の社交性	個体 1 の誤差 1	個体 1 の誤差 2	$\cdots$	個体 1 の誤差 8
2	個体 2 の活動性	個体 2 の社交性	個体 2 の誤差 1	個体 2 の誤差 2	$\cdots$	個体 2 の誤差 8
3	個体 3 の活動性	個体 3 の社交性	個体 3 の誤差 1	個体 3 の誤差 2	$\cdots$	個体 3 の誤差 8
$\cdot$	$\cdot$	$\cdot$	$\cdot$	$\cdot$		$\cdot$
$\cdot$	$\cdot$	$\cdot$	$\cdot$	$\cdot$		$\cdot$
$\cdot$	$\cdot$	$\cdot$	$\cdot$	$\cdot$		$\cdot$
平均	0	0	0	0	$\cdots$	0
分散	1	1	v_1	v_2	$\cdots$	v_8
相関係数	\multicolumn{2}{c}{c}	\multicolumn{4}{c}{互いに無相関（異なる誤差どうしの相関係数＝0）}
	\multicolumn{6}{c}{因子と誤差は無相関（相関係数＝0）}

最後の (8.7) 式は，個体を通して誤差を平均すれば，正負が相殺されて0になることを意味する．(8.5) と (8.6) 式を設けるのは，因子が直接観測されない変数であるため，**単位が任意**であることによる．すなわち，因子（活動性や社交性）は，例えば，50点を中心に0〜100の値をとる変数と見なしてもよいし，0を中心に−200〜200の値をとる変数と見なしても構わない．しかし，単位を任意のままにして放置すると計算ができないので，(8.5), (8.6) 式のように，因子を，平均0を中心に分散が1で散らばる変数，つまり，**標準得点**であると限定するわけである．

さらに，表8.2 (B) の最下部に記されるように，①「異なる誤差どうしの相関係数 = 0」，および，②「因子と誤差の相関係数 = 0」という条件もある．後者の条件②は，「誤差は，因子では説明されずに残った，因子とは無関係な成分である」ことを考えれば，当然の仮定である．前者の条件①は，例えば，「誤差1と誤差2の相関は0」というように，異なる**誤差は互いに無相関**であるという仮定を意味する．もし，この仮定がなければ，図8.1のパス図で，誤差の円どうしが双方向の矢印で結ばれることになり，誤差が各変数に独自の成分を表すという（独自因子と呼ばれる）意味はなくなる．なお，データによっては，異なる変数の**誤差間に相関を認めるモデル**を考えることもあるが，こうしたモデルの解説は，本書の範囲を超えるので割愛する．

8.7. 測定方程式モデル

(8.2) 式，および，表8.2の下部に現れた分散や相関のパラメータをまとめて列挙すると，

$$
\begin{aligned}
&積極性 = b_1 \times 活動性 + 誤差1, \quad 先導 = b_2 \times 活動性 + 誤差2, \\
&やる気 = b_3 \times 活動性 + 誤差3, \quad 躊躇 = b_4 \times 活動性 + 誤差4, \\
&陽気 = b_5 \times 社交性 + 誤差5, \quad 無愛想 = b_6 \times 社交性 + 誤差6, \\
&話好き = b_7 \times 社交性 + 誤差7, \quad 人気 = b_8 \times 社交性 + 誤差8, \\
&誤差1の分散 = v_1, \quad 誤差2の分散 = v_2, \quad 誤差3の分散 = v_3, \quad 誤差4の分散 = v_4, \\
&誤差5の分散 = v_5, \quad 誤差6の分散 = v_6, \quad 誤差7の分散 = v_7, \quad 誤差8の分散 = v_8, \\
&活動性と社交性の相関係数 = c.
\end{aligned}
\tag{8.8}
$$

となる．こうした式の集まりが，確認的因子分析のモデルであるが，**測定方程式**あるいは**測定方程式モデル**とも呼ばれる．この測定方程式という用語は，「直接測定されない因子（潜在変数）の大小を，観測変数を指標として測定する様子を表す式の集まり」といった意味あいを持つ．すなわち，（身長計・体重計で測れる身長・体重のような変数と違って）活動性や社交性**は直接測定することが難しい概念**であるが，これらが，積極性，先導，…，人気といった指標（観測変数）の値となって測定される様子を，(8.8) 式は表現しているといえよう．

因子分析は，「まず観測変数，その後に因子」つまり「まず，データ（観測変数）を収集した後，それらの背後にあって観測変数を説明する因子を見出す」といったニュアンスで解説されることが多いが，上記の測定方程式という用語には，むしろ，「**因子の後に観測変数**」つまり「調べたい因子が先にあって，それを測定するための観測変数を用意して，データを収集する」というニュアンスがある．後者のように，研究対象の因子の測定を目指してデータを収集し，確認的因子分析を使う研究も数多い．こうした因子分析の使用法の例を，次節に記す．

8.8. 変数群どうしの相関

　研究目的が「活動性と社交性の間には相関があるのか，そうであれば，どの程度の相関があるのか」を調べることであり，この目的のために，活動性の指標として「積極性・先導・やる気・躊躇」，社交性の指標として「陽気・無愛想・話好き・人気」のデータを集めた結果が，表8.1であるとしよう。以上の目的は，図8.1のモデルに基づく確認的因子分析によって達成され，上記の問いに対する答えは，**因子間相関** c の解0.53である。

　活動性と社交性の相関を見るために，確認的因子分析を使うのではなく，観測変数の**合計得点**を求めて，相関係数を算出する方法もある。表8.1のデータでは，個体ごとに「活動性の得点＝陽気＋先導＋やる気＋（－躊躇）」と「社交性の得点＝陽気＋（－無愛想）＋話好き＋人気」を求め，両得点の相関係数を求めるわけである。ここで，躊躇および無愛想は，それぞれ，値が小さいほど，活動性および社交性が高いことを表すのは常識的にもわかるので，マイナスをつけて，大小が反転されている。表8.1（A）より，例えば，個体1の活動性の得点は，「9＋9＋8＋（－3）＝23」，社交性の得点は「7＋（－2）＋9＋8＝22」となる。こうした活動性得点と社交性得点を，表8.1（A）の100名について求めて，両合計得点の相関係数を求めると0.47となり，上記の因子間相関の0.53より小さくなる。

　このように，因子分析の解の**因子間相関**の絶対値より，**合計得点の相関係数**の絶対値が小さくなる結果は，他のデータでもよく見られ，**希薄化**と呼ばれることの現われと見なされる。この希薄化とは，「理論的には，真の値に誤差が加わった変数どうしの相関は，誤差の影響によって，真の値どうしの相関より低くなる」ことを指す。このことから，上記の活動性と社交性の相関について，次のように解釈できる。図8.1のモデルが正しく，各因子が活動性および社交性の真の値を表すとするならば，観測変数は真の値に誤差が加わったものといえる。従って，観測変数（＝真の値＋誤差）の合計得点にも，誤差が混入しているため，希薄化が生じ，0.53より低い0.47という相関が得られたと見なせる。一方，真の値どうしの相関といえる因子間相関は，より高い値になったといえる。

　研究によっては，活動性や社交性といった因子は特に念頭になく，単に，「積極性・先導・やる気・躊躇」という変数の群（集まり）と，「陽気・無愛想・話好き・人気」という変数の群の相関を見たい，つまり，2つの変数どうしではなく，**変数の群どうしの相関関係**を調べたい場面があろう。こうした変数群どうしの関係を見るための多変量解析法に**正準相関分析**（せいじゅんそうかんぶんせき）という方法があるが（朝野，2000；田中・垂水，1995；柳井・高根，1985），この方法は，応用的ニーズが少ないため，本書では割愛する。しかし，この正準相関分析の代わりに，図8.1のモデルに基づく確認的因子分析を行えば，因子間相関の解0.53が，2つの変数群間の相関を表すと見なせる。

9 確認的因子分析（その2）と構造方程式モデリング（その1）

確認的因子分析の計算原理は，**共分散構造**に基づき，パス解析と全く同じである。また，モデルの適合度指標もパス解析と同じである。9.1と9.2節では，計算原理とモデル間の比較について解説する。その後，9.3～9.5節に記すモデルの**識別性**と**不適解**の問題は，確認的因子分析だけでなく，6～7章のパス解析を含め，共分散構造に基づく分析すべてに関わることである。

さて，9.6節では，**因子間の因果**を考えたモデルを導入する。これは，もはや因子分析の範疇にはおさまらず，潜在変数の構造方程式モデリング（SEM/LV）と呼ばれる。SEM/LVは，改めて次章で詳述するが，それに先立って，9.8節では，4章～12章の関連諸方法を見渡して，それらの相互関係をまとめる。

9.1. 共分散構造に基づく計算

図9.1には，前章の図8.1のモデルを再掲した。なお，後述する別の2因子モデルと区別するため，図9.1のモデルを「2因子モデル①」と呼ぶことにする。

さて，確認的因子分析の計算原理は，パス解析と同じで，**標本共分散行列**と**共分散構造**に基づく。表9.1（A）は前章の表8.1（A）の性格データから算出された変数間の共分散である。一方，（B）は，前章（8.8）式の測定方程式モデルから導かれる共分散の理論式であるが，読者はこれらを理解する必要はなく，すべて，パラメータ（$b_1, \cdots, b_8, v_1, \cdots, v_8, c$）を組み合わせた式になっていることを察するだけでよい。

7.2節の（7.5）式に記したように，以上の（A）の標本共分散行列と（B）の共分散構造の相違度を定義して，**相違度を最小にする**パラメータ $b_1, \cdots, b_8, v_1, \cdots, v_8, c$ の具体的数値が，前章の図8.2（A）に示した非標準解となる。さらに，観測変数の分散が1になるように，こ

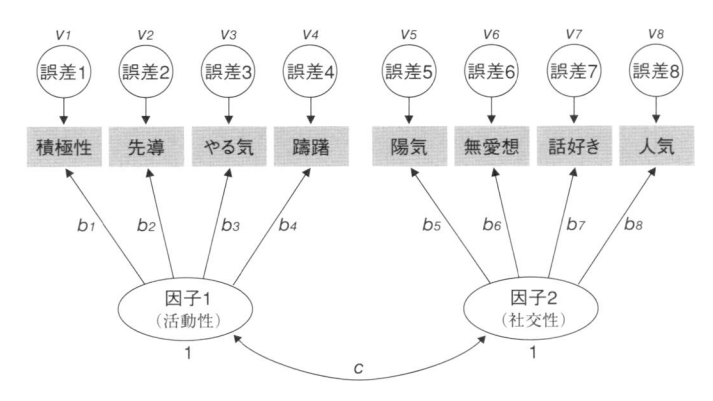

図9.1　性格データの2因子モデル①

表9.1　性格データ（表8.1（A））に基づく共分散（A）とモデル①（図9.1）に基づく共分散の理論式（B）

(A) 標本共分散行列

変数	積極性	先導	やる気	躊躇	陽気	無愛想	話好き	人気
積極性	2.07							
先導	1.19	1.57						
やる気	1.71	1.39	2.59					
躊躇	-1.81	-1.28	-2.04	3.37				
陽気	0.46	0.31	0.37	-0.32	1.15			
無愛想	-0.84	-0.71	-0.92	0.82	-1.03	2.23		
話好き	1.08	0.75	1.17	-0.91	1.26	-1.92	2.84	
人気	1.01	0.74	1.04	-0.80	0.80	-1.24	1.49	1.98

(B) 共分散構造

変数	積極性	先導	やる気	躊躇	陽気	無愛想	話好き	人気
積極性	$b_1^2+v_1$							
先導	b_2b_1	$b_2^2+v_2$						
やる気	b_3b_1	b_3b_2	$b_3^2+v_3$					
躊躇	b_4b_1	b_4b_2	b_4b_3	$b_4^2+v_4$				
陽気	b_5b_1c	b_5b_2c	b_5b_3c	b_5b_4c	$b_5^2+v_5$			
無愛想	b_6b_1c	b_6b_2c	b_6b_3c	b_6b_4c	b_6b_5	$b_6^2+v_6$		
話好き	b_7b_1c	b_7b_2c	b_7b_3c	b_7b_4c	b_7b_5	b_7b_6	$b_7^2+v_7$	
人気	b_8b_1c	b_8b_2c	b_8b_3c	b_8b_4c	b_8b_5	b_8b_6	b_8b_7	$b_8^2+v_8$

れを調整したのが，前章の図8.2（B）の標準解である．この計算原理からわかるように，因子分析も，表9.1（A）に示す変数どうしの標本共分散行列さえあれば，計算ができる．

9.2. 他の因子モデルの例

表9.1（A）の共分散（性格データ）について，2因子モデル①だけではなく，他のモデルを考えてみよう．図9.2（A）は，活動性と社交性といった2つの因子ではなく，能動的性格とでも呼べる1つの共通因子によって，8つの観測変数が説明されるとする1因子モデルである．図9.2（B）には，また別のモデルを示す．これは，図9.1と同様に2つの因子を考えるが，図9.1と異なる点は，「先導」および「陽気」は，活動性・社交性のいずれかではなく，両者の影響を受けると仮定している．これを，「2因子モデル②」と呼ぼう．

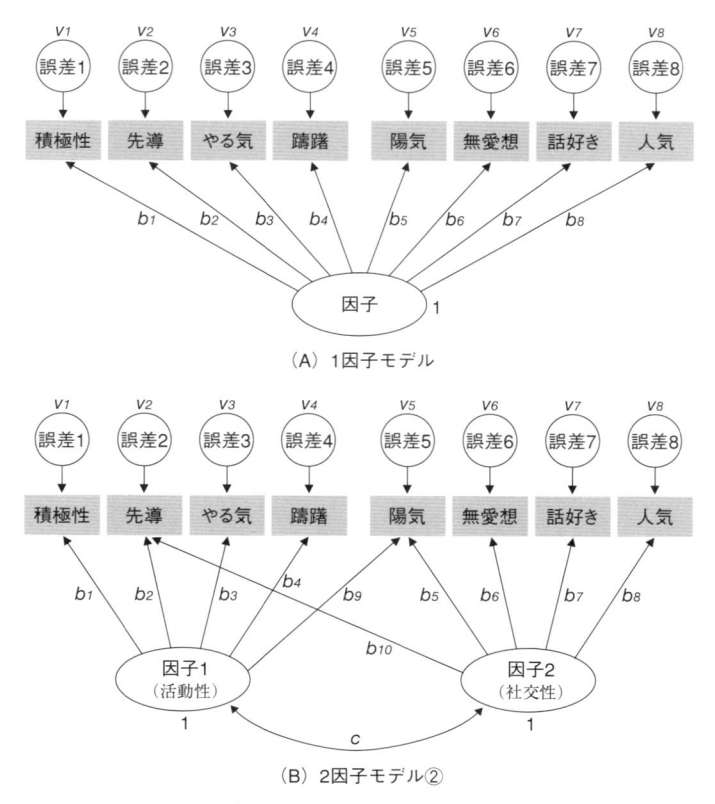

(A) 1因子モデル

(B) 2因子モデル②

図9.2　性格データについての図9.1とは異なるモデルの例

表 9.2　モデル間比較の指標 [*1]

モデル	パラメータ数	検定 χ^2	df	p	GFI[*2]	AGFI[*2]	RMSEA[*3]	AIC[*3]	CAIC[*3]
飽和	36	0.000	0		1.000			72.000	201.786
2因子②	19	16.168	17	0.512	0.964	0.924	0.000	54.168	122.666
2因子①	17	21.464	19	0.312	0.953	0.910	0.036	55.464	116.751
1因子	16	161.494	20	0.000	0.642	0.356	0.267	193.494	251.176
独立	8	488.322	28	0.000	0.354	0.170	0.408	504.322	533.163

[*1] AMOSを使用.　[*2] 値の大きさがモデルの良さを表す.　[*3] 値の小ささがモデルの良さを表す.

　モデルの**適合度指標**や**検定**は，パス解析と全く同じである．表9.2には，以上の因子モデルおよび飽和・独立モデルの結果をまとめた．**飽和モデル**は，(7.7) に記したように自由度が0のモデルであり，例えば，図7.3 (A) と同様に，因子は導入せず，(性格データの8つの) 観測変数どうしが互いに双方向の矢印で結ばれるモデルである．一方，**独立モデル**は，図7.3 (B) と同様に，因子は導入せず，各観測変数が独立に配置されるだけのモデルである．

　表9.2の中で，カイ二乗検定の結果を見ると，独立モデルと1因子モデルは棄却され，GFIが0.9以上という目安に準拠しても，これら2つのモデルは適切ではないといえる．

　7.6節に記したように，**モデル間比較**には，検定結果やGFIではなく，表9.2の他の適合度指標を見る必要がある．AGFI，RMSEA，AICは2因子モデル②が5つのモデルの中では最も適合がよいことを示す．ただし，AICは2因子モデル①と②の間で，ほとんど差がなく，ほぼ同等といえる．一方，CAICは2因子モデル①が最良であることを示す．このように，指標の間で評価が一致しない（いわば意見が合わない）ケースは少なくない．指標間で評価が一致しない場合に，どのモデルを採用するかは，分析者の知識や洞察に依るしかない．

9.3. モデルの識別性

　「モデルが**識別性**を持つ」言い換えれば「モデルが**識別される**」という条件は，確認的因子分析だけでなく，共分散構造に基づく6章～10章の方法のすべてが満たすべき重要な条件である．この「モデルが**識別される**」とは，「モデルの解が1組（1とおり）しかない」ことと同義であり，「**識別されない**」とは「解が複数組（複数とおり）ある」ことと同義である．

　「解が1組しかない」または「複数組ある」という状況を，統計分析の文脈から離れて，わかりやすい例で説明しよう．例えば，「2つの方程式 $a + 2b = 5$ かつ $3a - b = 8$ を満たす a と b を求めよ」という問題を考えよう．(連立方程式の解法より) 解は，「$a = 3, b = 1$」の1組しかないので，この問題は「識別される」といえる．しかし，「$a + 2b = 5$ を満たす a と b を求めよ」という問題の答えは，「$a = 3, b = 1$」だけでなく，「$a = 11, b = -3$」なども $a + 2b = 5$ を満たす答えであり，解が複数組ある．つまり，この問題は「識別されない」といえる．

　共分散構造に基づく分析に話を戻すと，分析の解は，7章の (7.5) 式の**相違度を最小にするパラメータの値**であるが，例えば，あるモデルのもとでは，パス係数を「$b_1 = 3, b_2 = -4$」としても，「$b_1 = -5, b_2 = 10$」としても，相違度が最小になる（同じ最小値になる）としよう．この場合には，上記の「$b_1 = 3, b_2 = -4$」と「$b_1 = -5, b_2 = 10$」のいずれも解，つまり，複数組の解があることになり，モデルは識別されないといえる．ここまで掲げたパス解析や因子分析のモデルは識別されるものなので，図6.2や図8.2のように1組の解を示せたわけである．なお，非標準解と標準解の区別は，2組の解があるという意味ではなく，これらは1組の解の別々の表現である．

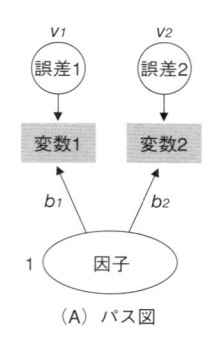

図9.3 識別されないモデルの例
(A) パス図
(B) 標本共分散行列（個体数は50）

	変数1	変数2
変数1	98.6	
変数2	63.4	120.0

(C) 共分散構造

	変数1	変数2
変数1	$b_1^2+v_1$	
変数2	$b_2 b_1$	$b_2^2+v_2$

識別されないモデルの簡単な例を，図9.3 (A) に示す。これは，2つの観測変数について，1つの共通因子があるというモデルであり，こうしたモデルで表せる現象は多い。しかし，このモデルは識別されない。つまり，複数組の解が存在する。

その理由を知るため，図9.3 (B) と (C) を見よう。(B) はデータから算出された2つの変数の標本共分散行列であり，(C) は，(A) のモデルに基づく共分散構造である。

ここで，解を求めるべきパラメータは b_1，b_2，v_1，v_2 の4個であるのに対して，これを求めるために利用される標本共分散（図9.3 (B)）は98.6と63.4と120.0の3個である。すなわち，算出すべきもの（パラメータ）の数（4個）が，いわば算出の手がかりとなる数値（標本共分散）の数（3個）より多く，こうしたモデルは，複数組の解を持つことが知られている。従って，こうした状態の逆であること，つまり，

$$（解を求めるべき）パラメータの数 \leq 標本共分散の数 \tag{9.1}$$

が，モデルが識別されるための**必要条件**になる。ここで，不等式の右辺は，「標本共分散の数＝（観測変数の数）×（観測変数の数＋1）/2」によって算出される。例えば，表9.1 (A) の行列の共分散の数は，観測変数が8個あるので，$8 \times (8+1)/2 = 36$ となる。

上記の (9.1) 式は必要条件（最低限の条件），つまり，「(9.1) 式を満たさないモデルは必ず識別されない」ことを表すだけであり，(9.1) 式は**十分条件ではない**。すなわち「(9.1) 式を満たしても，識別されないモデル」が存在する。こうしたモデルの例が，図9.4 の (A) である。観測変数は4つであり，標本共分散の数が $4 \times (4+1)/2 = 10$ であるのに対して，図9.4 (A) のモデルは）パラメータが b_1，b_2，b_3，b_4，v_1，v_2，v_3，v_4，c の9個であり，(9.1) 式を満たすが，このモデルは識別されないことが知られている。しかし，同じくパラメータ数が9個である図9.4 (B) のモデルは識別される。すなわち，(9.1) 式を満たしても，識別されないモデルがあり，さらに，パラメータ数が同じであっても，パスのつながり方などの違いによって，識別されるモデルもあれば，識別されないモデルもあるわけである。

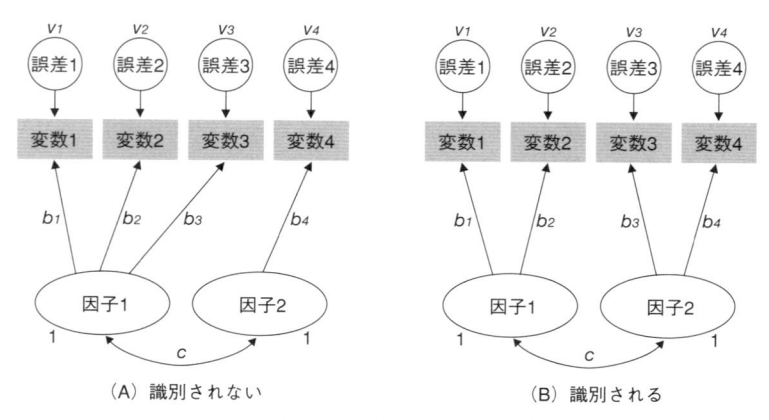

(A) 識別されない
(B) 識別される

図9.4 変数とパラメータ数は同じであるが，識別性が異なる2つのモデル

9.4. 識別性とパラメータの制約

　残念ながら,「自分の作ったモデルが,（9.1）式を満たすにもかかわらず,**識別されないモデルであるか否か**」を容易に判別する方法は明らかにされていない。しかし,多くのソフトウェアでは,特定のモデルのもとで計算を実行すれば,計算中にそのモデルが識別されるか否かを察知して知らせてくれるので,これを頼りにするのが早道だろう。

　因子分析で,**因子の分散を1とする**ことの理由は,8.6節の説明の仕方とは別に,前節に記した**識別性**の観点から説明できる。例えば,図9.5（A）のように,2因子モデル①とパスの結びつきは同じであるが,因子の分散を1とせずに,v_9, v_{10} と表し,計算によって値を求めるべ

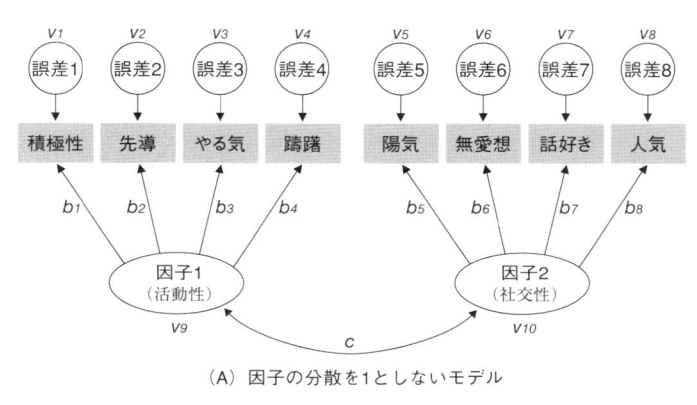

（A）因子の分散を1としないモデル

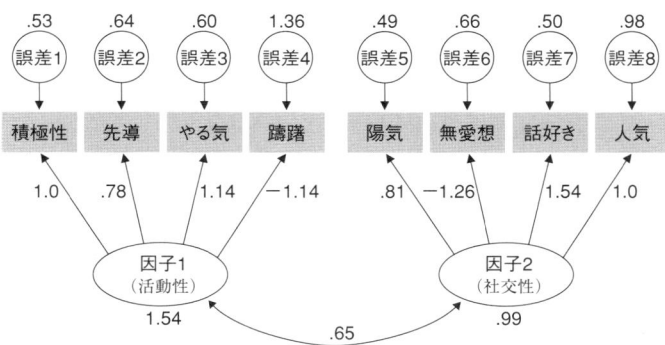

（B）「$b_1=1, b_8=1$」と制約したモデルの非標準解

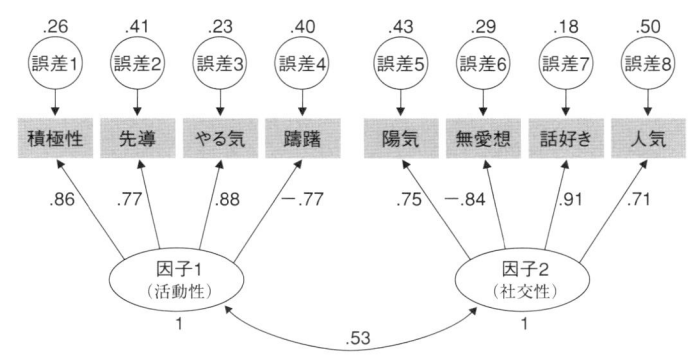

（C）「$b_1=1, b_8=1$」と制約したモデルの標準解

図9.5　制約のないモデルと,図9.1と同等の制約をつけたモデルの例
AMOSを使用

きパラメータとしよう。この図 9.5（A）のモデルは，識別されない。しかし，$v_9 = v_{10} = 1$ と制約すると識別される。ここで，**制約**という用語は，「パラメータ，または，複数のパラメータからなる式を，特定値に等しいと固定すること」を表す。

さて，v_9，v_{10} を制約せずに，例えば，「$b_1 = 1$，$b_8 = 1$」のように，「各因子から観測変数に伸びるパスのいずれか 1 つの係数」を 1 と制約したモデルを考えよう。このモデルも識別される。分析結果の非標準解は図 9.5（B）であり，因子の分散を「$v_9 = v_{10} = 1$」と制約したモデルの解（前章の図 8.2（A））とは異なる。しかし，図 9.5（C）を見よう。これは，図 9.5 の（B）を，観測変数の分散および潜在変数の分散がともに 1 となるように調整した**標準解**である。この標準解（図 9.5（C））は，最初から「$v_9 = v_{10} = 1$」として分析したときの標準解（図 8.2（B））と一致する。さらに，適合度も全く同じになる。すなわち，制約「$b_1 = b_8 = 1$」は，制約「$v_9 = v_{10} = 1$」と同等といえる。こうした**同等の制約**の存在が役立つ場面は，9.7 節に現れる。

さて，上述の例でわかるように，識別されないモデルも，パラメータの幾つかを制約することで，識別されるモデルになることがある。例えば，前段の図 9.3 や図 9.4（A）のようなモデルも，幾つかのパラメータの値に制約を加えて，推定すべきパラメータを減らせば，識別できるようにすることができるが，こうした制約の詳細については，専門的になるので，本書では割愛する。

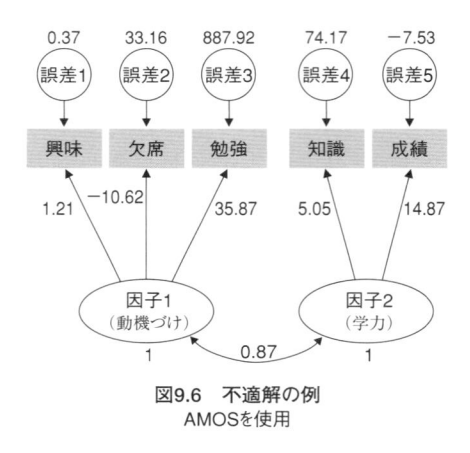

9.5. 不適解

図 9.6 は，表 6.1（A）の成績データについて，「興味・欠席・勉強は，学習への動機づけ（意欲）を反映し，知識・成績は学力を反映する」という 2 因子モデルのもとでの解を示す。ここで，誤差 5 の分散の解を見ると，-7.53 とマイナスになっている。分散は，定義上，0 以上の値をとるべき指標であるので，-7.53 は，不合理な値である。以上のように，分散が負になる，あるいは，（標準解の）相関係数の絶対値が 1 より大きくなるといったように，パラメータの解が，指標の定義にそぐわない不合理な値である解を，**不適解**と総称する。不適解の問題も，共分散構造に基づく分析全般に関わる。

図9.6 不適解の例
AMOSを使用

不適解が得られる理由の 1 つは，モデルが適切でないことである。こうしたモデルは，高い適合度を示しても，採用すべきではない。他の理由として，データの個体数が少なく，分析したデータがたまたま不適解を導く数値になっていることも考えられる。こうした場合は，より多くの個体数のデータを収集する必要がある。

9.6. 潜在変数の構造方程式モデリング

因子分析は，「因子→観測変数」，すなわち，因子を説明変数，観測変数を従属変数とした分析である。こうした因子分析の範疇から外れたモデルの例を，図 9.7（A）に示す。これは，表 9.1（A）の共分散（表 8.1 のデータ）のモデルとして，3 つの因子を導入しているが，因子

(A) モデル

(B) 標準解

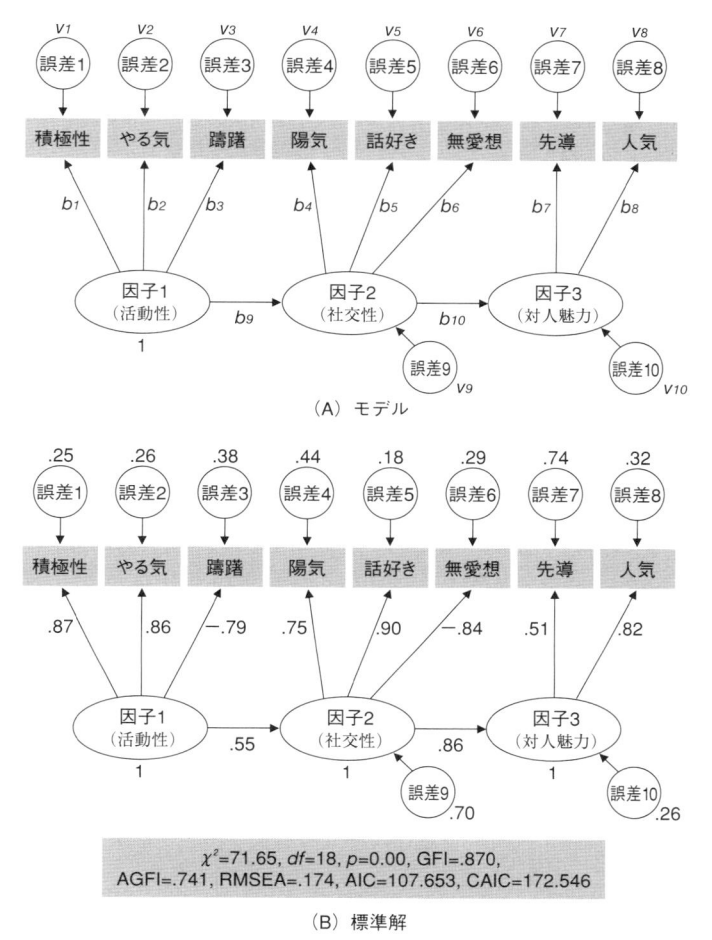

χ^2=71.65, df=18, p=0.00, GFI=.870,
AGFI=.741, RMSEA=.174, AIC=107.653, CAIC=172.546

図9.7　潜在変数の構造方程式モデルの例
AMOSを使用
なお，AMOSの標準解のパス図では，分散説明率(=1－標準解の誤差分散)を表示するが，(B)では誤差分散を表示している

1が説明変数であり，因子2と3が**従属変数**になっている。すなわち，図9.7（A）は，「活動性を表す因子1が，社交性を表す因子2に影響し，社交性がさらに（先導や人気に反映される）対人（的）魅力とでも呼べる因子3に影響する」と考えるモデルである。ここで，従属変数である因子は，**誤差**からパスを受けなければならない。すなわち，従属変数の因子は，説明変数に完全に規定されることはないので，因子2と3には誤差がつく。例えば，因子2（社交性）につく誤差9は，因子1（活動性）では説明されずに残る因子2の成分を表す。

以上の因子間関係と因子の誤差を式で表すと，

$$
\begin{aligned}
&\text{社交性} = b_9 \times \text{活動性} + \text{誤差}9, \quad \text{誤差}9\text{の分散} = v_9, \\
&\text{対人魅力} = b_{10} \times \text{社交性} + \text{誤差}10, \quad \text{誤差}10\text{の分散} = v_{10}
\end{aligned}
\tag{9.2}
$$

となる。これらの式は，パス解析のモデルと同様に，変数間の因果を表す**構造方程式**である。ただし，パス解析の構造方程式が観測変数間の因果を表すのに対して，(9.2)式は，**潜在変数（因子）間の因果**を表す。

因子と観測変数の関係は，ここまでの因子分析と同様に，**測定方程式**

$$積極性 = b_1 \times 活動性 + 誤差1, \ やる気 = b_2 \times 活動性 + 誤差2, \ 躊躇 = b_3 \times 活動性 + 誤差3,$$
$$陽気 = b_4 \times 社交性 + 誤差4, \ 話好き = b_5 \times 社交性 + 誤差5, \ 無愛想 = b_6 \times 社交性 + 誤差6,$$
$$先導 = b_7 \times 対人魅力 + 誤差7, \ 人気 = b_8 \times 対人魅力 + 誤差8, \quad (9.3)$$
$$誤差1の分散 = v_1, \ 誤差2の分散 = v_2, \ 誤差3の分散 = v_3, \ 誤差4の分散 = v_4,$$
$$誤差5の分散 = v_5, \ 誤差6の分散 = v_6, \ 誤差7の分散 = v_7, \ 誤差8の分散 = v_8$$

で表せる．

以上のように，図9.7のモデルを式で表せば，因子間の構造方程式（9.2）と測定方程式（9.3）を組み合わせたものとなる．従って，こうしたモデルに基づく分析を，「測定・構造方程式モデリング」と呼ぶべきかもしれないが，この名称は使われず，「測定」という用語を除いた**構造方程式モデリング**（Structural Equation Modeling）または略語の**SEM**，あるいは，**共分散構造分析**と呼ぶことが多い．

ここで，後者の「共分散構造分析」は，「計算原理が共分散構造に基づく分析」を意味して，4章～11章の方法を包含する名称であり，前者のSEMは，同じく構造方程式に基づくパス解析も含む名称である．そこで，他の方法と区別したいときは，図9.7のようなモデルを**潜在変数の構造方程式モデリング**と呼び，その略語は，潜在変数（Latent Variables）のSEMを略した**SEM/LV**である．

9.7. 従属変数である因子の分散

SEM/LVの計算原理は，パス解析や因子分析と同じであるが，SEM/LVを実行する際には，**従属変数である因子の分散**の扱いに工夫を要する．その「理由」と「工夫」の方法を，以下に説明する．

理由：次の①，②，③の3段階で，理由を記す．①従属変数である因子の分散の理論式は，その説明変数に関わるパラメータの関数となる．例えば，図9.7（A）のモデルでは，「社交性の分散 = $b_9^2 + v_9$」，「対人魅力の分散 = $b_9^2 b_{10}^2 + b_{10}^2 v_9 + v_{10}$」のように表せる（この式の導出法は知らなくてよい）．② 8.6節あるいは9.4節に記した理由によって，**因子の分散は1**であると制約される必要がある．すなわち，図9.7（A）のモデルでは，

$$b_9^2 + v_9 = 1, \ b_9^2 b_{10}^2 + b_{10}^2 v_9 + v_{10} = 1 \quad (9.4)$$

といった制約条件の中で，パラメータの解を求める必要がある．③しかしながら，（9.4）式の制約のもとで分析を行うことは，計算技法上，難しいことが知られる．以上の理由により，図9.7（A）でも，因子2と因子3の楕円には，「1」を付けていない．

工夫：この工夫を説明する前に，9.4節に記した**同等の制約**を思い出そう．9.4節で，「各因子から観測変数に伸びるパスのいずれか1つの係数を1と制約したモデル」の標準解が，因子の分散を1と制約するモデルの標準解と一致することを示した．実は，SEM/LVでは，上記のカッコ内の制約を，従属変数の因子について行う．すなわち，

「従属変数の各因子から観測変数に伸びるパスのいずれか1つの係数」= 1 (9.5)

と制約するのが「**工夫-その1**」である。(9.5) 式の制約のもとでの分析は，計算上の困難を伴わない。具体的には，図9.7 (A) で従属変数の因子2から観測変数に伸びるパスの係数 b_4, b_5, b_6 のいずれか1つを，1に等しいと制約し，また，因子3から伸びるパスの係数 b_7, b_8 のどちらかを1と制約して，計算を行えば，その**標準解**は，(9.4) 式の制約のもとでの分析の標準解と一致する。以上の方法で得られた標準解が，図9.7 (B) である。

前段の (9.5) 式を使う方法とは別に，「**工夫-その2**」として，

「従属変数である因子の誤差の分散」= 1 (9.6)

と制約する方法もある。この制約のもとで分析した結果の標準解も，(9.4) 式の制約のもとでの分析の標準解と一致する。具体的には，図9.7 (A) のモデルで $v_9 = 1$, $v_{10} = 1$ と制約して分析を行い，その標準解を求めると，図9.7 (B) の解が得られる。

以上の工夫（その1またはその2）は，「(9.4) 式と同じ標準解を与え，かつ，計算上は扱いやすい制約式 (9.5) または (9.6) を使って，(9.4) 式が持つ計算上の困難を回避する方策」といえる。

さて，図9.7 (B) の適合度指標や検定結果をみると，このモデルは，性格データには適合しないといえるが，次章では，他のデータを例にして，SEM/LV の有効性を示す。

9.8. 共分散構造分析の体系

9.6節で言及したように，4章〜11章の分析法は，**共分散構造分析**という名で総称できる。この総称名に包含される各種の分析法の関係を，図9.8を用いて整理する。

まず，図9.8 (A) を見よう。これは，モデルに現れる変数と式の種類に基づいて，パス解析・因子分析・SEM/LV を区別したものである。まず，データ，つまり，観測変数がなければ分析はできないので，当然ながら，観測変数はどの手法のモデルにも現れる。次に，観測変数だけの分析であるパス解析では，潜在変数（因子）は導入されず，この点で，他の2つの分析法と区別される。モデルに現れる式を見ると，因子分析は**測定方程式**だけに基づくのに対して，他の2つの分析法のモデルには**構造方程式**が現れる。そして，SEM/LV は，潜在変数も考慮して，測定・構造方程式の両者に基づく，いわば，最も包括的なモデルといえる。

(A) よりも範囲を広げて，図9.8の (B) には，共分散構造分析に関係する方法の位置づけを，円の包含関係で表した。まず，共分散構造分析の中で，観測変数の構造方程式だけに基づ

分析法	モデルに現れる変数		モデルに現れる方程式	
	観測変数	潜在変数	測定方程式	構造方程式
パス解析	○	−	−	○
因子分析	○	○	○	−
SEM/LV	○	○	○	○

○現れることを示す

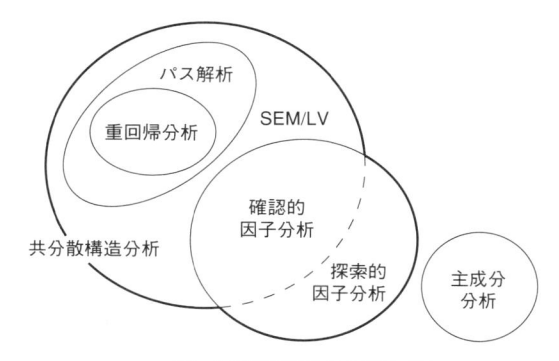

(A) パス解析・因子分析・SEM/LV の区別　　　(B) 共分散構造分析の位置づけ

図9.8　共分散構造分析の視点から見た関連手法の位置づけ

くのが，**パス解析**であり，パス解析の中でも，7章の図7.4のように，1つの従属変数以外はすべて説明変数とするものが，**重回帰分析**であると見なせば，重回帰分析はパス解析の特殊ケースと見なせる。この関係を示すため，図9.8（B）では，パス解析の円が，重回帰分析の円を囲んでいる。次に，共分散構造分析の中でも，測定方程式だけに基づくものが**確認的因子分析**である。そして，測定方程式と構造方程式の両者に基づくものが，潜在変数の構造方程式モデリング（**SEM/LV**）であり，これは，確認的因子分析やパス解析の枠外になるので，両者の中間に描かれている。

　11章に記す**探索的因子分析**は，ここで予告しておくと，計算原理が共分散構造に基づく点では共分散構造分析に含まれるが，探索的因子分析のモデルは**識別性を持たず**，共分散構造分析を「識別されるモデルだけを扱う方法」に限定すれば，その圏外に探索的因子分析は出される。この点を考慮して，探索的因子分析を，少し膨らんだ円の部分に位置づけ，丸い円になる共分散構造分析の領域とは，点線で区切った。さらに，12章を予告すると，**主成分分析**は探索的因子分析と似た側面を持つが，両者は異なる分析法であるため，図では，主成分分析を，因子分析には近いが，離れた円で描いた。

　さて，名称の簡略化，または，「/LV」とつけるのは不自然であるなどの理由で，SEM/LVを指して，共分散構造分析，または，SEMと呼ぶことが多い。このように呼べば，名称が包含するもの全てを指すので，誤りではないからである。しかし，自然な個別的名称がある方法は，その名を使うべきだろう。すなわち，確認的因子分析やパス解析を指して，共分散構造分析やSEMと呼んでも構わないが，前者の呼び名の方がわかりやすい。

　なお，パス解析やSEM/LVを拡張した分析法に，複数の条件や複数の集団から得られたデータを分析して，変数間の因果だけでなく，条件間・集団間での平均の相違や因果関係の相違などを検討する方法があるが（狩野・三浦，2002；豊田，1998），これらは，多変量解析の入門の範囲を超えるので省く。

10 構造方程式モデリング（その2）

　潜在変数の構造方程式モデリング（SEM/LV）の開発は，1960年代後半～70年代初頭にスウェーデンの統計学者ヨレスコーグ（K. G. Jöreskog）が行った研究に始まる。その後，多くの研究者によって，短期間のうちに，分析法の改良・理論的整備・ソフトウェアの作成などがなされると同時に，SEMを使った研究も増加し，現象の因果を分析するための強力な方法論となっている。

　さて，前章に記したように，SEM/LVは，総称名である**構造方程式モデリング**（SEM）または**共分散構造分析**と呼ばれることの方が多い。本章では，**SEM**の名称を用い，これを，前章とは別の数値例を使って，より詳しく解説する。

　SEMの目的は，因子（潜在変数）どうしの因果関係の検討にある。そのために，因子間の因果関係をモデル化した構造方程式，および，因子が観測変数によって測定される様子を表す測定方程式を組み合わせたモデルに基づいて分析を行う。以上の点で，SEMは，構造方程式に基づくパス解析と，測定方程式に基づく因子分析を統合した方法といえる。ただし，パス解析の構造方程式は観測変数だけを扱うのに対して，SEMの構造方程式は因子（潜在変数）間の関係を表す。

10.1. 潜在変数の構造方程式と測定方程式

　SEMを使う場合には，データを収集する前に，興味のある因子（潜在変数）が決まっており，さらに，**因子間の因果関係**についての仮説があることが多い。例えば，興味の対象の因子が，修士（博士前期）課程の大学院生の，「（研究の）素養」，「（所属大学院の環境への）適応」，「（大学院での研究の）習熟」，および，「満足（感）」であるとしよう。これら4つの因子間の因果関係のモデルの例を，図10.1に示す。この図は，「素養の高さと適応が，習熟を促し，習熟によって満足感が増す」という因果関係を表し，その**構造方程式**をパス図で描いたものである。なお，この図では，パラメータの記号と誤差の番号を省いている。

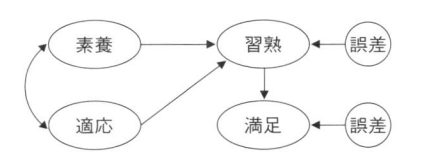

図10.1　因子の構造方程式モデルの例

　以上の各**因子の指標**として，図10.2（A）～（D）に長方形で表す観測変数を測定したとしよう。図10.2に記した変数の略語の内容は，表10.1（A）に記した。例えば，図10.2（C）に描くように，因子「習熟」の指標は，講義，演習，修論，および，評定であるが，その内容は，表10.1（A）に記すように，（大学院での）講義科目の成績，演習科目の成績，修士論文の評価点，および，習熟度の自己評定である。図10.2（A）～（D）・表10.1（A）に記した計16の変数（語学，基礎，…，希望）を，修士論文提出後の大学院生300名（個体）から測定した結果，表10.1（B）のデータが得られたとしよう。このデータの観測変数に各因子が反映される

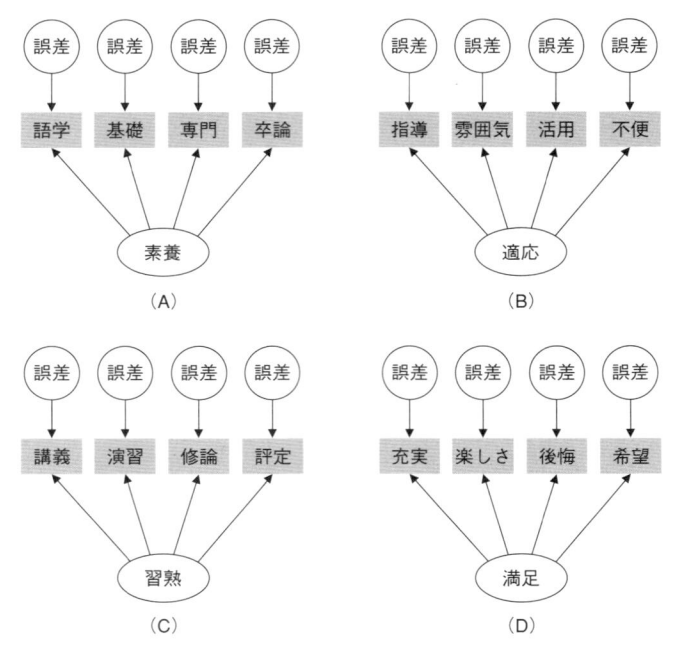

図10.2　4つの因子の測定方程式モデル

表10.1　観測変数の内容と大学院生のデータ（中間の個体の数値は省略）

（A）観測変数の内容と測定対象の因子

略称	内容	因子
語学	院（大学院）入試での語学の成績	素養
基礎	学部での基礎科目の成績	素養
専門	院入試での専門科目の成績	素養
卒論	卒業論文の評価点	素養
指導	院での指導がどの程度，自分にあっているか	適応
雰囲気	院の雰囲気にどの程度順応できているか	適応
活用	院の設備をどの程度十分に活用できているか	適応
不便	院のシステムに感じる不便さの程度	適応
講義	院での講義科目の成績	習熟
演習	院での演習科目の成績	習熟
修論	修士論文の評価点	習熟
評定	研究の習熟度の自己評定	習熟
充実	どの程度，充実を感じるか	満足
楽しさ	どの程度，楽しいか	満足
後悔	院に進学したことへ後悔の程度	満足
希望	将来に感じる希望の明るさ	満足

（B）大学院生データ（仮想数値例）

個体	語学	基礎	専門	卒論	指導	雰囲気	活用	不便	講義	演習	修論	評定	充実	楽しさ	後悔	希望
1	82	94	84	8	3	5	6	3	80	80	7	4	5	5	3	5
2	82	82	72	9	4	4	4	6	82	90	7	5	5	5	4	5
3	80	82	86	9	4	6	5	4	92	90	9	5	5	6	3	6
4	84	94	96	9	3	4	5	4	94	80	8	4	6	6	3	6
5	76	76	84	8	4	4	3	4	82	90	7	5	4	5	4	4
6	82	88	78	8	4	6	4	4	76	85	6	3	4	5	4	4
7	92	100	86	9	5	5	4	4	82	90	5	5	3	5	3	4
8	76	60	68	7	4	4	4	6	80	80	7	4	3	4	4	4
·	·	·	·	·	·	·	·	·	·	·	·	·	·	·	·	·
296	78	82	74	7	4	4	3	4	88	85	8	4	5	5	4	4
297	76	70	76	7	3	4	2	4	66	60	6	2	3	4	5	4
298	80	82	84	9	3	4	3	5	76	75	7	3	3	4	5	3
299	74	82	88	8	4	4	5	4	72	70	6	2	3	5	5	3
300	74	80	88	7	4	5	3	4	72	70	7	4	4	4	4	5

様子は，図10.2の（A）〜（D）の各**測定方程式**のパス図によって表される。なお，（A）〜（D）の各パス図は，それぞれ，因子分析の1因子モデルであるともいえる。なお，この図でも，パラメータの記号と誤差の番号を略している。

10.2. 測定・構造方程式モデル

図10.2の測定方程式と図10.1の構造方程式を**統合**したものが，SEMのモデルとなり，これを表したのが図10.3のパス図である。すなわち，図10.3外側の左上（A），左下（B），右上

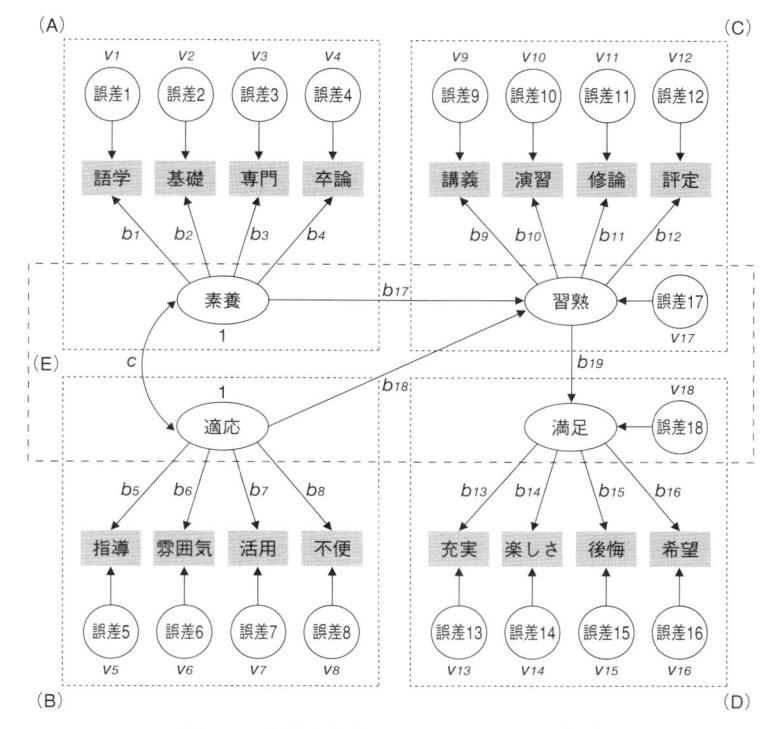

図10.3 大学院生データに対するSEMのモデル①

(C),右下(D)の点線の囲みが,それぞれ,図10.2の(A),(B),(C),(D)と同じであり,図10.3内側の点線(E)で囲まれた部分は図10.1と同じである.なお,図10.3では,(図10.1と図10.2で省いた)パラメータの記号と,誤差を区別する通し番号を付した.後述する他のモデルと区別するため,図10.3のモデルを,「モデル①」と呼ぶ.

図10.3のモデル①を,式で表そう.全16の観測変数について式を記すと紙面を費やすので,点線(C)で囲んだ右上部,つまり,因子「習熟」の**測定方程式**だけを取り上げると,

$$
\begin{aligned}
講義 &= b_9 \times 習熟 + 誤差9, \quad 誤差9の分散 = v_9, \\
演習 &= b_{10} \times 習熟 + 誤差10, \quad 誤差10の分散 = v_{10}, \\
修論 &= b_{11} \times 習熟 + 誤差11, \quad 誤差11の分散 = v_{11}, \\
評定 &= b_{12} \times 習熟 + 誤差12, \quad 誤差12の分散 = v_{12}
\end{aligned}
\tag{10.1}
$$

と表せる.他の因子に関する部分(A),(B)および(D)の測定方程式も同様である.

構造方程式の部分(E)は,

$$
\begin{aligned}
&習熟 = b_{17} \times 素養 + b_{18} \times 適応 + 誤差17, \\
&満足 = b_{19} \times 習熟 + 誤差18, \\
&誤差17の分散 = v_{17}, \quad 誤差18の分散 = v_{18}, \quad 素養と適応の相関係数 = c
\end{aligned}
\tag{10.2}
$$

と表せる.ここで,前章までの方法と同様に,観測変数は平均0の**平均偏差得点**が分析対象であることを仮定し,因子も平均が0の変数であると見なすので,(10.1),(10.2)式には切片の項はない.

ここで，例えば「修論」に着目しよう．図 10.3 を見れば，この修論は習熟よりパスが届き，後者の習熟には素養と適応からパスが届く．つまり，「素養・適応→習熟→修論」という因果連鎖になっている．そこで，パス（→）の始点の素養・適応を，終点の修論に結びつける式を得たければ，(10.1) 式の「修論 = b_{11}×習熟＋誤差 11」の習熟に，(10.2) 式の「習熟 = b_{17}×素養＋b_{18}×適応＋誤差 17」の右辺を代入すればよい．すなわち，

$$\text{修論} = b_{11} \times (b_{17} \times \text{素養} + b_{18} \times \text{適応} + \text{誤差 17}) + \text{誤差 11}$$
$$= b_{11} \times b_{17} \times \text{素養} + b_{11} \times b_{18} \times \text{適応} + b_{11} \times \text{誤差 17} + \text{誤差 11} \quad (10.3)$$

となる．なお，この段落の目的は，(10.3) のような式の導出法の解説ではなく，(10.1) や (10.2) の式が一体となって，図 10.3 のモデルを表すことを実感することにある．

さて，因子分析の場合と同様に，各因子（素養・適応・習熟・満足）の分散は，

$$\text{各因子の分散} = 1 \quad (10.4)$$

のように制約される．

10.3. 計算手順

前節のモデルから導かれた共分散の理論式，つまり，**共分散構造**と，データから算出された**標本共分散行列**の相違度を最小にするパラメータの値が解となる．表 10.1 (B) から得られる標本共分散行列を，表 10.2 に掲げた．素データは膨大になるので，表 10.1 (B) では，途中の数値を省略したが，表 10.2 の共分散さえわかれば，SEM の計算は実行できる．

ここで，9.7 節の「理由」の段落に記したように，**従属変数である因子の分散**（習熟と満足の分散）については，(10.4) 式の制約のもとで分析を行うのは，計算技法上の困難を伴う．そこで，9.7 節の「**工夫**」に記したように，「(10.4) 式の制約のもとでの標準解を与え，かつ，計算上は扱いやすい工夫－その 1，または，工夫－その 2 のいずれか」，つまり，(9.5) 式の制約または (9.6) 式の制約のいずれかのもとで分析を行う必要がある．

表 10.2 大学院生データ（表 10.1 (B)）から算出された標本共分散行列

変数	語学	基礎	専門	卒論	指導	雰囲気	活用	不便	講義	演習	修論	評定	充実	楽しさ	後悔	希望
語学	40.323															
基礎	27.475	55.696														
専門	21.883	28.439	52.305													
卒論	2.669	3.104	2.662	0.620												
指導	1.685	1.320	0.792	0.155	0.810											
雰囲気	1.405	1.469	1.119	0.132	0.484	0.961										
活用	1.478	1.410	0.549	0.164	0.454	0.468	1.128									
不便	-0.820	-0.822	-0.502	-0.109	-0.439	-0.477	-0.458	1.011								
講義	15.131	14.911	12.839	1.557	2.026	2.108	2.177	-1.597	44.213							
演習	19.270	17.290	12.088	2.272	2.437	2.698	2.545	-2.363	28.670	58.632						
修論	2.506	3.065	2.551	0.294	0.359	0.374	0.380	-0.356	4.163	4.513	1.176					
評定	2.757	2.602	1.977	0.268	0.247	0.305	0.273	-0.262	3.809	4.123	0.703	1.077				
充実	2.161	2.816	2.040	0.284	0.371	0.436	0.407	-0.385	3.566	4.567	0.747	0.575	1.377			
楽しさ	1.686	2.091	1.847	0.162	0.293	0.344	0.277	-0.262	2.500	2.349	0.417	0.389	0.573	0.924		
後悔	-1.685	-2.117	-1.889	-0.204	-0.311	-0.414	-0.368	0.331	-3.144	-3.595	-0.600	-0.506	-0.727	-0.473	1.141	
希望	1.306	1.726	1.415	0.163	0.305	0.374	0.286	-0.270	3.072	3.083	0.553	0.542	0.672	0.551	-0.592	1.349

(A) 非標準解

(B) 標準解

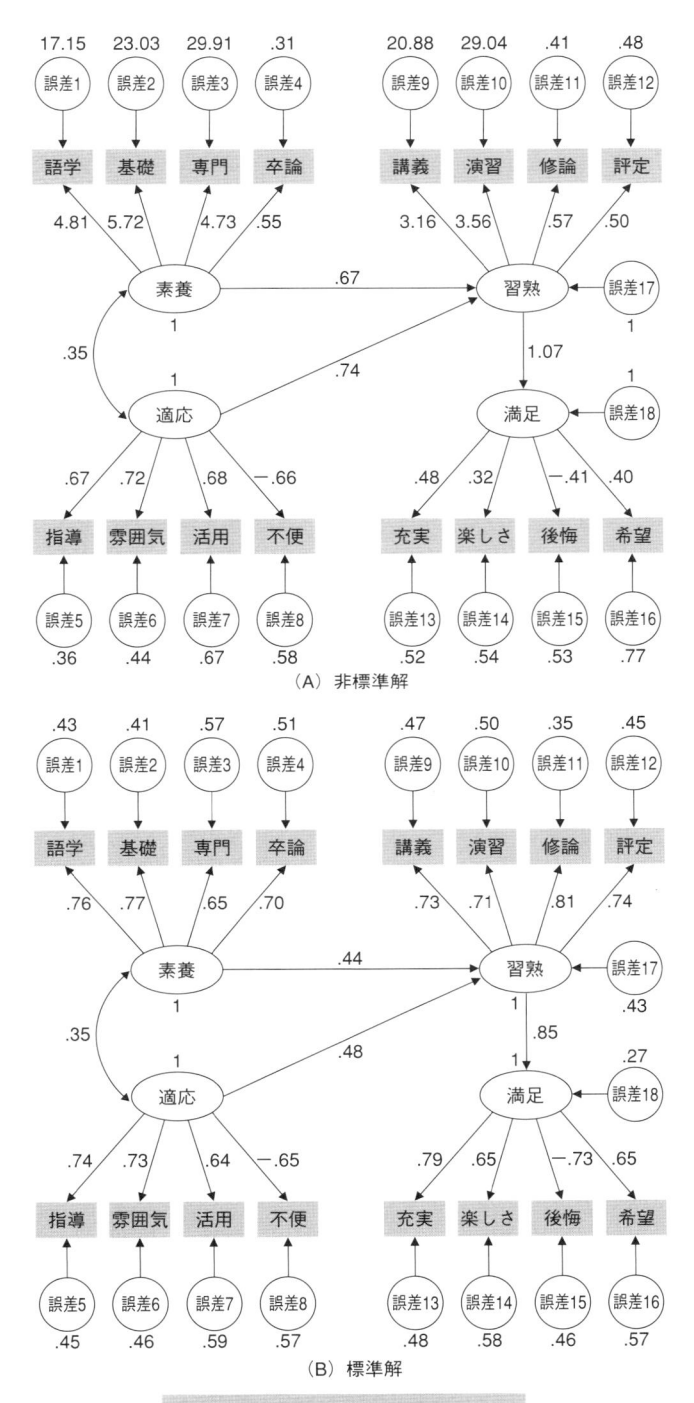

χ^2=111.703, df=100, p=0.199, GFI=.957

図10.4 モデル①(図10.3)の解
AMOSを使用
なお，AMOSの標準解のパス図では，分散説明率(＝1－標準解の誤差分散)を表示するが，(B)では誤差分散を表示している

そこで，「工夫-その2」の (9.6) 式の制約を用いて，誤差17と誤差18の分散を $v_{17} = 1$, $v_{18} = 1$ と制約し，分析を行った結果の**非標準解**を，図10.4の (A) に示す．非標準解は，制約

したとおり，誤差17と誤差18の分散は1となっている。この非標準解を，観測変数および因子の分散が1となるように調整した**標準解**が図10.4（B）である。この標準解が，「（10.4）式のように制約したモデルの標準解」に一致する。

図10.4（A）のように，非標準解では，計算上の困難を回避するために使った工夫（誤差17と18の分散 = 1）が，そのまま解として表示されるが，それを変換した標準解（図10.4（B））が，本来の制約（10.4）のもとでの標準解に一致する。すなわち，非標準解はいわば途中経過で，標準解が目的の解となるため，SEMでは一般に，非標準解ではなく，**標準解**だけを結果として参照することが多い。

10.4. モデル間比較

図10.4に記すカイ二乗検定の結果やGFIをみると，モデル①は，検定では棄却されず，GFIも0.95を超え，データに適合したモデルといえるが，他に，よりよいモデルが存在するかもしれない。そこで，図10.5の（A），（B）のように，モデル①と若干異なる2つのモデル②と③も考えよう。（A）のモデル②は，「適応から満足」へのパスをモデル①に加えたものであり，「環境への適応が，直接，満足感に影響する」という考えを反映する。このモデル②に，さらに「素養から満足に伸びる」パスを加えたものが，図10.5（B）のモデル③である。モデル②に比べて，モデル①は1つだけパラメータが少なく，③は1つだけパラメータが多いモデルといえる。

表10.3に，以上のモデル①，②，③および飽和・独立モデルの**適合度**を示す。新たなモデル②，③ともに，検定では棄却されず，GFIも0.95を超えている。そこで，モデル①，②，③の間で良否を比較するため，AGFI，RMSEA，AIC，CAICを見よう。値が大きいほどモデルの適合が高いことを示すAGFIはモデル②と③が最高で，値が小さいほど適合がよいことを示すRMSEA，AICやCAICは，モデル②が最も適合がよいことを示している。以上の結果に基づくと，3つのモデルの中では，モデル②が最良で，当初考えたモデル①よりもよいようである。

表10.3　モデルの適合度と検定結果 [*1]

モデル	パラメータ数	検定			GFI	AGFI	RMSEA [*2]	AIC [*2]	CAIC [*2]
		χ^2	df	p					
飽和	136	0.000	0		1.000			272.000	911.714
③	38	100.749	98	0.404	0.960	0.945	0.010	176.749	355.492
②	37	101.052	99	0.424	0.960	0.945	0.008	175.052	349.092
①	36	111.703	100	0.199	0.957	0.941	0.020	183.703	353.039
独立	16	2002.899	120	0.000	0.332	0.243	0.229	2034.899	2110.159

[*1] AMOSを使用　　[*2] 値の小ささがモデルの良さを表す指標

さて，図10.5（A）のモデル②の記号を見るとパス係数は$b_1 \sim b_{20}$の20個，誤差分散は$v_1 \sim v_{18}$の18個で，これに因子間相関cの1個を加えると，パラメータの総数は「**見かけ上20 + 18 + 1 = 39個**」となるが，表10.3では37個となっている。この相違は，従属変数である因子の分散が，制約（10.4）式を受けることによる。例えば，因子「習熟」の分散の理論式は$v_{17} + b_{17}^2 + b_{18}^2 + 2b_{17}b_{18}c$となる（この導出法を理解する必要はない）が，（10.4）式に示すように$v_{17} + b_{17}^2 + b_{18}^2 + 2b_{17}b_{18}c = 1$と制約され，この式を$v_{17}$が左辺になるように書き換えれば，$v_{17} = 1 - (b_{17}^2 + b_{18}^2 + 2b_{17}b_{18}c)$と表せる。つまり，右辺のパラメータの値がわかれば，左辺のv_{17}は自動的に値が決まるため，計算して値を求めるべきパラメータは1つ減ることになる。

(A) モデル②

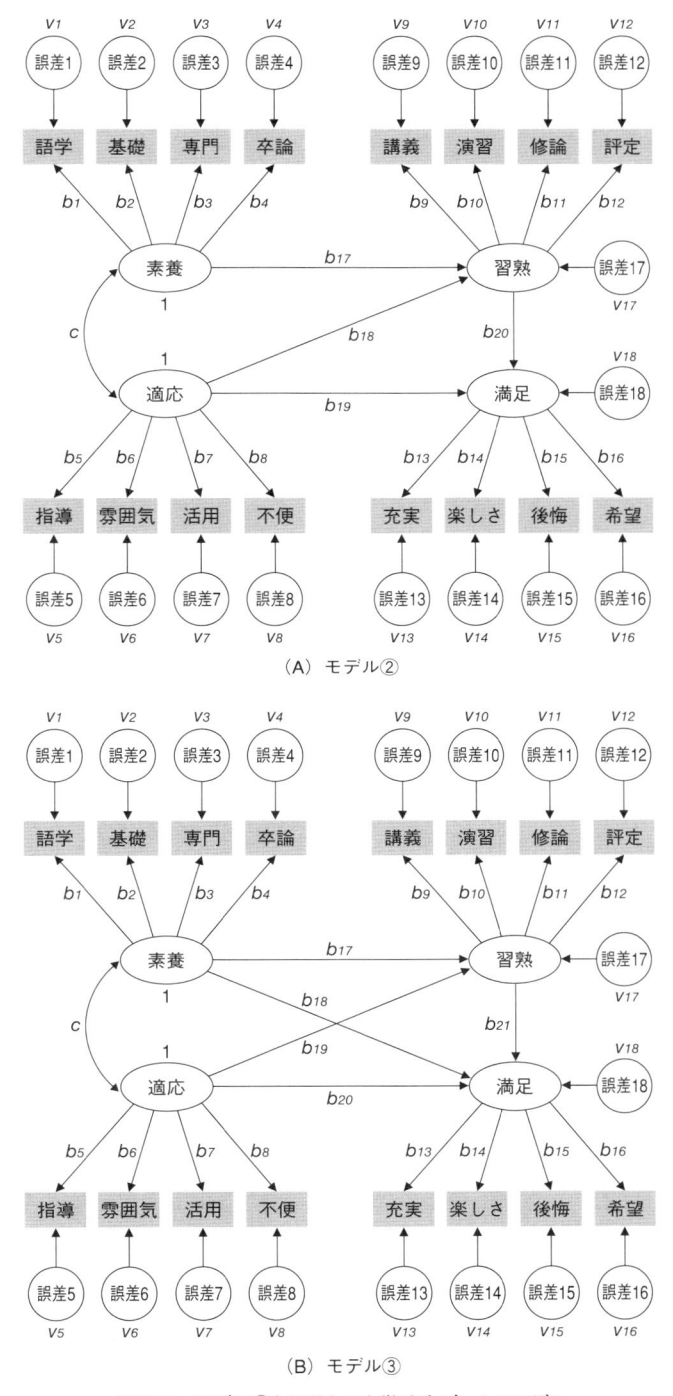

(B) モデル③

図10.5　モデル①とは異なる大学院生データのモデル

もう1つの従属変数の因子「満足」の分散についても同様で，その誤差の分散 v_{18} は，他のパラメータから値が定まる。従って，計算して求められるパラメータ数は，見かけ上の39より2つ少ない数になる。自由度や適合度指標の算出に利用されるパラメータ数は，見かけ上の数ではなく，表10.3に記された，実際に**計算して求められるパラメータの数**である。

さて，最も適合のよかったモデル②の標準解を，図10.6に示す。以下では，モデル①では

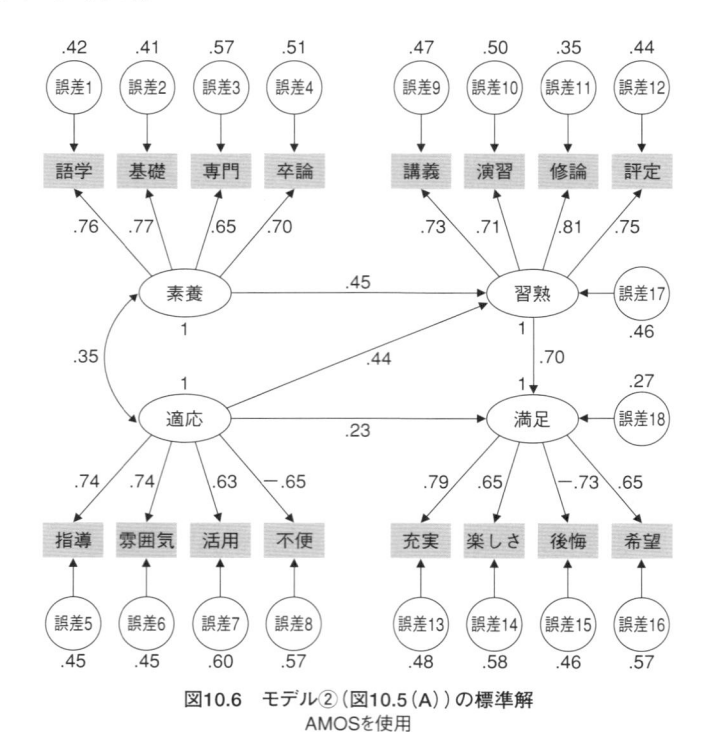

図10.6 モデル②(図10.5(A))の標準解
AMOSを使用
なお,AMOSの標準解のパス図では,分散説明率(=1-標準解の誤差分散)を表示するが,この図では誤差分散を表示している

なく,**モデル②**の解を取り上げて,結果の解釈を説明していく。解釈法は,重回帰分析・パス解析・因子分析と同様である。それらの復習のつもりで,10.5～10.7節を見ていこう。

10.5. 誤差の分散と分散説明率

　この節では,図10.6の観測変数および因子の**誤差分散**,すなわち,誤差の大きさを見ていく。まず,観測変数の中で,「修論」の誤差11の分散0.35に着目しよう。図10.6は,変数の分散はすべて1となるように調節された標準解であるため,上記の誤差分散0.35は,修論の分散(=1)つまり良し悪しのうちの35%(=0.35)は,説明変数である因子「習熟(度)」の分散(高低)では説明しきれず残った成分であることを表す。言い換えれば,「分散説明率=1-(標準解の)誤差分散」の式より,習熟による修論の**分散説明率**は,0.65(=1-0.35)といえ,修論の良し悪しの65%は,習熟の高低によって説明されるといえる。

　上記の修論とともに講義・演習・評定は,因子「習熟」の指標であるが,4つの指標の間で**誤差分散を比較**すると,修論につく誤差の分散(0.35)が最小,言い換えれば,分散説明率が最高であり,修論は習熟度をよく反映するといえる。一方,演習の誤差分散が最大(0.50),つまり,分散説明率(0.5=1-0.5)が最低であり,修論に比べれば,演習の成績の高低は,習熟をあまり反映しないといえる。ただし,演習の分散説明率0.5=50%は,必ずしも低い不十分な値とはいえない。どの程度の分散説明率を望むかは,研究目的によって異なる。

　さて,**従属変数の因子につく誤差の分散**も,同様に解釈できる。例えば,習熟の誤差の分散0.46は,習熟の分散(=1)つまり高低のうちの46%は,素養と適応の高低では説明されずに残る成分であるといえる。言い換えれば,**分散説明率**は,0.54(=1-0.46)であり,習熟の高低の54%は,素養と適応によって説明されるといえる。

10.6. パス係数と相関

まず，**因子から観測変数へのパス係数**の例として，図 10.6 の満足から後悔へのパスの係数 -0.73 に着目しよう。これは，「満足の標準得点が 1 増えるのに伴い，後悔の標準得点は平均して 0.73 だけ下がる」ことを表す。

8.4 節で「誤差を除けば，従属変数に伸びるパスが，1 つの説明変数からのパスに限られる場合には，その**標準パス係数の 2 乗**が，**分散説明率**と一致する」と記したが，このことは図 10.6 でも成り立つ。例えば，後悔の分散説明率は $1 - 0.46 = 0.54$ であるが，これは係数の 2 乗 $(-0.73)^2$ に一致する（-0.73 と 0.54 は既に四捨五入した数に基づくが，四捨五入しない数を用いると一致する）。8.4 節に記したように，0 以上の値しかとらない分散説明率と違って，負の値もとりえるパス係数は，影響の方向性も表す。

次に，**因子間のパスの係数**を見よう。例えば，習熟の説明変数は，素養と適応の 2 つであり，各説明変数の係数は，重回帰分析の場合と同様に解釈できる。例えば，適応からのパスの係数 0.44 は，「素養を一定とすれば，適応の標準得点が 1 増えると，習熟の標準得点は平均して 0.44 だけ増加すること」を表す。

これらの係数は，標準解のパス係数であるので，相互に**大小比較**ができる。例えば，満足の説明変数は習熟と適応であり，習熟からのパスの係数が 0.70，適応からのパスの係数は 0.23 であることから，適応より習熟の方が，満足へ大きく寄与するといえる。

説明変数である素養と適応の相関係数，すなわち，**因子間相関**は正の 0.35 であり，高い値ではないが，素養と適応の間に正の相関関係がある傾向を見いだせる。

10.7. 直接効果と間接効果と総合効果

6.8 節に記した観測変数間の直接・間接・総合効果は，**因子間**の因果についても，同様に定義される。例えば，適応が満足に及ぼす効果には，直接伸びるパスが表す**直接効果**と，「適応→習熟→満足」という習熟を介した**間接効果**がある。前者の直接効果はパス係数 0.23 である。後者の間接効果は，「適応→習熟」のパス係数と「習熟→満足」のパス係数の積 $0.44 \times 0.70 = 0.31$ となる。**総合効果**は，直接効果と間接効果の和，すなわち，適応が満足に及ぼす総合効果は，$0.23 + 0.31 = 0.54$ となる。

次に，**因子が観測変数に及ぼす効果**として，例えば，適応が希望に及ぼす効果を見よう。「適応→希望」の直接的なパスはないので，直接効果は，0 である。一方，間接的な因果の連鎖は，パスを辿ると，①「適応→習熟→満足→希望」と②「適応→満足→希望」の 2 通りがあり，①の連鎖に表れるパス係数の積は $0.44 \times 0.70 \times 0.65 = 0.20$，②の連鎖のパス係数の積は $0.23 \times 0.65 = 0.15$ である。このように**複数経路**の効果がある場合には，6.8 節に記したように，各経路の効果の合計が間接効果となる。すなわち，「適応→希望」の間接効果は，$0.20 + 0.15 = 0.35$ となる。以上より，適応が希望に及ぼす総合効果は，直接効果 0 と間接効果 0.35 の和，つまり，$0 + 0.35 = 0.35$ となる。

10.8. 識別性と不適解と同値モデル

6 章からこの章までの（共分散構造分析と総称される）方法の手順は，「モデル構成→分析

→モデルの適合度のチェック→採用したモデルの解の解釈」と要約できる．この手順の途中で留意すべきこととして，モデルの識別性・不適解・同値モデルの存在といった問題があることを，既に記したが，これらについて再びまとめておく．

まず，モデル構成と分析の段階で留意すべきことが，**モデルの識別性**である．9.3節に記したように，(9.1)式の条件を満たさないモデルは識別されず，さらに，(9.1)式を満たしても，識別されないモデルは存在し，これを分析前の段階で見極めることは難しい．そこで，とりあえず分析を実行してみて，識別性の有無をソフトウェアが知らせてくれることを頼りにするのがよいだろう．

分析の後，まず確認すべきことは，解が，9.5節に記した**不適解**でないかどうかである．モデルが高い適合度を示したとしても，不適解は，結果として採用すべきでない．

SEM/LVにも，パス解析と同様に，**同値モデル**が存在する．図10.5(A)のモデル②と同値であるモデル④を，図10.7に示す．図10.7のモデル④は，「適応→素養」のパスを引き，「大学院の環境への適応が，学部での成績に反映される素養を説明する」という時間の流れに逆行した不自然なモデルである．しかし，このモデル④の適合度の値は，表10.3に掲げたモデル②の適合度の諸指標と同じになる．また，「素養→適応」のように図10.7とはパスを逆向きにして，誤差19を「適応」に付け変えたモデルを，モデル⑤とすると，これもモデル②，④と全く同じ適合度を示す同値モデルとなる．以上の，モデル②，④，⑤のいずれを採用するかは，分析者の判断に任される．不自然なモデル④は採用しないのが適当であり，さらに，モデル⑤がよいとする強い根拠がなければ，モデル②を選ぶのが無難であると考えられる．

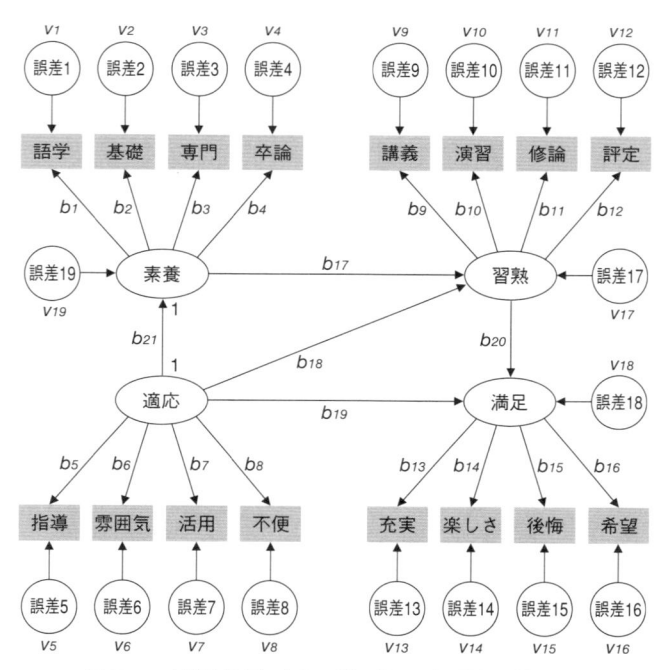

図10.7 大学院生データのモデル④：モデル②と同値である

探索的因子分析（その1） 11

　探索的因子分析は，因子に関する明確な仮説がなく，**観測変数の背後にある（共通）因子を探り出したい場合**に使われる。因子に関する仮説を検討する確認的因子分析や構造方程式モデリングを使う研究でも，その前段階の研究で探索的因子分析を行い，分析結果から研究仮説を導き出すことも多い。このように，探索的因子分析は確認的分析に先立つものであり，歴史的にも，探索的分析の研究開発が，確認的分析の開発に先立っている。こうした点で，単に「**因子分析**」というときは，探索的因子分析を指すことが多い。

　因子分析の歴史は20世紀初頭に，スピアマン（C. Spearman）が，1つの共通因子からなる**1因子モデル**を考えたことに始まり，その後，1930年代に，サーストン（L.L. Thurstone）が，複数の共通因子からなる**多因子モデル**を提案した。1因子の場合には，1つの因子からすべての観測変数にパスを引くモデルしかないので，確認的および探索的因子分析を区別する必要はない。しかし，多因子モデルの場合には，「**どの因子がどの変数に関係するか**」の仮説の有無によって，因子分析は，8章に記した確認的分析と，この章の探索的分析に分けられる。サーストンが考えたものは，仮説がない場合の探索的因子分析のモデルである。

　探索的因子分析の大きな特徴は，モデルが**識別されない**こと，つまり，解が複数組ある点にある。そこで，複数組の解の中から1組の解を選定して，最終的な分析結果とする手続きがとられる。この選定手続きは「回転」と呼ばれるが，その詳細は次章に記す。

11.1. 探索的因子分析とは

　8章の表8.1（A）の性格データを思い出そう。8章では，これを確認的因子分析の数値例に使ったが，この章では，「8つの観測変数（積極性，……，人気）の背後にある因子は2つであるが，その因子が何を表すかが明確ではない場面」を想定する。

　探索的2因子モデルのパス図を，図11.1に示す。**探索的因子分析**では，因子と変数の関係は明らかでない場面の分析法であるので，図11.1のように，**すべての因子からすべての変数にパスが届くモデル**を考え，計算結果の解から，因子が何を表すかを解釈する。すなわち，「（確認的方法を使うケースとは違って）特定の因子から特定の変数へパスを引くための仮説がない」ので，「とりあえず，すべてをパスで結んでおいて，解のパス係数の大小から因子を解釈する」わけである。図11.1では，因子が何を表すかの仮説がない事態に合わせて，（図8.1とは違って）データの表8.1と同じ順に観測変数を並べている。

　8章に記したように，因子のことを特に**共通因子**と呼ぶのに対して，誤差を**独自因子**とも呼ぶ。さらに，探索的分析では，パス係数を**因子負荷量**，誤差（独自因子）の分散を**独自性**と呼ぶ習慣が根づいている。図11.1では，各因子負荷量をbに2つの添え字をつけて区別しているが，前の添え字が変数，後の添え字が因子の番号を表す。例えば，b_{62}は因子2から変数6（やる気）に届くパスの係数を表す。2つの添え字は複雑であるので，「$b_{62} = b_{変数6←因子2}$」の添え

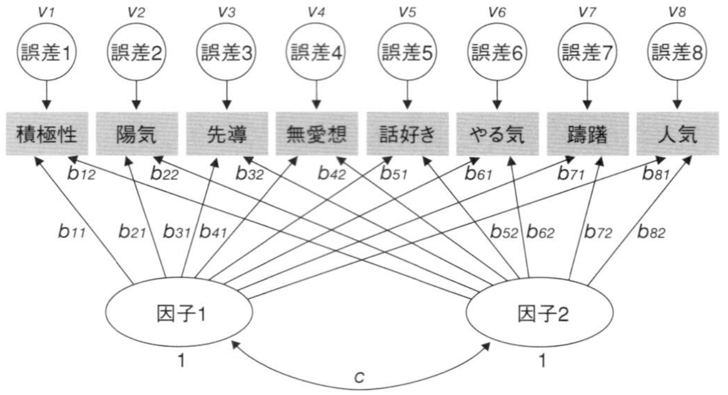

図11.1 性格データ（表8.1(A)）の探索的2因子モデル

字「変数6←因子2」のように，パスの方向に対応する矢印を添え字につけて，頭にとどめておくのがよいかもしれない。

11.2. モデルとその識別性

図11.1のモデルを式で表そう。まず，因子1と因子2については，8.6節に記した確認的分析の場合と同じ理由により，

各因子の平均 = 0，各因子の分散 = 1 (11.1)

と制約する。

さて，各観測変数は，2つの因子と誤差からパスが届くので，例えば，積極性は，「積極性 = b_{11} ×因子1 + b_{12} ×因子2 + 切片 + 誤差1」のように，因子1と因子2を説明変数とした重回帰モデルで表せる。ここで，各因子の平均は0であり，さらに，観測変数も平均0の平均偏差得点に変換したものを分析対象とすれば，5.8節の重回帰分析の場合と同様に，切片が0になる以外は，係数やその他のパラメータの解は同じである。そこで，以下では，**平均偏差得点が分析対象である**と仮定し，切片を省いた式を基本とする。この要領で，8個の観測変数に関する式を，（途中の変数を略して）列挙すると，

$$
\begin{aligned}
積極性 &= b_{11} \times 因子1 + b_{12} \times 因子2 + 誤差1, \\
陽\ 気 &= b_{21} \times 因子1 + b_{22} \times 因子2 + 誤差2, \\
&\vdots \\
人\ 気 &= b_{81} \times 因子1 + b_{82} \times 因子2 + 誤差8
\end{aligned}
\tag{11.2}
$$

となる。

独自性（誤差の分散）と因子間相関も，次のように，式で表しておこう。

**積極性の独自性 = v_1，陽気の独自性 = v_2，…，人気の独自性 = v_8，
因子1と因子2の相関係数 = c.** (11.3)

さらに，確認的方法の場合（8.6節）と同様に，各因子について，①「異なる誤差どうしの相関係数＝0」，および，②「因子と誤差の相関係数＝0」という条件がある。以上のモデルが，観測変数を指標として，因子が測定される様子を表す**測定方程式（モデル）**である。

表11.1　斜交解*

変数	因子1	因子2	独自性
積極性	$b_{11}=$　0.82	$b_{12}=$　0.06	$v_1=0.26$
陽気	$b_{21}=-0.16$	$b_{22}=$　0.85	$v_2=0.38$
先導	$b_{31}=$　0.75	$b_{32}=$　0.03	$v_3=0.41$
無愛想	$b_{41}=-0.03$	$b_{42}=-0.82$	$v_4=0.30$
話好き	$b_{51}=$　0.02	$b_{52}=$　0.90	$v_5=0.18$
やる気	$b_{61}=$　0.88	$b_{62}=$　0.00	$v_6=0.22$
躊躇	$b_{71}=-0.83$	$b_{72}=$　0.10	$v_7=0.39$
人気	$b_{81}=$　0.22	$b_{82}=$　0.59	$v_8=0.47$
相関	\multicolumn{2}{c}{$c=0.50$}	

* プロマックス回転による。SPSS（BASE）の「データの分解→因子分析（最尤法）」を使用

計算原理は6章〜前章までと同じであり，上記のモデルから導かれる共分散構造と，データ（表8.1（A））に基づく標本共分散行列（表9.1（A））の相違度，すなわち（7.5）式を最小にするパラメータ $b_{11}, \cdots, b_{82}$, $v_1, \cdots, v_8$, c（図11.1に記号で表したもの）の解が算出される。これらの標準解を（パス図に記すと図が煩雑になるので）表11.1に示す。

ここで大切なことは，表11.1が唯一の解ではないことである。後述する表11.3もまた解である。表11.1や表11.3以外にも，解が存在する。すなわち，**因子数が2つ以上の探索的因子分析のモデルは，（7.5）式を最小にする解が複数組あり，識別されない**。表11.1と表11.3に示した解は，こうした複数組の解の中から，後述する「回転」という手続きによって選定された，最終結果とすべき解である。上記の「回転」，表11.1と表11.3の題名の「斜交解・直交解」の意味，および，表の脚注に記された「回転の名称」は，11.6節や12章で解説する。こうした解説の前に，次節から11.5節で，表11.1や表11.3の解釈を行う。

なお，一般に，探索的因子分析では，変数の分散が1になるように調整された**標準解**だけが報告されるので，表11.1および表11.3ともに，標準解だけを表示している。

11.3. 斜 交 解

表11.1の $b_{11}, \cdots\cdots, b_{82}$ の各係数を因子負荷量と呼ぶことは前述したが，計16個の $b_{11}, \cdots\cdots, b_{82}$ をまとめた8変数×2因子の表（行列）を指して，**因子パターン**と呼ぶことがある。つまり，因子負荷量と因子パターンは同じものを指すが，前者は個々の係数，後者は複数の係数を総体として表す用語である。この節では，これらの係数の解から，因子の解釈を行う。

因子1と因子2がどのような概念に対応するかは，因子ごとに，**因子負荷量の絶対値が大きい変数**に着目することによって解釈できる。この解釈法は，図11.2より直感的に理解できよ

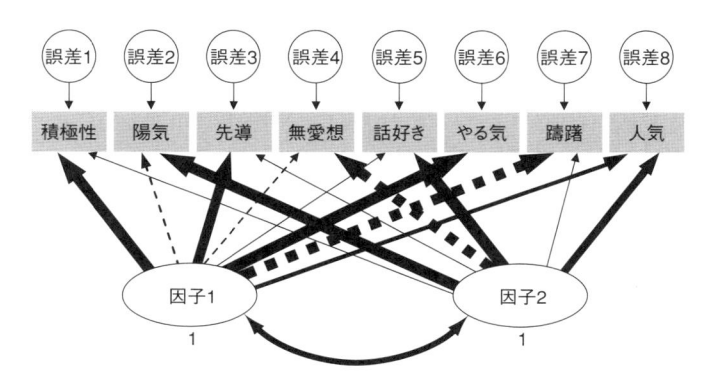

図11.2　因子負荷量の絶対値に比例させた太さのパス

う。この図は，パスの太さを表11.1の因子負荷量の絶対値に比例させたものであり，マイナスの負荷量に対応するパスは点線で描いている。この図より，各因子が，太いパスの先にある変数に共通する要因になっていることが，理解できよう。以下，図11.2と表11.1を参照しながら，各因子が何を表すかを解釈していこう。

まず，**因子1**は，積極性・先導・やる気・躊躇に絶対値の大きい負荷を示して，これらに共通する要因といえる。さらに，躊躇にはマイナスの負荷を示している。すなわち，因子1の値が大きい個体ほど「積極的で，他者を先導し，やる気があり，躊躇しない」傾向があるといえる。以上の4変数の共通要因となる因子1は，「活動性の因子」とでも命名できよう。次に，**因子2**が絶対値の大きい負荷を示すのは，陽気・無愛想・話好き・人気であり，無愛想への負荷はマイナスである。こうした変数の共通要因となる因子2は「社交性の因子」と命名できよう。なお，負荷量の絶対値がどのくらいの値以上であれば「大きい」といえるかの基準はなく，変数間の相対的比較に基づくしかない。

上記の解釈によれば，8つの変数は，活動性の因子を反映する変数と，社交性の因子を反映するものに分類される。なお，変数「人気」は因子2の社交性を主に反映するものの，因子1の負荷も小さくはなく，因子1の活動性の影響も受けると解釈できる。

因子間相関 c の解は，正の値0.5であり，因子1（活動性）の値が大きい個体は，因子2（社交性）の値も大きい傾向がうかがえる。

さて，表11.2（A）のように，**観測変数と因子の相関係数をまとめた表（行列）を因子構造**と呼ぶ。例えば，先導と因子1との相関係数 = 0.77 は，表11.2（B）に記した2つの数値列の相関，すなわち，各個体の変数（先導）の値と，各個体の因子1の値の相関係数を意味するが，各個体の因子の値は未知である。しかし，（次の式の導出法は理解しなくてよいが）「先導と因子1の相関係数 = $b_{31} + b_{32}c$」のような**理論式**で表せ，この式に，表11.1の解を代入すれば，$0.75 + 0.03 \times 0.50 = 0.77$ となる。表11.2（A）の他の相関係数も同様の理論式から算出されている。因子パターンとともに因子構造が，結果として報告されることがあるが，因子の解釈には，表11.1（A）の因子パターン（因子負荷量）を用いる方がよいだろう。

表11.2 変数と因子の相関

(A) 因子構造*

変数	因子1	因子2
積極性	0.86	0.48
陽気	0.27	0.77
先導	0.77	0.40
無愛想	−0.44	−0.84
話好き	0.47	0.91
やる気	0.88	0.44
躊躇	−0.78	−0.32
人気	0.52	0.70

(B) 変数と因子の数値列の例

個体	先導	因子1
1	9	個体1の因子1の値
2	5	個体2の因子1の値
3	7	個体3の因子1の値
・	・	・
・	・	・
・	・	・
相関		0.77

* SPSS（BASE）の「データの分解→因子分析（最尤法）」を使用

11.4. 重回帰モデルと共通性・独自性

図11.3には，変数の「人気」，およびそれとパスで結ばれた部分だけを図11.1から抜き取って描き，パラメータの解の値（表11.1）を付した。なお，標準解であることを示すため，変数と因子の横に分散を示す1を付した。この図から，因子分析のモデルは，個々の観測変数に限定して見ると，それを従属変数，因子を説明変数とした重回帰モデルと見なせることが理解

できよう。従って，因子負荷量（パス係数）や誤差の分散（独自性）は，4章や5章に記した**重回帰分析**の場合と同様に，解釈ができる。

例えば，因子2の人気への**因子負荷量**0.59は，「因子1を一定とすれば，因子2の値が1だけ増えるのに伴って，人気の標準得点は平均して0.59だけ上昇する」ことを意味する。また，人気の**独自性**0.47は，人気の分散（高低）の中で，因子1および因子2の大小では説明できずに残る成分の大きさが，47％（= 0.47）を占めることを表す。

1から独自性を減じた値が，「観測変数の分散（大小）の中で，説明変数である因子の大小によって説明される成分の割合」つまり**分散説明率**であり，これを，因子分析の分野では，**共通性**と呼ぶ。すなわち，(8.1)式を再掲することになるが，

$$\text{共通性} + \text{独自性} = 1 \tag{11.4}$$

である。図11.3（A）の人気の共通性は，0.53（= 1 − 0.47）であり，これは，「人気の分散（高低）のうちの53％は，因子1と因子2の大小によって説明される」ことを表す。

「人気」以外の変数も，関連する部分だけを抜き出すと，図11.3と同様の図で表せる。ここで，表11.1にもどり，変数間で**独自性の高低を比較**しよう。例えば，「話好き」や「やる気」は独自性が低い，言い換えれば，共通性が高く，因子1と因子2の値の大小をよく反映する変数といえる。一方，相対的に独自性の高い「先導」や「人気」は，2つの因子では説明できない独自の成分が，それらの分散の多くを占めるといえる。

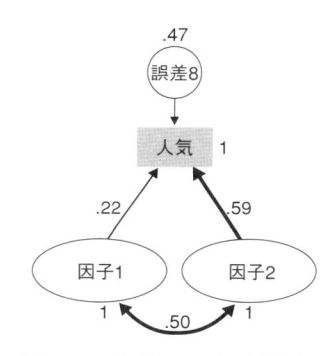

図11.3 パス図から人気に関係する部分だけを抜き取った図

さて，表11.1のような結果ではなく，仮に，「独自性が負，つまり，共通性が1を越える」といった解が得られたとしよう。共通性や独自性は0以上で1以下の値をとる指標であるため，このような解は，9.5節で解説した**不適解**であり，結果として採用すべきでない。

11.5. 直交解

表11.3に，表11.1とは異なる別の解を示す。ここで，**因子間相関** c が0であることに着目しよう。探索的因子分析の複数組の解の中には，必ず $c = 0$ である解が含まれ，こうした解を，**直交解**と呼ぶのに対して，表11.1のように c が0でない解を，**斜交解**と呼ぶ。

まず，表11.3と表11.1を見比べると，別の解でありながら，独自性だけは等しいことがわかる。この2つの解に限らず，複数組の解の間で，因子負荷量は互いに異なるが，**独自性の解だけは互いに等しい**。従って，解の間で共通性（= 1 − 独自性）も等しくなる。独自性と共通性の解釈の仕方は，直交解においても斜交解の場合と同じである。

直交解の**因子負荷量**の解釈法も，斜交解の場合と同じである。表11.3を見ると，因子1が絶対値の大きい負荷量を示す変数は，積極的・先導・やる気・躊躇であり，因子1は「活動性の因子」と解釈できよう。また，因子2が絶対値の大きい負荷量を示す変数は，陽気・無愛想・話好き・人気であり，この因子は「社交性」を表すと解釈できる。

一般に，直交解は，斜交解に比べて「因子負荷量の絶対値が大きい変数と小さい変数の区別」が**不明瞭**になる。例えば，斜交解（表11.1）の因子2の負荷量を見ると，絶対値の大きい変数

表 11.3　直交解＊

変数	因子1	因子2	独自性
積極性	$b_{11}=$ 0.81	$b_{12}=$ 0.28	$v_1=0.26$
陽気	$b_{21}=$ 0.07	$b_{22}=$ 0.78	$v_2=0.38$
先導	$b_{31}=$ 0.73	$b_{32}=$ 0.22	$v_3=0.41$
無愛想	$b_{41}=-$ 0.24	$b_{42}=-$ 0.80	$v_4=0.30$
話好き	$b_{51}=$ 0.25	$b_{52}=$ 0.87	$v_5=0.18$
やる気	$b_{61}=$ 0.85	$b_{62}=$ 0.23	$v_6=0.22$
躊躇	$b_{71}=-$ 0.77	$b_{72}=-$ 0.12	$v_7=0.39$
人気	$b_{81}=$ 0.37	$b_{82}=$ 0.63	$v_8=0.47$
相　関	$c=0.00$		

＊ バリマックス回転による。SPSS（BASE）の「データの分解→因子分析（最尤法）」を使用

の群1「陽気・無愛想・話好き・人気」に対して，残りの変数の群2「積極性・先導・やる気・躊躇」の負荷量は，それぞれ，0.06，0.03，0.00，0.10と小さく，変数の群1と群2の違いが明瞭である。一方，**直交解**（表11.3）では，変数の群2「積極性・先導・やる気・躊躇」の因子負荷量はそれぞれ0.28，0.22，0.23，－0.12であり，斜交解の場合ほど絶対値は小さくはなく，変数の群1と群2の違いが明瞭ではない。

さて，斜交解にはなく，直交解だけが持つ**3つの性質**を，①，②，③として以下に記す。

①因子負荷量が，因子と観測変数の相関係数に一致する。従って，「**因子パターン＝因子構造**」，すなわち，表11.3の因子パターンが因子構造でもある。

②各変数について，因子負荷量の2乗を，因子を通して（表11.3の横方向に）合計した値は，**共通性**に等しくなる。つまり，各変数について，「因子負荷量の2乗の和＝共通性」が成り立つ。例えば，表11.3の人気については，2つの因子負荷量の2乗和は$0.37^2+0.63^2=0.53$となり，これが，共通性（つまり1－独自性）$1-0.47=0.53$に一致する。

③各因子について，因子負荷量の2乗を，変数を通して（表11.3の縦方向に）合計した値は，因子の**寄与**と呼ばれ，これを，観測変数の分散の合計で除した値は，因子の**寄与率**と呼ばれる。表11.3より，因子1の寄与は$0.81^2+0.07^2+0.73^2+\cdots+(-0.77)^2+0.37^2=2.78$であり，因子1の寄与率は，寄与2.78を，8変数の分散の合計（各変数は標準化されているので$1+1+\cdots+1=8$）で除して，$2.78/8=0.35$となる。これは，8変数の分散の総和8のうち35％（＝0.35）は，因子1の大小によって説明されることを表す。同様にして，因子2の寄与は$0.28^2+0.78^2+\cdots+0.63^2=2.60$，寄与率は$2.60/8=0.33$となり，変数の分散の総和のうち33％は，因子2の大小によって説明されることを表す。以上のような解釈ができる因子寄与および寄与率を，（理由は省くが）斜交解からは算出できない。

以上の①，②，③の性質をみると，因子負荷量やその2乗和が他の統計指標も表して，直交解の方が簡明で扱いやすいように思われる。しかし，現在では，むしろ斜交解を採用する方が主流である。その理由は11.7節に記す。

11.6. 分析のプロセス

ここまで，表11.1の斜交解や表11.3の直交解を，結果として採用される解として説明したが，他にも解が存在して，探索的因子分析は複雑な側面を持つ。こうした側面を整理するため，分析の手順を3段階に大別して説明する。

探索的因子分析では，図11.4の（A）に記すように，①，②，③の3段階を経て，③の結果が最終的に採用すべき解となる。まず，最初の**段階**①は，分析の前段階であり，まず，分析者自身が，**因子数**を幾つにするかを決めることである。ここまでは，因子の数を2とした例を掲げたが，例えば，因子数を1あるいは3とした方が適切かもしれない。この因子数の選定については，次章に記す。

段階②と③を理解するために，まず，図11.4の（B）を見よう。この図は，模式的に，複数

11.6. 分析のプロセス

段階	作業
①	因子数の選定
②	解の1つを求める
③	回転

(A) 分析の手順

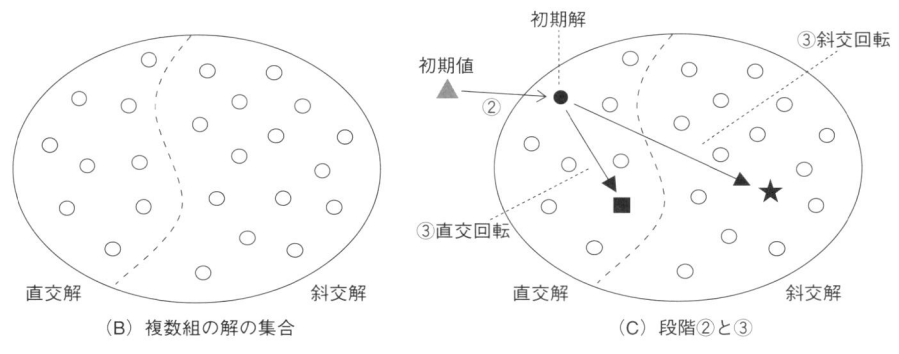

(B) 複数組の解の集合

(C) 段階②と③

図11.4 探索的因子分析の手順と，複数組の解の中で最終的な解にたどり着くプロセスの模式図

組ある解の各組を，1つの白い丸の点で表したものである。例えば，表11.3の解，すなわち，$\{b_{11} = 0.81, \cdots, b_{82} = 0.63, v_1 = 0.26, \cdots, v_8 = 0.47, c = 0\}$というパラメータの値の集合が，1つの点（白い丸）に対応している。なお，境界線の左側の複数の点が，複数組の直交解を表し，右側が複数の斜交解を表している。

段階②では，複数組の解の中で「とりあえず」，計算上，最も求めやすい解を求める。この解を**初期解**と呼ぶ。図11.4の（C）は，（B）と同じであるが，（C）には，初期解を黒い丸で描いた。一般に，斜交解より直交解の方が求めやすく，初期解は，直交解の中の，ある1組の解となる。さて，図11.4（C）には，「初期解」とは別に，楕円の圏外に，「初期値」と付された三角が描かれている。この**初期値**とは，「解ではないが，解に近いと考えられるパラメータの値の組」である。実は，探索的因子分析の計算（次節に記す最尤法・最小二乗法）では，「初期値を出発点として初期解にたどり着く」と表現できる計算法が採られている。以上が，図11.4の（A）の段階②であり，（C）では②と付した矢印で表されている。

前段の段階②で初期解が得られれば，今度は，初期解を出発点とし，**回転**という手続きによって，複数組の解の中でも「有用な解」を見つけ出すステップが**段階③**である。ここでいう「有用な解」の意味と回転の詳細は次章に記すが，回転は，直交回転と斜交回転に大別されることだけを，ここに記しておく。**直交回転**とは，図11.4（C）で黒い四角に届く矢印で描いたように，直交解の領域に限定して，「有用な解」にたどり着くための方法であり，たどり着いた直交解が表11.3である。図11.4（C）では，この解を，黒い四角で表している。一方，**斜交回転**とは，直交解の領域に限定せず，解の集合全体の中で最も有用な解にたどり着くことを目指す方法であり，たどり着いた解が，表11.1の斜交解である。図11.4（C）では，この解を，黒い星印で表している。

なお，次章に記すように，直交回転，および，斜交回転の中にも種々の方法があり，表11.3はバリマックス回転という直交回転法による解，表11.1はプロマックス回転という斜交回転法による解である。バリマックス回転やプロマックス回転とは異なる回転法を用いれば，図11.4（C）の黒い四角・星印とは異なる解（白い丸のいずれか）に，たどり着くことになる。

10章までの共分散構造分析では，解が1組に限られるので，図11.4（A）の段階②で計算が終了するが，モデルが識別されない探索的因子分析では，複数組から1組の解を選び出すのに，

段階③を要するわけである。

11.7. 古い方法から新しい方法へ

図11.4（A）の段階②、③の具体的手順として、「②で主因子法という計算原理を使って、③で直交回転を行う」という手順（古い方法）が因習的に使われてきたが、現在では、「②で最尤法または最小二乗法を使って、③で斜交回転を行う」こと（新しい方法）が勧められる。上記カッコ内の下線を引いた用語の位置づけを解説するのが、本節の目的である。

表11.1と表11.3は、段階②で、最尤法という計算原理に基づいて求められた初期解に、段階③の回転を行った結果である。段階②の計算原理として、最尤法以外に、最小二乗法や主因子法といった方法があり、読者は、各方法の内容を知る必要はないが、次の段落に記すことだけを頭にとどめておいてほしい。

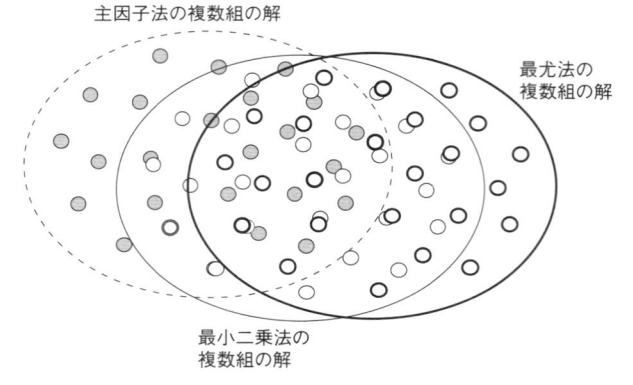

図11.5　計算原理によって解の集合が相違することを描いた模式図：
●主因子法の解、○最小二乗法の解、◯最尤法の解

解およびそれらの集合を表す図11.4（B）の点と楕円を、ずらして、3種の点の集まりと楕円を描いたのが図11.5である。この図11.5が模式的に表すように、最尤法・最小二乗法・主因子法のいずれを用いるかによって、複数組の解の集合が幾分異なってくる。従って、図11.4（C）に描く段階②の初期解および③の最終的な解も、3つの計算原理の間で異なってくる。この中で、**主因子法**は、慣習的によく用いられてきたが、「計算技術が進歩していなかった過去の簡便計算法」である。一方、**最尤法**は、3つの方法の中で最も洗練された原理に基づくが、不適解を出力しやすい傾向がある。ただし、不適解の発生は、次の理由で、最尤法の短所とはいえない。不適解は、データが因子分析のモデルにそぐわないときに得られ、洗練された最尤法は、「データがモデルにそぐわない」ことにも敏感で、不適解を生じやすい。なお、不適解を避けたい場合には、**最小二乗法**を使うのがよいだろう。

さて、段階③で、斜交回転を用いて得られる斜交解と、直交回転による直交解のいずれを、結果として採用すべきであろうか。かつては、直交解がよく採用された。しかし、**直交解**を導く直交回転は、因子間相関cが0となる解の領域に限定して、最終的な解を見出そうとする方法であり、$c = 0$、つまり、因子どうしが互いに無関係であると限定することは、次の意味で不自然である。因子分析の目的を大局的にいえば、「現象を説明するための重要概念である因子を探りだすことにある」が、現象を説明する概念どうしが無関係であると決めつけることは、学問的に不自然である。以上のことから、因子どうしが無相関でなければならない特別な理由がない場合には、**斜交解**が勧められる。

実は、過去の因子分析の研究者も、A)「主因子法・直交回転」よりも、B)「最尤法（または最小二乗法）・斜交解」が望ましいことを認識していたが、コンピュータや計算技法が未発達であったため、A)にとどまらざるを得なかった。しかし、現在はB)を実行できる環境になっているので、B)を用いるのが望ましいわけである。

11.8. 相関関係からみた因子分析

この節では，変数間の相関関係から，因子分析の基本的な考え方を再考する．表11.4には，性格データの8変数間の**相関係数**を示すが，読者は，「表11.4の相関係数を見渡して，変数間の因果関係を考察する立場」に在る自分を想像しよう．

表11.4 性格データ（表8.1（A））から得られた相関行列*

変数	積極性	先導	やる気	躊躇	陽気	無愛想	話好き	人気
積極性	1.00							
先導	0.66	1.00						
やる気	0.74	0.69	1.00					
躊躇	−0.68	−0.56	−0.69	1.00				
陽気	0.30	0.23	0.22	−0.16	1.00			
無愛想	−0.39	−0.38	−0.38	0.30	−0.64	1.00		
話好き	0.44	0.36	0.43	−0.29	0.70	−0.76	1.00	
人気	0.50	0.42	0.46	−0.31	0.53	−0.59	0.63	1.00

* 変数の順序は，表8.1とは異なり，因子分析の結果で因子1に関する変数は左・上，因子2に関連する変数は右・下に並べた．

例えば，積極性とやる気の相関係数は0.74と高い．この相関から，図11.6の（A）に描くように「積極的だから，やる気がある」といった因果や，（B）のような逆の因果が考えられるかもしれない．しかし，（A），（B）のような変数間の因果ではなく，（C）に描くように，積極性とやる気の背後には，共通する原因として，活動性とでも呼べる共通因子があり，「因子が高いから，積極的であり，やる気もある」と考える方が自然だろう．このように，複数の変数の背後に**共通の要因**を考えることが，因子分析の基本的着想の1つといえる．

図11.6 変数間の相関を表す因果モデル
（A）変数間の因果
（B）変数間の因果
（C）原因を共有する変数

共通の因子を想定することが自然なケースは，上記の例の他にも多い．例えば，「走り幅跳び」と「走り高跳び」の記録に相関が見られた場合，「幅跳び→高跳び」（またはその逆）といった変数どうしの因果を考えるより，両変数は「跳躍力」といった共通の因子を反映すると考える方が自然だろう．

なお，表11.4の8つの変数を，変数群1「積極性・先導・やる気・躊躇」と変数群2「陽気・無愛想・話好き・人気」のように2群に分けて，変数間の相関係数を見ると，変数群1，変数群2それぞれの群内の相関係数（表の左上・右下部）の絶対値が，群間の相関係数（表の左下部）の絶対値より大きいことがうかがえる．このことは，図11.2のように，因子1の負荷が大きい変数群1と，因子2の負荷が大きい変数群2があることを示す2因子モデルと整合する．

探索的因子分析（その2）と主成分分析（その2） 12

本章では，前章と同じく表8.1の性格データを例にして解説を行うが，前半と後半で幾分異なる2つの話題を扱う。まず，前半では，探索的因子分析について，11章で説明せずに残った**因子数**選定と**回転**の詳細を解説した後，因子得点に言及する。

後半は，主成分分析（PCA）を扱う。PCAは，3章とは異なる方法で定式化することができ，この定式化では，PCAと因子分析が類似する手法であることがうかがえる。しかし，PCAと因子分析は異なる分析法である。こうした**PCAと因子分析の類似性と相違**を解説する。

12.1. 因子数の選定

既に記してきたように，複数の観測変数がより少数の共通因子によって説明されると考えることが，因子分析の基礎であり，前章では，性格データの8変数を説明する因子の数が2であることを前提として，解説を行った。しかし，この節では，分析前に**因子の数が未知**であるケースを想定する。こうした場合には，図11.4（A）の段階①，つまり，因子数を選定する作業が必要になる。因子数の選定には多数の方法があるが，本書では，その中でも簡便な，**相関行列の固有値**に基づく2つの方法を取り上げる。なお，これらの方法の理由づけは，12.8節に記すので，ここでは手順だけを述べる。

一般に，相関係数の行列からは固有値という数値が，変数の個数と同じだけ得られ，**1以上の固有値の数**を因子数とするのが，因子数選定法の1つである。性格データの相関行列（表11.4）からは，大きい順に，第1固有値 = 4.38，第2固有値 = 1.63，…，第8固有値 = 0.20が得られ，これらを順にプロットしたのが図12.1であるが，1以上の固有値は2つであるので，因子数は2となる。ソフトウェアの中には，この選定法で自動的に因子の数を決めて，その因子数での因子分析結果を出力するものもある。

もう1つの方法は，各固有値を結んだ折れ線の変化に着目する方法である。すなわち，折れ線の下降度が緩やかになる固有値の番号から1を引いた値，つまり，「折れ線の屈曲点の番号 − 1」を因子の数とする。図12.1では第3固有値のところで折れ線が屈曲し，3 − 1 = 2が因子数となる。以上の選定法を**スクリー基準**と呼ぶが，この名称は，図12.1のような折れ線を**スクリープロット**と呼ぶことによる。

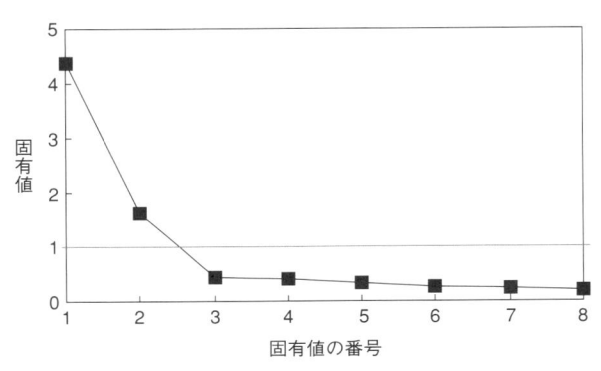

図12.1 相関行列（表11.4）の固有値のスクリープロット
SPSS（BASE）の「データの分解→因子分析」を利用後，
グラフ作成にはExcelを使用

性格データでは，上記の2つの方法ともに「因子数は2」という答えであったが，選定法の間で答えが一致しないことも多い。しかし，上記の方法および紹介しなかった他の方法の中で，どれが最も妥当であるかは明らかにされていない。従って，因子数の選定には，統計的基準だけでなく，結果を見たうえで分析者自身が納得できる程度や，過去の研究の知見など，**統計学以外の根拠**も重要である。

12.2. 因子軸の回転

因子数が決まれば，複数組の解の1つである初期解を求めることになるが，因子数を2としたときの性格データの初期解を，表12.1（A）に掲げた。この初期解に，図11.4（A）の段階③の回転が適用される。その結果が前章の表11.3の直交解または表11.1の斜交解である。これらを，表12.1の（C）および（D）に再掲した。なお，11.5節に記したように，複数組の解の間で独自性だけは等しいので，表12.1に独自性は記していない。

表12.1 初期解と回転後の解の因子パターン（負荷量）*と因子間相関

変数	(A) 初期解		(B) ある回転後の斜交解		(C) 表11.3の直交解		(D) 表11.1の斜交解	
	因子1	因子2	因子1	因子2	因子1	因子2	因子1	因子2
積極性	0.77	−0.38	1.03	−0.76	0.81	0.28	0.82	0.06
陽気	0.61	0.50	0.56	0.32	0.07	0.78	−0.16	0.85
先導	0.67	−0.36	0.90	−0.69	0.73	0.22	0.75	0.03
無愛想	−0.74	−0.40	−0.75	−0.15	−0.24	−0.80	−0.03	−0.82
話好き	0.79	0.43	0.80	0.16	0.25	0.87	0.02	0.90
やる気	0.76	−0.44	1.04	−0.82	0.85	0.23	0.88	0.00
躊躇	−0.63	0.46	−0.89	0.79	−0.77	−0.12	−0.83	0.10
人気	0.70	0.18	0.77	−0.09	0.37	0.63	0.22	0.59
因子間相関	0.00		0.57		0.00		0.50	

* 比較的，絶対値の大きい因子負荷量のセルに，灰色を塗った。

表12.1の（A），（C），（D）をはじめとした**複数組の解**の間には，**一定の関係**があり，この関係を描いたのが図12.2である。この図の（A）は，表12.1（A）の初期解の因子負荷量に基づいて，各変数をベクトル（矢印）で表したものである。つまり，因子1と因子2と記した軸上で，ベクトルの終点の座標値が因子負荷量となるように，変数を表した図である。例えば，「躊躇」は因子1と2の負荷量［−0.63, 0.46］を終点としたベクトルで描かれている。実は，この図12.2（A）の変数ベクトルを固定したうえで，**「因子の各軸を自由に回転して得られる座標値，および，軸間の角度のコサイン」**が，**因子負荷量および因子間相関の複数組の解**となる。

例えば，図12.2の（B）は，（変数ベクトルは固定して）初期解（A）から因子1の軸を左に20度，因子2の軸を右に15度回転した図である。この図で，「変数ベクトルから，各因子の軸へ，他の因子軸に平行に降ろした線の先の座標値，および，軸間の角度のコサイン」は，初期解と同様に，因子負荷量・因子間相関の解となる。例えば，躊躇のベクトルの終点の座標値は，図12.2（B）の軸では［−0.89, 0.79］であり，同様にして求めた他の変数ベクトルの座標値を，表12.1の（B）の因子負荷量の欄に掲げ，また，2つの因子軸がなす角度55度のコサイン $\cos 55° = 0.57$ を，表12.2（B）の因子間相関の欄に掲げたが，これらも，因子分析の解である。すなわち，図11.2（B）のように，軸を自由に回転して得られる因子負荷量・因子間相関も，(7.5)式の共分散構造と標本共分散行列の相違度を最小にする解となる。

しかし，「自由に因子軸を回転した結果も解である」と回転をまかされても，分析者は困っ

(A) 初期解

(B) 因子1の軸を左に20度
因子2の軸を右に15度回転したときの解

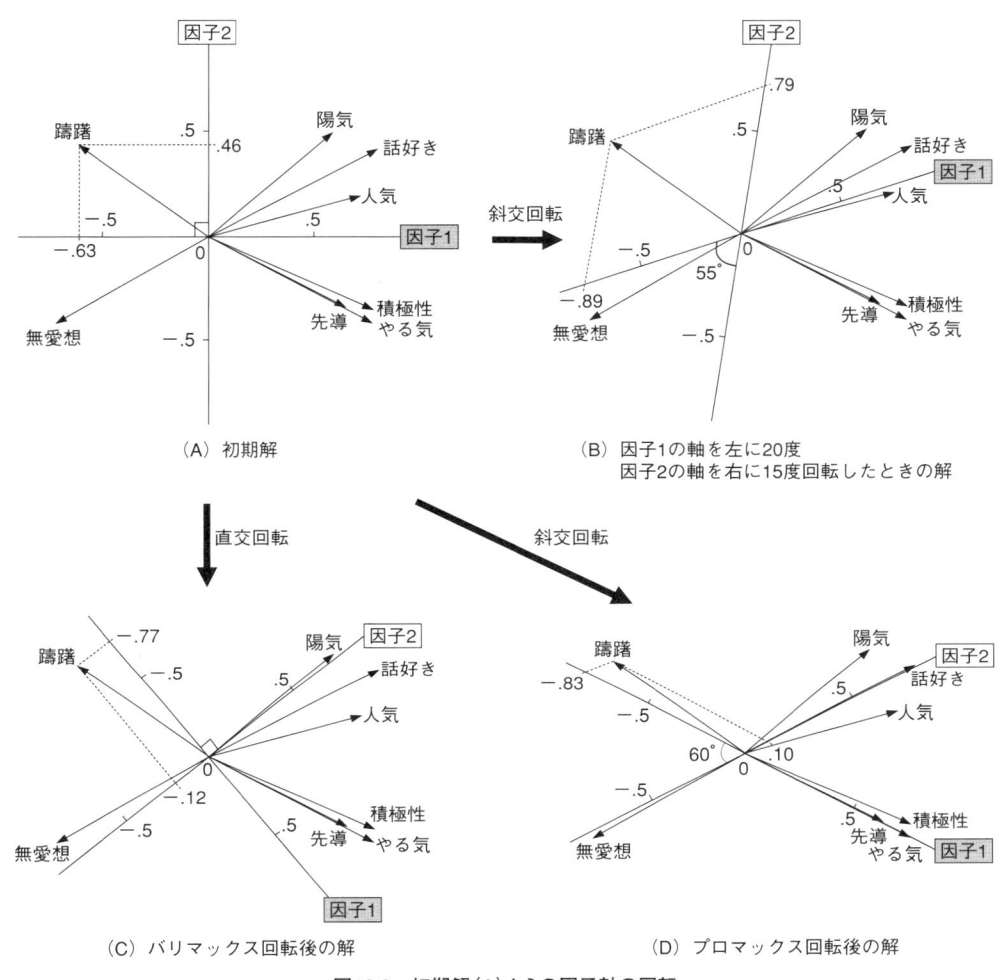

直交回転

斜交回転

(C) バリマックス回転後の解

(D) プロマックス回転後の解

図12.2 初期解(A)からの因子軸の回転

てしまう。そこで，ある「基準」をできるだけ満たすように因子軸を回転する方法が考案され，それに基づく解が，表12.1の（C）や（D）である。その基準を次章で説明する。

12.3. 単純構造を目指した回転

再び，表12.1の**初期解（A）**を見よう。（A）の因子2には，負荷量の絶対値が大きいことを示す灰色のセルはなく，因子2はどの変数の原因にもなっていないと解釈できる。しかし，これは，「複数の変数に共通する原因が，因子である」という因子分析の基本的考え方に反する。一方，（A）の因子1は全ての変数に高い負荷を示して，「因子1がすべての変数に寄与する」といえ，「因子2は不必要である」と解釈できる。しかし，これは「因子数を2つとする」ことに矛盾する。次に，表12.1の**解（B）**を見ると，（A）と同様に，因子1はほとんどの変数に寄与する。一方，因子2が高い負荷を示す「積極性・先導・やる気・躊躇」の4変数は，因子1からの負荷も高く，因子2が何を表すかの明瞭な解釈が難しい。

以上の表12.1の（A）や（B）のような解ではなく，表12.2に例示するような因子パターンが得られれば，因子分析の考え方にも合致して，解釈もしやすい。この表12.2は，「大」と「小」の文字で因子負荷量の絶対値の大・小を表し，

「各因子について，負荷量の絶対値が大きい変数と小さい変数が分かれ，
　かつ，因子間で負荷量の絶対値が大きい変数が異なる」　　　　　　(12.1)

表 12.2　単純構造の例

	因子1	因子2
変数1	小	大
変数2	大	小
変数3	大	小
変数4	小	大
変数5	大	小
変数6	小	大
変数7	大	小
変数8	小	大

という，いわば理想的パターンを模式的に示す。表 12.2 のような，つまり，(12.1) に記すような因子パターンを，**単純構造**と呼ぶ。実は，表 12.2 (C)，(D) の解は，因子パターンが単純構造になることを目指して，初期解 (A) の因子軸を回転した結果である。

ここで，図 12.2 に戻ろう。このベクトル図では，「因子から変数への負荷量の絶対値が大きいこと」は，「その変数ベクトルと因子の軸が同様の方向を向くこと」に対応し，「負荷量の絶対値が小さいこと」は，「変数ベクトルと因子軸が異なる方向を向くこと」に対応する。従って，前段に記した単純構造，すなわち，(12.1) の内容は，図 12.2 に即して言い換えれば，

「ある因子軸は幾つかの変数ベクトルと同様の方向を向き，
　別の因子の軸は別の幾つかの変数ベクトルと同様の方向を向く」　　　(12.2)

ことを意味する。図 12.2 (C) は，初期解から，2 つの因子軸が直交する（直角に交わる）という条件を保ったまま，上記の (12.2) の状態になるように，因子軸を回転させた結果である。この図 12.2 (C) が，実は，表 12.1 (C) すなわち表 11.3 の直交解を表す。なお，直交解では，因子軸間の角度が 90°であるので，因子間相関は $\cos 90° = 0$ となる。

上記のように，回転前の軸間の角度を保ちながら，複数軸を同時に回転させることを**直交回転**と呼ぶのに対して，各因子の軸を別々に回転させることを**斜交回転**と呼ぶ。図 12.2 (D) は，(12.2) に記した状態になるように，因子軸を斜交回転させた結果であり，これが，表 12.1 (D) すなわち表 11.1 の斜交解を表す。直交回転に比べて，斜交回転には，軸どうしの直交性を保つという制限がないため，(12.1) と (12.2) に記した理想的状態をよりよく達成できる。この性質は，因子1の軸の方向と，積極性・やる気などのベクトルの方向が，図 12.2 (C) ではやや異なるのに対して，図 12.2 (D) ではほぼ同じ方向であることから，うかがえよう。

以上の回転は，「コンピュータが図 12.2 を思い浮かべて，軸を回して」なされるのではない。実際には，(12.1) や (12.2) に記す単純構造の達成度，すなわち，因子パターンの「単純性」を数式で定義して，**単純性が最大**になるような因子軸の回転角度を求めるという計算が行われている。この単純性の定義式の違いによって直交回転・斜交回転それぞれの中にも種々の回転法があり，表 12.1 (C) は，直交回転の中でも著名な**バリマックス回転**という回転法を使った結果であり，表 12.1 (D) は，斜交回転の中でも，近年よく利用される**プロマックス回転**という方法を使った解である。

12.4. 因子得点

図 11.4 (A) の段階③（前節の回転）で最終的な解を求めれば，因子分析は終了となる。しかし，もし必要があれば，段階④として，解と各個体のデータに基づいて，事後的に，個体の

因子得点を求めることができる。この**因子得点**とは，各個体の因子の大小を数値で表す得点である。表12.3 には，表11.1 の斜交解に基づく因子得点を示す。11.3 節の解釈に基づけば，因子1の得点は各個体の活動性，因子2の得点は社交性を表すと見なせる。

なお，表12.3 の因子1と因子2の得点の相関係数は 0.55 となるが，これを因子間相関と呼ぶのではない。因子間相関は，表11.1 に記したパラメータ c の解 0.5 を指す。

表12.3　斜交2因子解に基づく因子得点*

個体	因子1	因子2
1	2.28	2.13
2	−1.58	−2.53
3	−0.16	0.66
·	·	·
·	·	·
·	·	·
99	−0.24	−1.26
100	−0.12	−1.35

* SPSS（BASE）の「データの分解→因子分析（最尤法）」を使用

12.5. 主成分分析の2つの表現

探索的因子分析と関連する手法に，**主成分分析**（PCA）があるが，3章の説明を思い出すと，上記の関連は思いつかないだろう。そこで，3.8節でのPCAの説明から順次解説を進め，次節で，PCAが因子分析と類似した図式で表せることを示す。

PCAを，個体数が変数より多いデータに適用すれば，変数と同数個の主成分得点が求められ，例えば，8変数の性格データにPCAを適用すると第1～第8主成分得点が得られる。これらの得点は，3.8節に記したように，**変数の重みつき合計得点**として表せる。以下，第1主成分得点の「得点」を省略して「第1主成分」のように記し，重みつき合計の式を列挙すると，次のように表せる。

$$\begin{align}
\text{第1主成分} &= w_{11} \times \text{積極性} + w_{21} \times \text{陽気} + \cdots + w_{81} \times \text{人気}, \\
\text{第2主成分} &= w_{12} \times \text{積極性} + w_{22} \times \text{陽気} + \cdots + w_{82} \times \text{人気}, \\
&\vdots \\
\text{第8主成分} &= w_{18} \times \text{積極性} + w_{28} \times \text{陽気} + \cdots + w_{88} \times \text{人気}.
\end{align} \tag{12.3}$$

ここで，重みの係数 w には，変数番号と主成分の順番に対応する2つの添え字がついて複雑であるが，読者は気にする必要はない。大切なことは，(12.3) 式が図12.3 のように「**変数→主成分**」の模式図で表せることである。例えば，「第2主成分は，積極性，陽気，…，人気の8変数のそれぞれに係数を乗じた合計であること」を，図12.3 では，「8つの変数から第2主成分に伸びるパス」で表している。なお，図が煩雑であるので，左右端の2つのパスにだけ係数を付した。

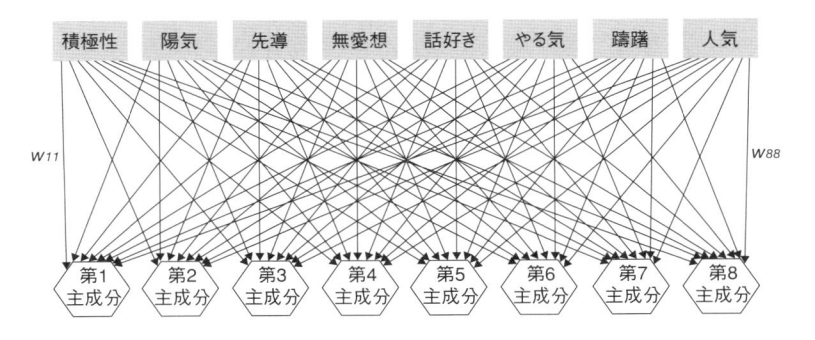

図12.3　主成分分析の図式的表現（その1）

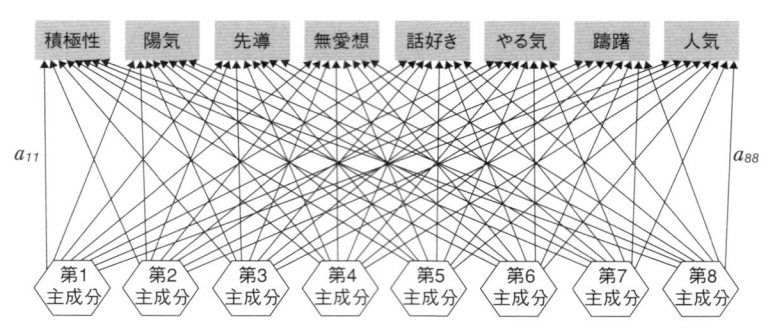

図12.4　主成分分析の図式的表現（その2）

　さて，図12.3のように，「各変数と，それらの重みつき合計得点のすべてがパスでつながる」という関係は，図12.4のように，パスの向きをすべて逆転させた「**主成分→変数**」の図でも表せることが，数学的に知られている．図12.4を式で表せば，次のようになる．

$$
\begin{aligned}
\text{積極性} &= \boldsymbol{a}_{11} \times \text{第1主成分} + \boldsymbol{a}_{12} \times \text{第2主成分} + \cdots + \boldsymbol{a}_{18} \times \text{第8主成分}, \\
\text{陽　気} &= \boldsymbol{a}_{21} \times \text{第1主成分} + \boldsymbol{a}_{22} \times \text{第2主成分} + \cdots + \boldsymbol{a}_{28} \times \text{第8主成分}, \\
&\vdots \\
\text{人　気} &= \boldsymbol{a}_{81} \times \text{第1主成分} + \boldsymbol{a}_{82} \times \text{第2主成分} + \cdots + \boldsymbol{a}_{88} \times \text{第8主成分}.
\end{aligned} \quad (12.4)
$$

すなわち，PCAで得られる**各主成分得点の重みつき合計**として，各変数が再現できることが知られる．ここで，(12.3)式の係数w（添え字は省略）と(12.4)式の係数aとは，値が異なるが，両者は一定の式で関係づけられる．(12.3)式の係数wを単に**重み**または**主成分係数**と呼ぶのに対して，(12.4)式の係数aを**主成分負荷量**と呼ぶ．

12.6. 主成分を因子に似せる

　3章に記したように，PCAでは**上位の主成分**を結果として取り上げて，解釈の対象とするが，これは，「取り上げなかった**下位の主成分**を**誤差**と見なすこと」に相当する．例えば，性格データの第1・第2主成分を結果として取り上げることは，(12.4)の各式を，次の(12.5)式と(12.6)式に分割することに相当する．すなわち，(12.4)式の第3以降の主成分を「誤差」と一まとめにすると，

$$
\begin{aligned}
\text{積極性} &= \boldsymbol{a}_{11} \times \text{第1主成分} + \boldsymbol{a}_{12} \times \text{第2主成分} + \text{誤差1}, \\
\text{陽　気} &= \boldsymbol{a}_{21} \times \text{第1主成分} + \boldsymbol{a}_{22} \times \text{第2主成分} + \text{誤差2}, \\
&\vdots \\
\text{人　気} &= \boldsymbol{a}_{81} \times \text{第1主成分} + \boldsymbol{a}_{82} \times \text{第2主成分} + \text{誤差8}
\end{aligned} \quad (12.5)
$$

と書ける．ここで，各式の誤差は，第3以降の主成分の項の和

$$
\begin{aligned}
\text{誤差1} &= \boldsymbol{a}_{13} \times \text{第3主成分} + \boldsymbol{a}_{14} \times \text{第4主成分} + \cdots + \boldsymbol{a}_{18} \times \text{第8主成分}, \\
\text{誤差2} &= \boldsymbol{a}_{23} \times \text{第3主成分} + \boldsymbol{a}_{24} \times \text{第4主成分} + \cdots + \boldsymbol{a}_{28} \times \text{第8主成分}, \\
&\vdots \\
\text{誤差8} &= \boldsymbol{a}_{83} \times \text{第3主成分} + \boldsymbol{a}_{84} \times \text{第4主成分} + \cdots + \boldsymbol{a}_{88} \times \text{第8主成分}
\end{aligned} \quad (12.6)
$$

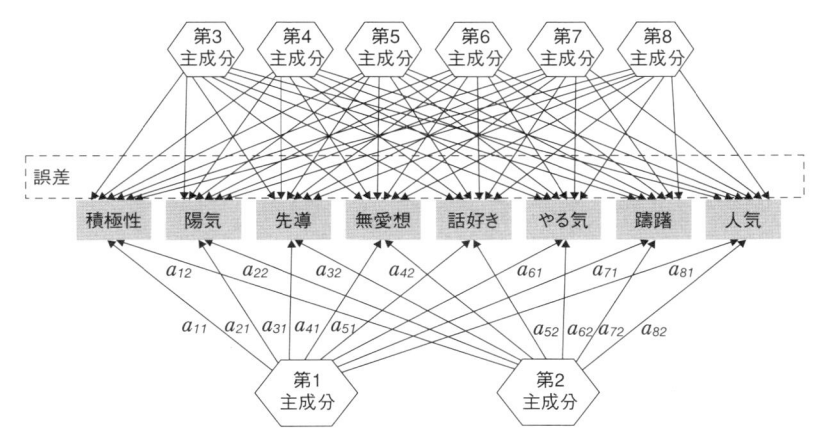

図12.5 主成分分析の図式的表現(その3)

である。

(12.5) 式の「主成分」を「因子」と書き換えれば，(12.5) 式は，探索的因子分析の (11.2) 式と同じになる。これが，**PCAと因子分析の類似性**である。さらに，類似性を見るため，(12.5) と (12.6) 式にあわせて，図12.4を描きかえたのが図12.5である。すなわち，図12.4の第1，第2主成分を変数（四角）の下部に残したまま，第3以降の主成分を変数の上に移すと，図12.5になる。この図12.5の下部と，探索的因子分析のパス図（図11.1）の下部は，類似する。すなわち，図12.5の主成分（六角形）も，図11.1の因子（楕円）と同様に，各変数にパスを届かせている点は同じである。なお，(3.7) に記したように，異なる主成分どうしは無相関であるため，図12.5に主成分どうしを結ぶ双方向の矢印はなく，この点で，図12.5は，探索的因子分析の直交解に対応するといえる。

しかしながら，図の上部にある**誤差**において，**PCAと因子分析は異なる**。図12.5では，(12.6) 式のように**下位の主成分の重みつき合計**が，各変数の誤差であることを示すため，それらのパスを点線で囲んで，まとめて「誤差」と左に記したが，この図および (12.6) 式でわかるように，各変数の誤差は，第3～第8主成分をその源として共有し，互いに独立なものではない。従って，因子分析の誤差は独自因子と呼ばれるが，PCAの誤差は各変数に**独自のものではない**。例えば，(12.5) 式で，積極性および陽気の誤差を，それぞれ，誤差1および誤差2と記したが，誤差1は積極性に独自の成分とはいえず，誤差2とも相関する。

次の点でも，PCAと因子分析は相違する。因子分析では，例えば，「因子数を2として分析する」，あるいは，「因子数を3として分析する」というように，因子数を定めた上で，パラメータの解を求める。一方，PCAでは，一度の分析で全主成分を求めた後に，上位何番目の主成分までを取り上げるかを決める。

12.7. 相関行列の主成分の標準化

表12.4は，PCAの4通りの解をまとめた表3.3を再掲して，最後に「名称」の列を加えたものである。ここで，PCAの解は，4通りというよりは，表12.4の太い横線より上段の「①・②」と下段の「③・④」の**2種類**という方が適切だろう。すなわち，同じデータであっても，素データ・平均偏差得点（上段）に対するPCAの解と，標準化されたデータ（下段）のPCAの解は，本質的に異なり，上段の解「①または②」を変換して下段の解「③または④」を求める，

表12.4 2種類の主成分分析×主成分の標準化の有無

入力:データ		出力:主成分得点		名称
		標準化しない	標準得点	
	素データまたは平均偏差得点	①	②	共分散行列のPCA
	標準得点	③	④	相関行列のPCA

あるいは，その逆を行うことはできない．この点は，非標準解から標準解が簡単な変換で得られる共分散構造分析とは異なる．なお，表12.4の右の列に記したように，上段の素データ・平均偏差得点のPCAは，その計算が，共分散行列の固有値分解という演算に基づくため，**共分散行列のPCA**と呼ばれ，標準得点のPCAは，相関行列の固有値分解に基づくため，**相関行列のPCA**と呼ばれることがある．

上述のように，「共分散行列のPCAの解」と「相関行列のPCAの解」は異なるが，得られた主成分得点の分散が1になるように解を標準化することは簡単である．つまり，表12.4の「解①から②への変換（またはその逆）」，および，「③から④への変換（またはその逆）」は，容易にできる．

さて，**相関行列のPCAの主成分を標準化した解**④は，「変数と主成分が標準化された解」であるが，下線部の主成分を因子に置き換えれば，カッコ内の内容は探索的因子分析の解に相当するものとなる．このことと，12.6節に記した内容から，PCAの解④は，探索的因子分析の解と類似することが予想される．表12.5（A）は，表8.1の性格データに，相関行列のPCAを適用して求めた解④の主成分負荷量（図12.5の係数aの解）であるが，表12.1（A）の因子分析の初期解と似ていることがわかる．

表12.5 主成分負荷量と誤差分散（表12.4の解④）*

変数	(A) PCAの解		(B) バリマックス回転後		(C) プロマックス回転後		誤差分散
	第1主成分	第2主成分	成分1	成分2	成分1	成分2	
積極性	0.81	−0.38	0.85	0.28	0.85	0.08	0.21
陽気	0.62	0.61	0.03	0.87	−0.19	0.94	0.24
先導	0.73	−0.39	0.80	0.22	0.82	0.03	0.31
無愛想	−0.75	−0.46	−0.23	−0.85	−0.03	−0.86	0.23
話好き	0.78	0.47	0.24	0.88	0.04	0.89	0.17
やる気	0.79	−0.44	0.87	0.22	0.89	0.02	0.19
躊躇	−0.68	0.52	−0.85	−0.09	−0.90	0.12	0.28
人気	0.75	0.27	0.36	0.71	0.21	0.68	0.36
成分間相関	0		0		0.45		

* SPSS（BASE）の「データの分解→因子分析」を使用

さらに，表12.5（A）のPCAの解に**回転**を適用した．すなわち，図12.2（A）の変数ベクトルの終点の座標値を，表12.5（A）の主成分負荷量に変えた図において，2つの軸を回転させた後の座標値が，表12.5の（B）および（C）である．それぞれ，表12.1の（C）および（D）と似ていることがわかる．なお，表12.5の回転後の（B），（C）では，「第1，2主成分」から「第」と「主」を除いて，「成分1」，「成分2」という語を用いている．その理由を簡単にいえば，回転を行うと，「成分1が成分2より主であるという順序関係」がなくなるからである．より詳しくいえば，回転した後の主成分負荷量aを，重みwに変換して，(12.3)の最初の式から，第1の主成分の得点を求めることができるが，こうして得られた得点は，もはや，「(3.8節に記した)分散ができるだけ大きくなるような重みつき合計」という性質を持たない．

上記の回転は，第1と第2主成分だけに対してなされたので，第3～第8主成分は不変であ

り，(12.6) 式より，これらから求められる誤差は回転後も同じである。すなわち，表12.5の**誤差分散**（誤差の大きさ）は，表12.5の（A），(B)，(C) すべてについて同じである。この誤差分散は，変数の分散（= 1）つまり値の大小のうち，2つの主成分の大小では説明されずに残った成分の割合を表す。例えば，人気の誤差（つまり誤差8）の分散0.36は，人気の高低のうち36％は，上位2つの主成分の大小では説明できないことを表す。ただし，上述したように，PCAの**誤差は変数間で相関**して，各変数に独自のものではないので，上記の36％が「人気」に独自の成分とはいえない。

12.8. 因子分析的な主成分分析の利用

上述したような結果の類似性から，「因子分析の代わりにPCAを使えないか」という思いが生じるが，変数の背後にある共通因子を探るためには，この目的に応じたモデルに基づく**探索的因子分析**を使うべきであろう。

しかし，因子分析を使いたいが，十分な個体数のデータを収集できない場合には，以下に記す性質により，**PCAで済ませざるを得ないケース**もある。PCAも個体数が多いほど分析結果が信頼できることは確かであるが，PCAは，個体数より変数の数が多いデータにも適用できる。ただし，このとき，得られる主成分数は「個体数 − 1」となる。一方，因子分析は，個体数より変数が多いデータには適用不可能であり，信頼できる結果を得るためには，個体数が変数より十分多い（できれば10倍以上である）必要がある。また，個体数が十分でなければ，不適解が生じやすい。一方，PCAでは，不適解は生じない。

さて，因子分析の代用としてPCAを使う場合には，結果の解釈は表12.4の解④に基づいて行うが，上位の**何番目の主成分**までを採用するかを決める作業には，表12.4の解③，つまり，**相関行列のPCAの標準化されていない主成分**の**分散**に着目する。ここで，3.5節の内容，すなわち，「総分散=変数の分散の総和= 各主成分の分散の総和」，および，「PCAでは，総分散が上位の主成分により多く反映されるように配分されること」を思い出そう。以上のことを，性格データのPCAを例にして，図12.6に描いた。ここで，図の（C）の標題に記すように，第1，2，…，8主成分の分散は，それぞれ，**相関行列**から得られる第1，2，…，8目に大きい**固有値**に等しくなる。これは，標準化されたデータすべてに成り立つ性質である。なお，変数は標準化されているので，総分散は8である。

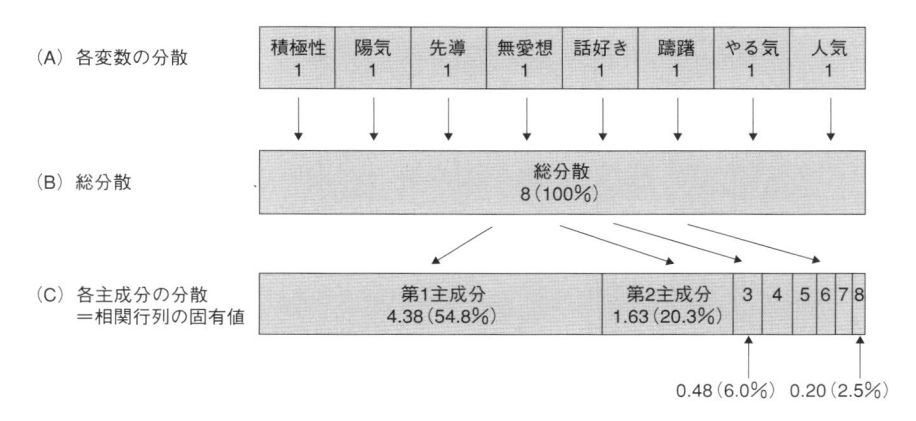

図12.6 変数の分散，総分散，主成分得点の分散（固有値），および，寄与率のパーセント表示（カッコ内）の帯グラフ
スペースがないため，第4〜7主成分の分散・寄与率は省略

採用する主成分数の選定には幾つかの方法があるが，そのうちの2つは，12.1節に記した方法に他ならない。「各変数の分散（= 1）よりも小さい分散（固有値）の主成分は取るに足らない」という幾分主観的な理由づけから，**1以上の固有値の数**をもって，採用する主成分の数とするのが，1つの方法である。もう1つは，3.5節に記した**累積寄与率**に着目して，その増分を見る方法である。すなわち，図12.6（C）より，第1主成分に加えて第2主成分も採用すると，累積寄与率は4.38/8 = 0.548 から（4.38 + 1.63)/8 = 0.751 に増え，増分は 0.751 − 0.548 = 0.203 であるが，さらに第3主成分まで採用すると，累積寄与率は 0.751 から（4.38 + 1.63 + 0.48)/8 = 0.811 となるが，増分は 0.811 − 0.751 = 0.060 とわずかである。このように増分がわずかになる手前の主成分（つまり第2主成分）で採用を打ち切るというのが，もう1つの基準である。この打ち切り基準が，12.1節のスクリー基準に一致する。

　前段と12.1節でわかるように，主成分数の選定法が，探索的因子分析の**因子数選定**に利用されているが，これは，PCAと探索的因子分析の類似性に基づく。この節の最初に，因子の探索には因子分析を使うべきであると記しながら，その因子分析において決定的な因子数選定法が見出されていないため，PCAにおける方法を援用せざるをえないことは，幾分不合理な感もする。しかし，12.1節の選定法に基づく因子数によって，合理的な因子分析結果が得られるケースが少なくないことが，経験的に知られている。

数量化分析　13

　前章の後半で扱った主成分分析を除けば，4章から前章まで，共分散構造分析の傘下におさめることができる分析法を扱ってきたが，この章からは，前章までとは大きく趣旨の異なる方法を取り上げる。

　この13章のテーマは，「多変量カテゴリカルデータ」の「数量化」を行う方法である。ここで，**多変量カテゴリカルデータ**とは，個体×変数の多変量データ行列の形をとるが，その要素が数量ではなく，言葉つまりカテゴリーであるものを指し，**数量化**とは，上記のデータを分析して，カテゴリーや個体に数量的な得点を与えることを指す。こうした数量化を行う方法は，**数量化法3類**，**多重対応分析**，**双対尺度法**，**等質性分析**など，種々の名称で呼ばれる。このように，複数の名称があるのは，各国の研究者が，独自の理論に基づいて開発した分析法に，別々の名前をつけたという歴史的事情による。しかし，これらの諸方法は，本質的に同じ解を与える。こうした名称の錯綜があるので，章の題名は，漠然と諸方法全般を指して「**数量化分析**」とした。

　この章の前半では，上述した諸方法の中では，理論が簡明である**等質性分析**を解説する。そして，13.4節以降では，2変量のデータに限定された数量化分析である**対応分析**を解説する。この対応分析は，前段に記した「多重対応分析」と名称が類似するが，異なる性質を持つため，著者は，両分析法を区別してとらえるのがよいと考える。

　なお，先に名称を掲げた数量化法3類とは別に，数量化法1類や4類と呼ばれる方法があるが，これらは，本書で「数量化分析」という名称によって指すものとは異なる分析法であり，本書では扱わない。

13.1. 等質性分析による数量化

　表13.1 (A) に記すような質問 a, b, c について，選択肢から該当するカテゴリーを選択させる調査を，10名の被験者（個体）に実施した結果，表13.1 (B) の個体×変数（質問）の多変量カテゴリカルデータが得られたとしよう。表13.1 (B) のデータの数値は，各個体（被験者）が回答した該当カテゴリーのコード番号を示す。コード番号は「数」には違いないが，言葉つまりカテゴリーを表し，数量としての意味はない。例えば，個体1の変数b（関心）の値4は，「友人」を表す。なお，変数a（年齢）の20，30，40歳代は数量的意味合いを持つが，ここでは，これらを年齢カテゴリーと見なす。

　表13.1 (B) のデータに**等質性分析**を適用すると，表13.2に示す**数量化得点**が解として求められる。得点といっても，第1と第2次元の値からなるので，カテゴリーや個体の座標値と呼ぶ方が，わかりやすいかもしれない。なお，表13.2の最後の列は，13.2節の説明で使う記号である。表13.2の得点つまり座標値に基づいて，カテゴリーおよび個体をプロットした布置が図13.1である。

13 数量化分析

表 13.1 変数・カテゴリーと多変量カテゴリカルデータの例

(A) 変数(質問)とカテゴリー(選択肢)

変数(質問)	カテゴリー(選択肢)	コード番号
a. 年代(あなたは何歳代ですか?)	20歳代	1
	30歳代	2
	40歳代	3
b. 関心(最も関心のあることを,4つの中から選んで下さい)	健康	1
	仕事	2
	趣味	3
	友人	4
c. 住居(市街か郊外のどちらに住みたいですか?)	市街	1
	郊外	2

(B) データ(仮想数値例)

個体(被験者)	変数 a(年代)	変数 b(関心)	変数 c(住居)
1	2	4	1
2	3	3	2
3	3	3	2
4	1	2	1
5	2	1	2
6	3	2	1
7	2	3	1
8	3	1	1
9	2	2	1
10	1	4	2

表 13.2 等質性分析から得られた数量化得点(2次元解)*

(A) カテゴリー

変数	カテゴリー	第1次元	第2次元	記号
a. 年齢	1. 20代	0.91	0.72	$a_1 = [a_{11}, a_{12}]$
	2. 30代	−0.35	0.23	$a_2 = [a_{21}, a_{22}]$
	3. 40代	−0.45	−1.02	$a_3 = [a_{31}, a_{32}]$
b. 関心	1. 健康	−0.32	−1.27	$b_1 = [b_{11}, b_{12}]$
	2. 仕事	−0.98	0.59	$b_2 = [b_{21}, b_{22}]$
	3. 趣味	0.75	−0.52	$b_3 = [b_{31}, b_{32}]$
	4. 友人	0.68	1.17	$b_4 = [b_{41}, b_{42}]$
c. 住居	1. 市街	−0.71	0.24	$c_1 = [c_{11}, c_{12}]$
	2. 郊外	1.06	−0.35	$c_2 = [c_{21}, c_{22}]$

(B) 個体

被験者	第1次元	第2次元	記号
1	−0.22	1.21	$f_1 = [f_{11}, f_{12}]$
2	0.81	−1.40	$f_2 = [f_{21}, f_{22}]$
3	1.62	−0.12	$f_3 = [f_{31}, f_{32}]$
4	−0.47	1.14	$f_4 = [f_{41}, f_{42}]$
5	0.23	−1.03	$f_5 = [f_{51}, f_{52}]$
6	−1.27	−0.15	$f_6 = [f_{61}, f_{62}]$
7	−0.18	−0.05	$f_7 = [f_{71}, f_{72}]$
8	−0.88	−1.51	$f_8 = [f_{81}, f_{82}]$
9	−1.21	0.78	$f_9 = [f_{91}, f_{92}]$
10	1.58	1.13	$f_{10} = [f_{10,1}, f_{10,2}]$

* SPSS (Categories) の「データの分解→最適尺度法」を使用

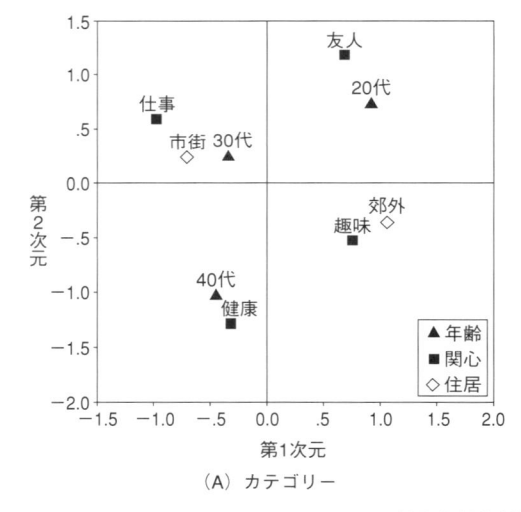

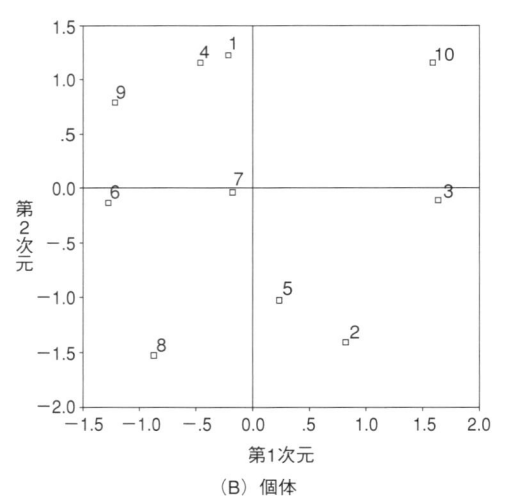

図 13.1 数量化得点(表 13.2)に基づく空間布置
SPSS (Categories) の「データの分解→最適尺度法」を使用

(A) カテゴリー　　(B) 個体

この空間(平面)布置で,互いに近くに位置づけられるカテゴリーどうし,および,個体どうしは,互いに等質的なものであり,離れたものは互いに異質であると解釈できる。例えば,近接するカテゴリー「40代」と「健康」は等質的,つまり,「40歳代の人は健康に関心が強い」傾向がうかがえ,図の(B)で,遠く離れた個体1と個体2は互いに異質であるといえよう。また,図13.1の(A)と(B)を重ね合わせた布置の中で,近くに位置するカテゴリーと個体

も，互いに等質的なものと見なせる。例えば，(B)，(A) それぞれの布置で右上に位置する「個体10」，および，カテゴリーの「20代」，「友人」は，互いに等質的なものといえる。

表13.1（B）は，数量化の対象としては小規模なデータであるが，表から，カテゴリーや個体どうしの相互関係を把握することは容易ではない。しかし，図13.1のような「地図」によって相互関係を視覚的に把握できることが，数量化を行うことの第一の効用である。

図13.1の横・縦の軸つまり**各次元**が何を表すかを，解釈することにも意義がある。解釈法の1つは，次元の両極に対置するカテゴリーを対比することである。図13.1（A）の第1次元（横軸）の左方向に仕事・市街があるのに対して，右方向に郊外・趣味が位置することに着目すると，第1次元は，「仕事志向」と「ゆとり志向」を対比する次元とでも解釈できる。第2次元は，上に位置する「友人・20代・仕事」に対して，下には「40代・健康」があり，この次元は，年代の相違を表す，あるいは，「自分の周囲への志向」と「健康といった自分自身への志向」を対比する次元であると解釈できよう。以上の解釈に基づけば，図13.1（B）で，右に位置づけられる被験者ほど「ゆとり志向」で，上に位置づけられる者ほど「自分の周囲への志向性が強い」といえる。

13.2. 等質性分析の原理

表13.2の得点の算出原理を説明するため，計算前は未知であったカテゴリーの得点を記号で表そう。すなわち，表13.2の「記号」の列に記すように，第1次元と第2次元のカテゴリー得点を括弧でまとめて，$\mathbf{a}_1 = [a_{11}, a_{12}]$，…，$\mathbf{c}_2 = [c_{21}, c_{22}]$ と表そう。ここで，アルファベットは変数（a = 年齢，b = 関心，c = 住居）に対応し，カッコ内の記号の左の添え字はカテゴリー番号，右の添え字は次元を表す。例えば，$\mathbf{b}_4 = [b_{41}, b_{42}]$ のカッコ内は，図13.2に描くように，変数bの第4カテゴリー（友人）の第1，第2次元の得点を

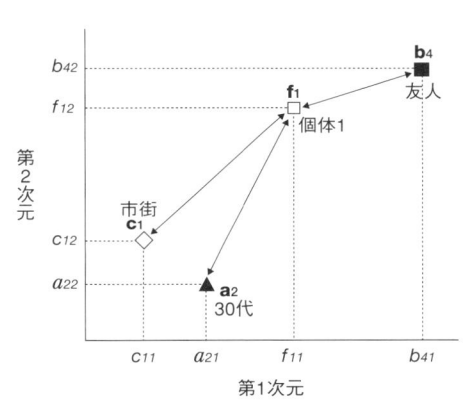

図13.2 個体1の得点と個体1が該当するカテゴリーの得点との距離

表し，左辺の太字の記号 $\mathbf{b}_4$ は，座標 $[b_{41}, b_{42}]$ の点を表すと見なそう。以上と同様に，個体の得点は，fに個体と次元の番号をつけて，$\mathbf{f}_1 = [f_{11}, f_{12}]$，…，$\mathbf{f}_{10} = [f_{10,1}, f_{10,2}]$ のように表す。

等質性分析の基本原理は，

等質性条件：「個体の得点と，その個体が該当するカテゴリーの得点は，近い値をとる」　　　　　　　　　　　　　　　　　　　　　　　　　　　　(13.1)

という条件を満たす得点を求めることである。この原理を説明するため，図13.2には，本来は分析前には描けないが，仮想的に，個体1，および，個体1が該当する3つのカテゴリー（表13.1参照）を点としてプロットした。この個体1の点が，該当カテゴリーの点と近くなるような解が，等質性条件 (13.1) に適合した解となる。

そこで，**等質性条件からの「逸脱度」**として，図13.2に矢印で示す距離の2乗つまり**平方距離**に着目する。例えば，個体1の点 $\mathbf{f}_1 = [f_{11}, f_{12}]$ と30代の点 $\mathbf{a}_2 = [a_{21}, a_{22}]$ との平方距離は，

2.1節に記したピタゴラスの定理より,

$$\text{「}f_1\text{と}a_2\text{の距離}\text{」}^2 = (f_{11} - a_{21})^2 + (f_{12} - a_{22})^2 \tag{13.2}$$

と表せる。ここで，左辺の「距離²」は平方距離を表している。「f_1（個体1）と b_4（友人）」，「f_1（個体1）と c_1（市街）」の平方距離も，同様の式で表せる。以上の3つの平方距離の和

$$\text{個体1の距離}^2\text{の和} = \text{「}f_1\text{と}a_2\text{の距離}\text{」}^2 + \text{「}f_1\text{と}b_4\text{の距離}\text{」}^2 + \text{「}f_1\text{と}c_1\text{の距離}\text{」}^2 \tag{13.3}$$

は，個体1に関する条件（13.1）からの逸脱度の指標となり，これが小さくなる得点が，等質性条件（13.1）に合った得点といえる。

（13.3）式と同様に，他の個体の平方距離の和も定義される。例えば，個体10（f_{10}）の該当カテゴリーは，20代（a_1）・友人（b_4）・郊外（c_2）であるので，「個体10の距離²の和」=「f_{10}とa_1の距離²」+「f_{10}とb_4の距離²」+「f_{10}とc_2の距離²」となる。こうした平方距離を，全個体を通して合計した基準

$$\text{「個体1の距離}^2\text{の和」} + \text{「個体2の距離}^2\text{の和」} + \cdots + \text{「個体10の距離}^2\text{の和」} \tag{13.4}$$

が，全個体に関する条件（13.1）からの逸脱度を表す。この（13.4）式を**最小にする**一連のカテゴリー・個体の座標値 $a_1 = [a_{11}, a_{12}]$, …, $b_1 = [b_{11}, b_{12}]$, …, $c_2 = [c_{21}, c_{22}]$, $f_1 = [f_{11}, f_{12}]$, …, $f_{10} = [f_{10,1}, f_{10,2}]$ の具体的数値が，等質性条件（13.1）に適合した解となる。

ただし，仮に「全個体と全カテゴリーの得点は同一の値（単一の点）」という解を選べば，(13.4) は最小値0になる。こうした無意味な解を避けるため，前段の原理に加えて，

$$\text{全個体の第1次元の得点}f_{11}, f_{21}, \cdots, f_{10,1}\text{の平均は0，分散は1,} \tag{13.5}$$

$$\text{全個体の第2次元の得点}f_{12}, f_{22}, \cdots, f_{10,2}\text{の平均は0，分散は1,} \tag{13.6}$$

$$\text{全個体を通した第1次元の得点と第2次元の得点は，無相関} \tag{13.7}$$

という**制約条件**が設けられる。これらの条件を満たして，かつ，(13.4) 式の基準を最小にする解が，表13.2に記した値となる。

13.3. 解の包含関係

ここまで得点の次元数を2とした2次元解を取り上げたが，他の次元数の解を求めることもできる。一般に，求めうる得点の次元数の上限は，「変数を通したカテゴリーの延べ総数－変数の数」と「個体数－1」の小さい方の値である。表13.2のデータでは，「カテゴリーの延べ総数－変数の数」= (3 + 4 + 2) − 3 = 6，個体数 − 1 = 9 であり，次元数の上限は，6と9の小さい方6となる。得点の次元数を幾つに設定しても，計算原理は前節と同じである。表13.3には，上限の6次元の解を示す。

6次元解（表13.3）の第1，第2次元の得点と，2次元解（表13.2）の第1，第2次元の得点

表 13.3　数量化得点の 6 次元解 *

(A) カテゴリー

変数	カテゴリー	次元 第1	第2	第3	第4	第5	第6
a. 年齢	1. 20代	0.91	0.72	−0.61	−0.48	0.48	0.39
	2. 30代	−0.35	0.22	0.90	0.67	0.21	−0.19
	3. 40代	−0.45	−1.02	−0.58	−0.41	−0.76	−0.13
b. 関心	1. 健康	−0.33	−1.29	1.00	−0.83	0.66	0.33
	2. 仕事	−0.98	0.60	−0.79	−0.15	0.40	−0.45
	3. 趣味	0.75	−0.51	−0.48	1.09	−0.16	0.25
	4. 友人	0.68	1.16	0.91	−0.58	−1.02	−0.04
c. 住居	1. 市街	−0.71	0.24	−0.03	0.09	−0.13	0.29
	2. 郊外	1.06	−0.36	0.05	−0.14	0.19	−0.44

(B) 個体

個体	次元 第1	第2	第3	第4	第5	第6
1	−0.23	1.19	1.53	0.21	−1.48	0.23
2	0.81	−1.39	−0.88	0.61	−1.16	−1.11
3	1.62	−0.11	−0.90	0.54	0.80	0.66
4	−0.46	1.15	−1.23	−0.61	1.20	0.80
5	0.23	−1.05	1.67	−0.35	1.67	−1.01
6	−1.27	−0.13	−1.21	−0.53	−0.76	−0.97
7	−0.18	−0.04	0.33	2.11	−0.13	1.19
8	−0.88	−1.52	0.33	−1.32	−0.35	1.68
9	−1.21	0.78	0.07	0.70	0.77	−1.17
10	1.58	1.13	0.29	−1.36	−0.56	−0.30

* SPSS（Categories）の「データの分解→最適尺度法」を使用

とは，同じになることが知られる．表 13.2 と表 13.3 を比べると，第 1，2 次元の得点がやや異なる箇所があるが，これは，（計算で扱う行列の大きさなどの相違に起因する）計算上の誤差であり，数学的には両者は一致する．この性質は，一般に成り立つもので，例えば，4 次元解の第 1，2，3，4 次元の得点は，6 次元解の第 1，2，3，4 次元の得点と一致し，また，3 次元解の第 1，2 次元の得点は，2 次元解と一致する．つまり，**より多次元の解は，より少数次元の解を包含**する．

上記のことより，次元数を 1 としたときの 1 次元解は，もちろん，2 次元解あるいは 6 次元解の第 1 次元の得点に一致する．ここに，「第 1」と記す理由がある．つまり，**第 1 次元**の得点は，解の次元数を幾つにしても，あるいは，解の次元数を 1 に絞っても得られる，第 1 に重要な得点といえる．こうした意味をもつ第 1 次元の得点に対して，**第 2 次元**の得点が持つ意味は，解の次元数を 2，3 や 6 のいずれにしても第 2 次元目に得られる 2 番目に重要な得点であり，さらに，(13.7) 式に示されるように第 1 次元の得点とは無相関と制約されるため，第 1 次元とは別の情報を担う得点と位置づけられる．以上の点で，13.1 節の最後の段落に記したように，各次元が何を表すかを解釈することにも意義がある．

上述のような「多次元の解がより少数次元の解を包含し，各次元の解が第 1，2，…といった順序性を持つ」という性質を，英語では「solutions are nested」と表す．これは「解が入れ子をなす」と直訳されるが，この直訳は意味がわかりにくいので，上記の性質を「**解に包含関係がある**」と表すことにする．この性質は，数量化分析だけでなく，主成分分析にもある．すなわち，3 章に記したように，主成分には第 1，2，…の順序関係があり，「2 つの主成分を採用したときの第 1 主成分は，1 つの主成分だけを採用するときの主成分に等しい」というように，解に包含関係がある．直前のカッコ内の主成分に関する文は，自明のことに思えるかもしれないが，例えば，探索的因子分析では，このようにはならない．すなわち，因子数を 2 とした分析で得られる因子 1（または因子 2）の負荷量は，因子数を 1 とした分析の因子負荷量には一致せず，探索的因子分析は「**解に包含関係がない方法**」の 1 つである．

13.4. 次元数選定の困難

等質性分析をはじめ数量化分析が持つ**問題点**の 1 つは，3 変数以上のデータを分析対象とする場合に，「多次元解のうち，何次元までの解を採用すべきか」を示す基準が得られないことである．より正確に言えば，主成分分析の累積寄与率のような指標が，数量化分析でも算出されるが，これが不自然に思える値を示して，役に立たない．こうした事情から，**2 次元解**が報

告されることが多い。2次元解が好まれる理由は，空間布置の視覚的な把握のしやすさ，および，下位の次元の得点は無意味な情報を含むケースがあることなどである。

ただし，2変数のカテゴリカルデータについては，次節から解説される対応分析を使えば，累積寄与率が，次元数選定のための有用な指標となる。

13.5. 対応分析による数量化

表13.4（A）に示すように，a「（行きたい）観光地」およびb「（行き先に期待する）特徴」という質問（変数）について，5および4つの選択肢（カテゴリー）を用意し，54名の被験者（個体）に，aとbそれぞれについて，カテゴリーを1つずつ選択させたとする。その結果，表13.4（B）に示す54個体×2変数の**2変量**カテゴリカルデータが得られたとしよう。例えば，（B）の被験者1が行きたい観光地は「W（アメリカ西海岸）」で，そこに期待する特徴は「自然」である。このデータは，変数aとbのカテゴリーを，それぞれ，行と列に並べた表13.4（C）の分割表にまとめられる。分割表の要素は，行と列のカテゴリーに該当する個体の数（度数）となる。例えば，L（ロンドン・パリ）に行きたく，かつ，歴史（的遺跡）を期待する被験者は6名である。以下，変数aのG，…，Aのように分割表の行に並ぶものを**行カテゴリー**，変数bの自然や歴史のように列に並ぶものを**列カテゴリー**と呼ぶ。表13.4（B）を分析対象として，前節までの等質性分析を適用することもできるが，表13.4（C）の**分割表**を直接の分析対象にする方法が，**対応分析**である。

表13.4（C）の分割表に対応分析を適用すると，行と列カテゴリーの数量化得点が得られるが，得点の最大次元数は，「**行数と列数のうち少ない方の数**」**から1を引いた値**である。表13.4（C）のデータは5行×4列なので，少ない方の4から1を引いた3次元の解まで得られる。表13.5には，これら第1，2，3次元の数量化得点を示す。対応分析は**解に包含関係がある**方法で，表13.5の上位2次元の得点が2次元解となるが，2次元解に基づいて，行・列カテゴリ

表13.4　2変量のカテゴリカルデータの例（仮想数値例）

(A) 変数とカテゴリー*

変数	カテゴリー	略
a.観光地（観光したい地域）	ギリシャ	G
	アメリカ西海岸	W
	ロンドン・パリ	L
	アメリカ東海岸	E
	オーストラリア	A
b.特徴（観光地に期待する特徴）	豊かな自然	自然
	歴史的遺跡	歴史
	運動・スポーツ	運動
	劇・コンサート	観劇

* 岡太・今泉（1994）を参考にしている

(B) 個体×変数のデータ表現

被験者	変数a（観光地）	変数b（特徴）
1	W	自然
2	G	歴史
3	L	観劇
・	・	・
・	・	・
・	・	・
53	E	観劇
54	G	自然

(C) 変数a（観光地）×変数b（特徴）の分割表

変数	自然	歴史	運動	観劇	計
G	4	6	0	0	10
W	4	1	4	2	11
L	1	6	0	5	12
E	2	2	0	4	8
A	8	0	5	0	13
計	19	15	9	11	54

表13.5　数量化得点（行主成分解）*

(A) 行カテゴリー

カテゴリー	第1次元	第2次元	第3次元
G	0.34	0.80	−0.03
W	−0.51	−0.26	0.17
L	0.86	−0.14	0.12
E	0.58	−0.48	−0.26
A	−0.98	0.04	−0.08

(B) 列カテゴリー

カテゴリー	第1次元	第2次元	第3次元
自然	−0.66	0.41	−1.11
歴史	1.01	1.05	0.69
運動	−1.49	−0.56	1.57
観劇	0.98	−1.69	−0.31

* SPSS（Categories）の「データの分解→コレスポンデンス分析」を使用

ーをプロットした空間（平面）布置が，図13.3である。なお，表13.5と図13.3のタイトルの行主成分解という用語の意味は，13.8節で解説する。

図13.3での点の**遠近関係**から，行カテゴリー間，列カテゴリー間の関係，さらに，行と列カテゴリー間の関係を把握でき，その解釈法は等質性分析と同様である。例えば，近接するAとW，あるいは，LとEは観光地として類似し，これらと離れるGは異質であることがわかる。特徴に着目すると，自然と運動は似ているが，これらと歴史や観劇は異質な特徴であるといえ

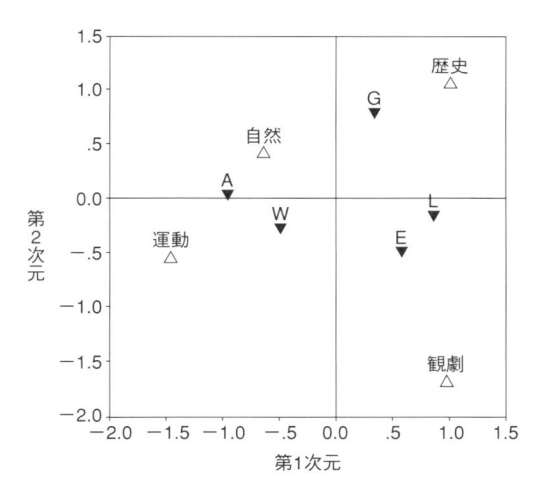

図13.3 対応分析の2次元解の空間布置（行主成分解）
SPSS（Categories）の「データの分解→コレスポンデンス分析」を使用

る。さらに，観光地と特徴に着目すると，Gは歴史で特徴づけられ，Aは自然と運動に特徴づけられるといえる。また，**各次元**が何を表すかをカテゴリーの位置から解釈できる。次元1は「自然・運動・A」と「歴史・観劇・L・E」を対比させ，いわば自然−都会の次元とでもいえよう。また，次元2は「歴史・G」と「観劇・E」を対置させ，古典と現代的娯楽を対比する次元と解釈できる。

13.6. 対応分析の原理

対応分析は，表13.4（C）の分割表の各行を「行単位の比率」に変換し，これを「標準化比率」に変換したデータに，3章の**主成分分析**を適用することに等しい。まず，**行単位の比率**とは，分割表の各行の頻度を，行の和で除して得られる。例えば，表13.4（C）のGの行は [4, 6, 0, 0]，行の和は 4 + 6 + 0 + 0 = 10 であるので，Gの行単位の比率は，[0.4, 0.6, 0.0, 0.0] となり，これを含めて行単位の比率を表13.6（A）に記した。表13.6（A）の最下行 [0.35, 0.28, 0.17, 0.20] は，それぞれ，表13.4（C）の最下行の [19, 15, 9, 11] を総計 19 + 15 + 9 + 11 = 54 で除した比率であり，これを**全体比率**と呼ぶことにする。次に，行単

表13.6　行カテゴリーと列カテゴリーの標準化比率の算出

(A) 行単位の比率

	自然	歴史	運動	観劇	計
G	0.40	0.60	0.00	0.00	1
W	0.36	0.09	0.36	0.18	1
L	0.08	0.50	0.00	0.42	1
E	0.25	0.25	0.00	0.50	1
A	0.62	0.00	0.38	0.00	1
全体	0.35	0.28	0.17	0.20	1

(B) 標準化比率

	自然	歴史	運動	観劇
G	0.08	0.61	−0.41	−0.45
W	0.02	−0.35	0.48	−0.05
L	−0.45	0.42	−0.41	0.47
E	−0.17	−0.05	−0.41	0.66
A	0.44	−0.53	0.53	−0.45

(C) 仮想典型比率

	自然	歴史	運動	観劇	計
自然	1	0	0	0	1
歴史	0	1	0	0	1
運動	0	0	1	0	1
観劇	0	0	0	1	1

(D) 標準化比率

	自然	歴史	運動	観劇
自然	1.09	−0.53	−0.41	−0.45
歴史	−0.59	1.37	−0.41	−0.45
運動	−0.59	−0.53	2.04	−0.45
観劇	−0.59	−0.53	−0.41	1.76

位の比率を，

$$標準化比率 = \frac{行単位の比率 - 全体比率}{\sqrt{全体比率}} \tag{13.8}$$

によって，**標準化比率**に変換する。例えば，「Wの歴史」の標準化比率は，表13.6（A）に示す行単位の比率0.09から，歴史の全体比率0.28を減じた値－0.19を，全体比率の平方根 $\sqrt{0.28}$ で除して－0.36となる。これを含め，標準化比率を表13.6（B）に記した。

（13.8）式は，「標準得点＝（素データ－平均）/$\sqrt{分散}$」と同様の標準化と見なせるものである。（13.8）式の分子は，行単位の比率から，いわば平均的比率である全体比率を引いた値であり，これが，標準得点の定義式の分子「素データ－平均」に対応することは納得できよう。しかし，（13.8）式の分母に，再び，全体比率が$\sqrt{全体比率}$という形で現れるのは，奇異な感がするかもしれないが，実は，これが，標準得点の定義式の分母になる標準得点＝$\sqrt{分散}$と同等の働きをする。ただし，その理由は難解になるので省く。

図13.4（A）の楕円の中は，（自然・歴史・運動・観劇を軸とした）4次元空間内に，**行カテゴリー**が，表13.6（B）の標準化比率を座標値として点在する様子を描いたイメージ図である。さて，図13.4（A）の右下に描くように，4次元空間の**行カテゴリー**の**散布**ができるだけ忠実**に映る**ように「**鏡に映す**」（部分空間に射影する）としよう。この「鏡」の第1，第2次元が，3章の主成分分析の第1，第2主軸に相当し，この次元上での座標値が，表13.5（A）の行カテゴリーの第1，第2次元の数量化得点となる。

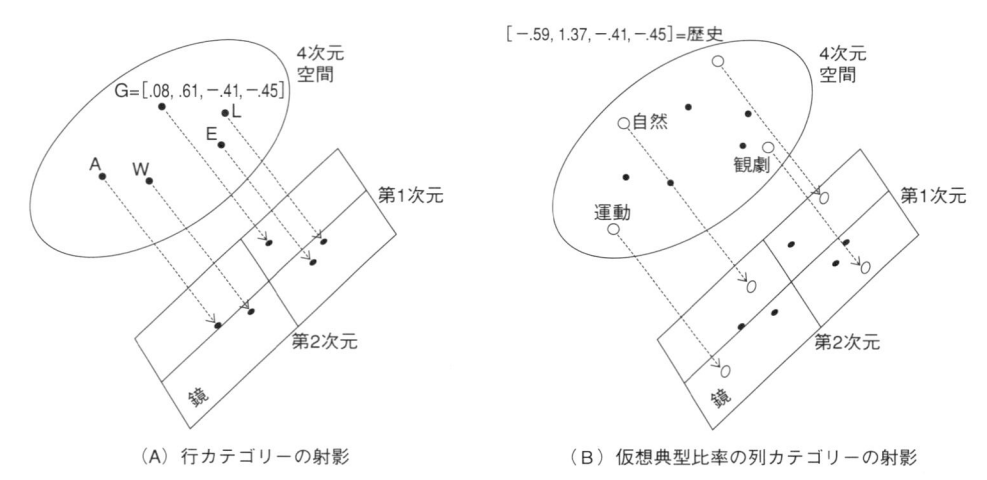

（A）行カテゴリーの射影　　　　　（B）仮想典型比率の列カテゴリーの射影

図13.4　対応分析のイメージ図

次に，**列カテゴリー**も，行カテゴリーと同じ4次元空間に位置づけるために，表13.6（C）のように列カテゴリーを「行」に並べ，対角の要素だけが1，他はすべて0とした比率の行列を考える。この比率は，「行に並ぶ仮想の観光地」の**仮想典型比率**と呼べるが，その意味は次のとおりである。例えば，自然の行＝[1, 0, 0, 0]は，「列の自然」に対応する第1要素だけが1（＝100％），他は0（％）であり，「すべて（100％）の人が自然を期待し，その他の特徴が全くない」いわば「自然だけに恵まれた仮想の観光地」の典型的比率を表す。同様に，歴史＝[0, 1, 0, 0]は，「列の歴史」に対応する第2要素だけが1（＝100％）であり，「歴史的遺跡だけに特徴づけられる仮想の観光地」の典型的比率を表す。運動や観劇の比率の意味も同様である。これらを（13.8）式によって標準化比率に変換した結果が，表13.6（D）である。

ここで，(13.8) 式の全体比率には，表 13.6 (A) の最下行の数値を使う。例えば，歴史の仮想典型比率 [0, 1, 0, 0] は，

$$歴史の標準化比率 = \left[\frac{0-0.35}{\sqrt{0.35}}, \frac{1-0.28}{\sqrt{0.28}}, \frac{0-0.17}{\sqrt{0.17}}, \frac{0-0.20}{\sqrt{0.20}}\right] = [-0.59, 1.37, -0.41, -0.45] \quad (13.9)$$

のように，表 13.6 (D) の標準化比率に変換される。

図 13.4 (B) に描くように，列カテゴリーは，上記の仮想典型比率に基づく標準化比率を座標値として，行カテゴリーと同じ 4 次元空間に位置づけられ，「**行カテゴリーが既に映されている鏡**」（部分空間）に射影される。この「鏡」を正面から見たのが，図 13.3 の布置である。

13.7. 累積寄与率

表 13.7 に示すように，各次元に対応する固有値という数値が得られ，これが各次元の得点の重要性を表す。各**固有値**を，固有値の合計（0.71 = 0.52 + 0.17 + 0.02）で除した率を**寄与率**と呼び，この寄与率を累積した**累積寄与率**が，「解の次元数の十分さ」を表す。例えば，表 13.7 の第 2 次元の率 0.97 は，第 1，第 2 次元の得点が，もとの分割表の情報の 97 ％を表し尽くしていることを意味する。なお，表 13.7 の第 1 次元の（累積）寄与率も 0.73 と高率であり，1 次元解，つまり，第 1 次元の数量化得点だけでも，もとの分割表の情報の 73 ％が表されるといえる。1 次元解の布置は，表 13.5 の第 1 次元の得点に基づいて，カテゴリーを直線上に並べたものとなる。

表 13.7　固有値と累積寄与率[*1]

	第1次元	第2次元	第3次元
固有値 [*2]	0.52	0.17	0.02
寄与率	0.73	0.24	0.03
累積寄与率	0.73	0.97	1.00

[*1] SPSS (Categories) の「データの分解→コレスポンデンス分析」を使用
[*2] SPSS (Categories) では「イナーシャ（inertia）」と表示される。これは，対応分析のフランス学派特有の用語である。

13.8. 行・列主成分解と対称解

表 13.4 (C) の分割表を**転置**して（表の行と列を入れ替えて）得られる 4 行（特徴）× 5 列（観光地）の分割表に，対応分析を適用することもできる。前節までと行カテゴリーと列カテゴリーが入れ替わるだけで，計算原理は 13.6 節に記した原理と同じである。この分析で得られた第 1，第 2 次元の得点に基づいて，カテゴリーをプロットしたのが，図 13.5 である。このように転置された分割表の分析結果を**列主成分解**と呼ぶのに対して，図 13.3，表 13.5 の解を**行主成分解**と呼ぶ。ただし，両種の解の固有値と累積寄与率は，同じく表 13.7 となる。

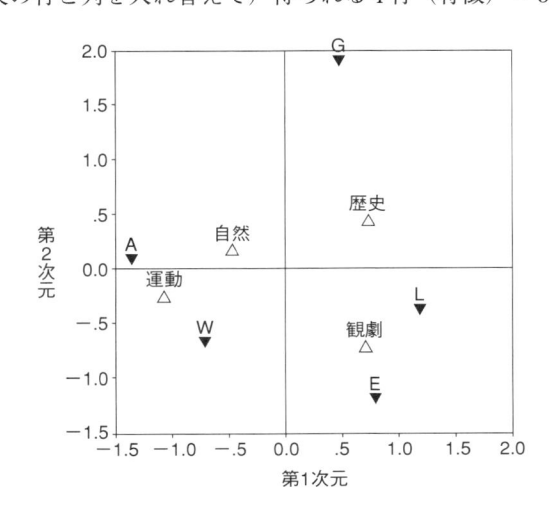

図 13.5　表 13.4 (C) を転置した分割表の対応分析の結果（列主成分解）
SPSS (Categories) の「データの分解→コレスポンデンス分析」を使用

行主成分解と列主成分解を比較すると，前者の図13.3では，表13.4（C）の行カテゴリー（G, W, L, E, A）が中心に集まるのに対して，列カテゴリー（自然・歴史・運動・観劇）は周辺に広く散布するが，後者の図13.5では反対に，列カテゴリー（自然・歴史・運動・観劇）が中心に集まるのに対して，行カテゴリー（G, W, L, E, A）が周辺に散布する。しかし，「Gが上部，AとWが左，LとEが右下」といった行カテゴリーどうしの位置関係は，図13.3と図13.5で同じであり，列カテゴリーどうしの位置関係も2つの図で同じである。

行・列カテゴリーの一方が中心に集まると，布置全体として幾分見にくいので，行・列主成分解を組み合わせて，行と列カテゴリーが同じ広範さで散布する布置を描くと，図13.6が得られる。こうした布置は，**対称解**と呼ばれ，次の方法で求められる。すなわち，「中心に集まる行主成分解（図13.3）の行カテゴリーの数量化得点に一定数をかけた値」を行カテゴリーの座標値とし，「中心に集まる列主成分解（図13.5）の列カテゴリーの得点に一定数をかけた値」を列カテゴリーの座標値として，行と列カテゴリーを同じ布置に位置づけたのが，図13.6である。しかし，対称解は，異なる解である図13.3の行カテゴリーと図13.5の列カテゴリーを1つにまとめて，恣意的に見やすくした布置であり，解の表示として望ましくないとする研究者も少なくない。

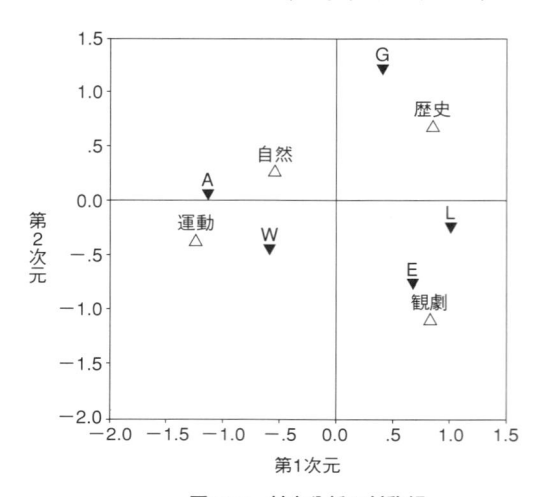

図13.6 対応分析の対称解
SPSS（Categories）の「データの分解→コレスポンデンス分析」を使用

14 多次元尺度法

多次元尺度構成法（<u>M</u>ulti<u>d</u>imensional <u>S</u>caling を略して **MDS**）は，20世紀の半ばより，計量心理学の分野で生まれ育った。MDSの目的は，「対象間の**距離的なデータ**」から「対象の**地図**」を求めることである。例えば，数値1が「非常に似ている」，10が「全く似ていない（非類似である）」ことを表すとして，「pさんの顔」と「qさんの顔」の非類似性は6くらいに知覚されるとしよう。こうした**非類似性**は，数学的な距離そのものではないが，非類似であることが，対象どうしが遠いことを表す距離的なデータであり，MDSでは，こうしたデータからpさんやqさんの顔を位置づける地図つまり空間布置を求める。なお，多次元尺度構成法から「構成」を除いて簡略化した**多次元尺度法**という語を，MDSの訳語とすることもあり，本書では後者の名称を用いる。

この章では，14.1節～14.4節で基本的なMDSを解説した後，14.5節では，特殊なMDSと位置づけられる多次元展開法を紹介する。そして，14.6節以降では，複数のデータセットを分析するためのMDSを説明する。なお，MDSの計算法には種々のものがあり，同じデータであっても，ソフトウェアによっては，本書と少し異なる結果を出力するものもある。しかし，種々の計算法の間に，原理の本質的な違いはない。

14.1. 距離的データから地図を描く

他の章で記した多変量解析法は，個体（行）×変数（列）のデータ行列を分析するものであるが，多次元尺度法（MDS）は，表14.1（B）のように，**行と列に同じ対象が並ぶデータ行列**に適用される。ここで，データ行列の要素は，行・列の対象どうしの遠さを表す距離的なデータである。**距離的データ**には，被験者が評定した対象間の非類似性の値や，対象である人間どうしの対人的な距離など，種々のものがある。

表14.1（B）のデータは，心理学の分野間の距離的データである。これの素データは表14.1

表14.1 1979年に，行に並ぶ学術誌の掲載論文が列の学術誌[*1]の論文を引用した頻度と，列が行を引用した頻度の和[*2]（A）と，それを距離的データに変換した行列（B）

(A) 素データ（近接性データ）

対象	社会	応用	生理	教育	臨床	実験	計量
p. 社会心理	—						
q. 応用心理	58	—					
r. 生理心理	17	0	—				
s. 教育心理	82	18	2	—			
t. 臨床心理	144	12	5	16	—		
u. 実験心理	78	7	45	11	4	—	
v. 計量心理	16	6	1	10	19	8	—

(B) 距離的データ

対象	社会	応用	生理	教育	臨床	実験	計量
p. 社会心理	—						
q. 応用心理	86	—					
r. 生理心理	127	144	—				
s. 教育心理	62	126	142	—			
t. 臨床心理	0	132	139	128	—		
u. 実験心理	66	137	99	133	140	—	
v. 計量心理	128	138	143	134	125	136	—

[*1] p～vの誌名: p = Journal of Personality and Social Psychology., q = Journal of Applied Psychology, r = Journal of Comparative and Physiological Psychology., s = Journal of Educational Psychology, t = Journal of Consulting and Clinical Psychology, u = Journal of Experimental Psychology, v = Psychometrika.
[*2] Weeks and Bentler（1982, Table 2）に基づき，足立（2002）でも同じデータを分析例にしている。

対象	次元1	次元2
p.社会	−0.03	−0.07
q.応用	−0.67	−0.35
r.生理	0.87	0.08
s.教育	−0.23	−0.51
t.臨床	−0.39	0.37
u.実験	0.56	−0.31
v.計量	−0.12	0.79

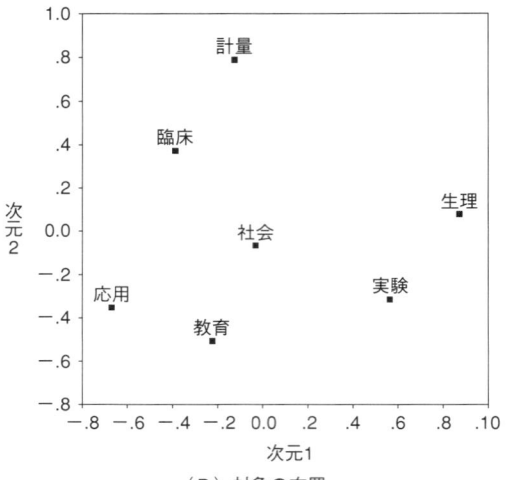

(A) 対象の座標値　　　　　　　　　　(B) 対象の布置

図14.1　MDSの2次元解(分野名から「心理」を省略)
SPSS(Categories)の「尺度→多次元尺度法(PROXSCAL)」を使用

(A) であり，各分野の代表的学術誌の交流頻度（論文の引用・被引用回数の和）を表す。交流頻度の高い対象どうしは近接すると見なせるので，表14.1 (A) は，対象どうしが近いほど，値が大きくなる近接性データである。ここで，何か定数を決めて，「定数−近接性データ」を求めれば，値が大きいほど遠いことを表す距離的データとなる。そこで，表14.1 (A) の中の最大値である144を上記の定数として，「距離的データ = 144 − (A) の近接性データ」として得られた値が表14.1 (B) である。なお，ソフトウェアによっては，指定をすれば，以上のような**近接性から距離的データへの変換**手続きを，自動的に行ってくれる。

表14.1 (B) のデータをMDSで分析すると，図14.1 (A) のように，各対象の2次元の座標値が算出され，座標値に基づいて対象をプロットしたのが (B) の空間布置である。この布置は，**地図**と同様に対象間の遠近を表すものである。例えば，布置で近接する「実験」と「生理」は，近い（似た）分野であり，布置で隔たる「実験」と「計量」は，異質な分野であると見なせる。

布置の中に，**有意味な方向**を見出すことも，結果の解釈法の1つである。しかし，MDSは，13.3節に記した「解に包含関係がある方法」ではなく，次元1，2の座標値が第1，第2に重要であるといった意味はない。従って，一般に，空間布置の次元1（横軸）と次元2（縦軸）に特別な意味はなく，布置の中で，解釈できる方向（直線）を分析者自身が探し出すことになる。例えば，図14.1 (B) の左下から右上に伸びる直線を考えれば，左下にある「応用」・「教育」が実際場面への応用に係わるのに対して，対極の右上に位置する他の分野は基礎的であることから，上記の直線は，「応用−基礎の次元」のように命名できよう。また，(B) の左上から右下に伸びる直線を考えれば，左上の「臨床」・「計量」の分野が一般に実験を行わない非実験系であるのに対して，右下の「実験」・「生理」が，実験を行う分野であることから，上記の直線は「非実験系−実験系の次元」とでも解釈できる。

14.2. 多次元尺度法の原理

MDSによって，図14.1 (A) の座標値が解として得られたわけであるが，本節ではMDSの計算原理を説明する。まず，計算前は未知である対象p（社会），q（応用），…，v（計量）の座

標値を，それぞれ，$[p_1, p_2]$，$[q_1, q_2]$，…，$[v_1, v_2]$ と表そう．これらの記号を使えば，対象間の距離を式で表せる．例えば，社会と応用の**距離**は，ピタゴラスの定理より，

$$\mathbf{p} と \mathbf{q} の距離 = \sqrt{(p_1-q_1)^2+(p_2-q_2)^2} \quad (14.1)$$

と表せる．さて，この距離に対応する距離的データは，表 14.1（B）より，86 であるが，この 86 に，次節で説明する変換 f を施した変換後データを $f(86)$ と表そう．この変換後の距離的データ $f(86)$ と，(14.1) 式の距離ができるだけ合致することが望ましい．そこで，変換後データ $f(86)$ と，距離 (14.1) 式との相違を，両者の差の 2 乗

$$[f(86) - \sqrt{(p_1-q_1)^2+(p_2-q_2)^2}]^2 \quad (14.2)$$

で表し，これをできるだけ小さくする $[p_1, q_1]$，$[p_2, q_2]$ の具体的数値を求めることを考える．

ただし，表 14.1（B）を見ると，対象のペアは，左上の p（社会）− q（応用）から右下の u（実験）− v（計量）まで，計 21 対（つい）ある．そこで，(14.2) 式のような「変換後の距離的データと距離の式との相違」を，計 21 対について合計した

$$ストレス関数 = [f(86)-\sqrt{(p_1-q_1)^2+(p_2-q_2)^2}]^2 + [f(127)-\sqrt{(p_1-r_1)^2+(p_2-r_2)^2}]^2 \\ + \cdots + [f(136)-\sqrt{(u_1-v_1)^2+(u_2-v_2)^2}]^2 \quad (14.3)$$

を最小にする $[p_1, p_2]$，$[q_1, q_2]$，…，$[v_1, v_2]$ の具体的数値が，MDS の解となる．この解が，図 14.1（A）の座標値である．MDS の分野では，(14.3) 式を**ストレス関数**と呼び，(14.3) 式の右辺の $[p_1, p_2]$，…，$[v_1, v_2]$ に，図 14.1（A）の解 $[-0.03, -0.07]$，…，$[-0.12, 0.79]$ を代入して得られるストレス関数の具体的数値を，**ストレス値**と呼ぶ．さらに，ストレス値を（しかるべき数値で除して），0 以上 1 以下の値に変換したものを**正規化ストレス値**と呼ぶ．

以上の計算原理を，図 14.2 に模式的に描いた．すなわち，「距離的データを f で変換した値」と，「対象の座標値から数式で表現される距離」との相違を (14.3) 式のように定義して，これを小さくする座標値を求める．以上が MDS の計算原理である．

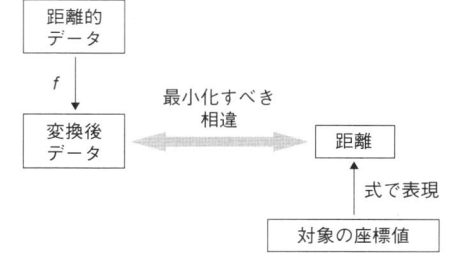

図14.2　MDSの計算原理の模式図

14.3. データの尺度水準と変換

変換 f の役割は，「距離的データ」を，「距離」と同様の**比率尺度**の数値と見なせるように変換することである．ここで，比率尺度とは，0 が「無」を表す数を指す．「距離 = 0」とは，まさに「距離は無」つまり「2 つの対象が同一であること」を表し，距離は比率尺度の数値である．しかし，表 14.1（B）の距離的データを見ると，社会と臨床のデータは 0 になっているが，この 0 が「距離は無」つまり「社会と臨床が同一であること」を表すとは考えがたい．つまり，表 14.1（B）のデータは，比率尺度とはいえず，f による変換を要すると考えられる．

変換 f の内容は，距離的データが①比率尺度のときに用いる f，②間隔尺度のときの f，③順

序尺度のときのfと，3種のオプションに分かれ，それぞれ，次の内容である。

① **比率尺度**：「$f(86) = 86$」，「$f(0) = 0$」のように，変換を加えない。

② **間隔尺度**：「$f(86) = 86 + c$」，「$f(0) = 0 + c = c$」のように，ある対象のペアの距離的データが0であっても，それらは「cで表される値」だけ離れると見なす。このcの値は，分析者が定めるのではなく，MDSの計算途上で推定される。

③ **順序尺度**：距離的データが，順序の情報しか持たないときに用いるオプションである。例えば，対象のペアp−q間の距離的データが5，s−t間のデータが6，v−w間のデータが20であったとしても，これら5，6，20の数値そのものには意味がなく，単に，「p−q間よりs−t間の方が距離が離れ，さらに，s−t間よりv−w間の方が離れている」という**遠近の順序関係**だけを，データが表しているときに用いる。関数fの内容は複雑で，ここでは省くが，以上のような順序データを，できるだけ「距離」と同様の比率尺度を満たすような数値に変換する役割を，fが果たす。なお，このオプションを選んだときのMDSを，特に**非計量多次元尺度法**と呼ぶ。

変換fのオプションの選択は，分析者の判断にまかされる。例えば，図14.1は，「表14.1（B）のデータが分野間の遠近の順序関係だけを表す」と判断して，「データが順序尺度のときのf」を選んだ結果である。

14.4. 解の次元数

対象を位置づける空間は，2次元の空間（平面）とは限らない。例えば，次元数を3とすると，p（社会），q（応用）の座標値はそれぞれ$[p_1, p_2, p_3]$，$[q_1, q_2, q_3]$と表せ，p−q間の距離を表す（14.1）式は$\sqrt{(p_1-q_1)^2+(p_2-q_2)^2+(p_3-q_3)^2}$と変わるが，MDSの計算原理や変換は，14.2節，14.3節に記したことと変わりない。

MDSで得られる空間の次元数の上限は「**対象数 − 1**」であり，表14.1のデータについては，$7 - 1 = 6$次元となる。つまり，1次元解〜6次元解の計6種類の解を求めることができる。ここで，MDSは，**解に包含関係がない方法**であり，多次元の解がより少数次元の解を包含することはない。

何次元の解を採用するかを決める方法の1つに，**スクリー基準**がある。この方法では，「1次元解を求めた後，2次元解を求める…」というように，各次元数の解を求めた後，図14.3のように，それぞれの解のストレス値または正規化ストレス値を結んだ折れ線を描く。一般に，次元数が増えるとストレス値は低下するが，MDSのスクリー基準とは，「折れ線の**屈曲点の次元数**」つまり「その次元数までは折れ線の下降が急であるが，以降は緩やかになる次元数」を選ぶ方法であり，図14.3では「次元数 = 2」が選定される。しかし，「折れ線に屈曲点が見出せない」あるいは「対象の布置

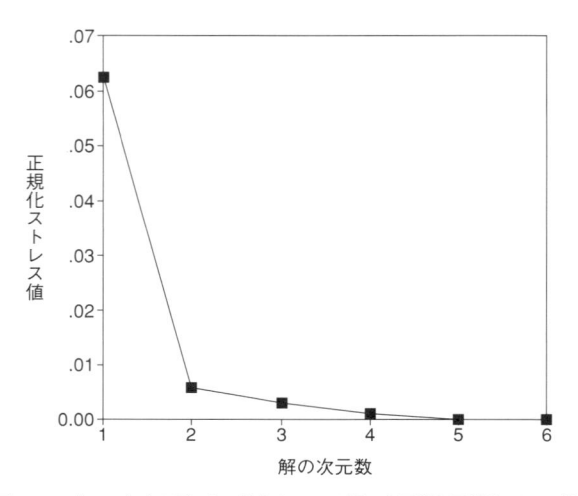

図14.3 表14.1（B）のデータに対するMDSの解の次元数と正規化ストレス値
SPSS（Categories）の「尺度→多次元尺度法（PROXSCAL）」を使用

を描きたいが，スクリー基準によれば（布置が描けない）4次元以上の解が選ばれる」という場合は，分析者は困ってしまう。こうした場合には，分析者が望む次元数の解を，正規化ストレス値とあわせて報告するのがよいと著者は考える。

14.5. 多次元展開法

狭義のMDSは，行と列に同じ対象が並ぶデータ行列の分析法を指すが，**行と列に異なる対象が並ぶ**距離的データ行列に適用されるMDSを，特に，**多次元展開法**と呼ぶ。後者のデータの例を表14.2に示す。これは，20名の被験者に7種の対象（色）が「どのくらい好きか（嫌いか）」を評定させた結果であり，値が小さいほど「**好き**」であることを表す。「嫌い」とは，被験者と対象の距離が隔たることに対応し，「好き」とは両者が近いことに対応する点で，表14.2は，一種の距離的データである。

多次元展開法では，14.2節に記したMDSと全く同じ原理で，**被験者と対象**の座標値を求める。例えば，空間の次元数を2として，被験者1の座標値を $[a_1, a_2]$，対象の橙（オレンジ）色の座標値を $[p_1, p_2]$ とすると，被験者1と橙色の距離は $\sqrt{(a_1-p_1)^2+(a_2-p_2)^2}$ と表せ，対応する表14.2のデータの値は6である。後者を変換した $f(6)$ と前者の距離との相違が小さくなるような被験者・対象の座標値が，図14.4に示す解となる。こうした空間布置での点の遠近から，被験者どうし，対象どうし，および，被験者と対象の関係を把握できる。

表14.2 色の選好データ（実データ）

被験者	橙	青	草	緑	赤	黄	紫
1	6	1	3	1	6	5	6
2	4	5	1	1	1	7	9
3	5	5	5	5	1	5	2
4	9	2	4	3	4	3	5
5	5	3	3	2	3	6	9
6	4	1	9	5	1	3	5
7	6	3	8	7	4	6	2
8	4	3	6	6	3	3	2
9	4	1	5	5	8	4	7
10	2	1	8	7	5	5	6
11	1	1	9	3	4	6	8
12	6	1	6	6	1	4	1
13	2	1	6	4	3	5	7
14	6	1	1	1	1	9	2
15	1	3	5	5	1	5	5
16	3	2	4	6	2	6	3
17	1	1	2	1	1	1	1
18	3	2	1	2	4	3	1
19	4	4	6	4	1	5	2
20	9	5	4	3	4	9	8

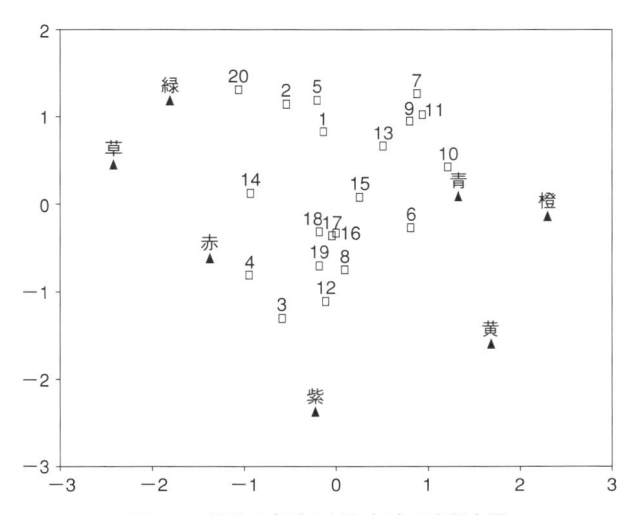

図14.4 被験者（□）と対象（▲）の空間布置
SPSS（BASE）の「尺度→多次元尺度法（ALSCAL）」を使用

14.6. 重みつき距離に基づく多次元尺度法

再び，行と列に同じ対象が並ぶ距離的データ行列に話を戻す。ただし，14.4節までのような単一のデータ行列ではなく，**複数の行列**が得られる場面を考える。例えば，図14.5（A）のように，2名の被験者（個体）aとbが，図の（D）に描いた（輪郭と目が異なる）顔図形p, q, r, s間の非類似性を評定した結果，2つの距離的データ行列が得られたとしよう。このデータをみると，顔pとqの非類似性を，被験者aは2と評定しているのに対して，bは6と答え，**個人差**が見られる。こうした個人差を考慮に入れて，複数のデータ行列を分析するためのMDSを，**個人差多次元尺度（構成）法（個人差MDS）**と呼ぶ。なお，データが得られるのは人間（被験者）からとは限らないので，個体差MDSという名称の方が適切かもしれないが，慣習的に個人差MDSという名称が使われる。以下，慣習に従って，「個体」の代わりに「個人」という語を用いる。

個人差MDSは，**重みつき距離モデル**に基づき，このモデルの考え方は，次の2つの文に集約される。

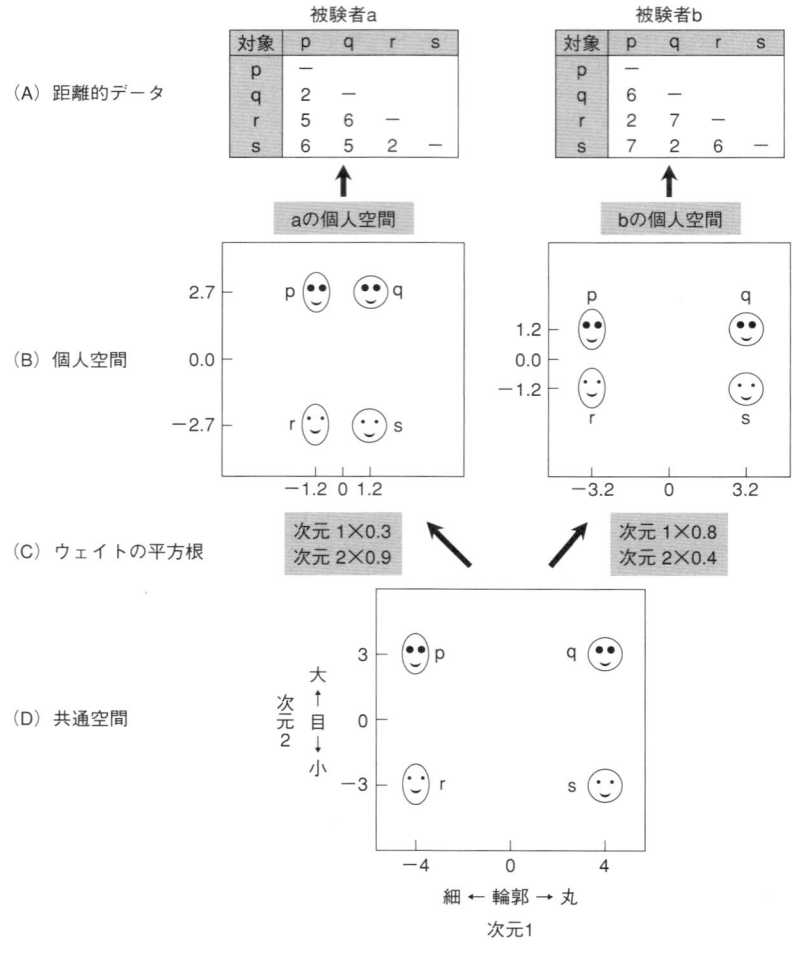

図14.5　重みつき距離モデル

すべての人に共通する単一の空間布置（共通空間）が存在する．　　　　　(14.4)

共通空間の各次元に与えるウェイト（重み）に，個人差がある．　　　　　(14.5)

これらの仮定の意味を説明するため（分析前には未知である座標値などを）仮に既知であるとして描いた図が，図14.5の(B)，(C)，(D)である．

　まず，(14.4)の文に記した**共通空間**を描いたのが，図14.5の下部(D)である．ここで，図示した顔の中心が座標値を表す．この空間の次元1（横軸）は，「顔の輪郭が細いか丸いか」に対応し，次元2（縦軸）は「目の大きさ」に対応することを，頭にとどめておこう．さて，この共通空間だけでは，前段に記した被験者aとbの評定値の個人差は説明できない．

　そこで，(14.5)に記した考え方を使い，被験者aとbは，共通空間の各次元に異なる**ウェイト**を与えていると考える．例えば，被験者aは「輪郭には注目しないが，目には注意を向ける人」であり，次元1（輪郭の次元）には0.3だけの注意しか向けないが，次元2（目の次元）には0.9の注意を向けるとしよう．このことは，共通空間(D)の次元1の座標値を0.3倍，次元2を0.9倍にした図，つまり，図14.5(B)の左の布置で表される．この布置を被験者aの**個人空間**と呼ぶ．例えば，対象pとsの座標値は，共通空間(D)では$[-4, 3]$と$[4, -3]$であるが，上記のaの個人空間内では，$[0.3 \times (-4), 0.9 \times 3] (= [-1.2, 2.7])$および$[0.3 \times 4, 0.9 \times (-3)] (= [1.2, -2.7])$となる．従って，この空間内での距離は，

$$\begin{aligned}
\text{aの個人空間内でのpとsの距離} &= \sqrt{\{0.3 \times (-4) - 0.3 \times 4\}^2 + \{0.9 \times 3 - 0.9 \times (-3)\}^2} \\
&= \sqrt{0.3^2(-4-4)^2 + 0.9^2\{3-(-3)\}^2}
\end{aligned} \quad (14.6)$$

の右辺のように，「共通空間における座標値の差の2乗にウェイト（次元に乗じた値の2乗）を乗じた値の和の平方根」で表せる．(14.6)式の個人空間内の距離を，特に，**重みつき距離**と呼ぶ．ここで，重み，つまり，**ウェイト**とは，次元に乗じた値ではなく，その2乗である$0.3^2 = 0.09$（次元1）および$0.9^2 = 0.81$（次元2）を指す．(14.6)式の値は5.91となり，データ（図14.5(A)）の6に近似する．

　一方，被験者bは「輪郭には注意を向けるが，目を重視しない人」であり，次元1に0.8，次元2に0.4程度の注意を向けると考えれば，図14.5(B)の右の布置（bの個人空間）が得られる．従って，

$$\text{bの個人空間内でのpとsの距離} = \sqrt{0.8^2(-4-4)^2 + 0.4^2\{3-(-3)\}^2} \quad (14.7)$$

と表せ，その値は6.84となって，データの7に近似する．

　対象pとqの距離も，被験者aの個人空間内では2.4，bの個人空間内では6.4となって，それぞれ，図14.5(A)の2および6に近似する．p–sやp–q以外の対象のペアについても，各個人空間内の距離は，データの図14.5(A)に近似する．つまり，(14.4)，(14.5)の仮定に基づけば，距離的データの個人差をうまく説明できる．

14.7. 重みつき距離の式による表現

図14.5では，重みつき距離モデルの考え方を説明するため，共通空間での座標値やウェイトを既知と想定したが，実際には計算前には未知である。そこで，記号を使って，共通空間での対象p, q, r, sの座標値を$[p_1, p_2]$, $[q_1, q_2]$, $[r_1, r_2]$, $[s_1, s_2]$と表し，個人aが次元1と次元2に与えるウェイトをa_1, a_2，個人bが次元1, 2に与えるウェイトをb_1, b_2と表そう。これらの記号を用いると，例えば，(14.6) 式に記した重みつき距離は，

$$\text{aの個人空間内でのpとsの距離} = \sqrt{a_1(p_1-s_1)^2+a_2(p_2-s_2)^2} \qquad (14.8)$$

と表せる。**個人差MDS**は，図14.7 (A) の距離的データに変換fを施した値と，(14.8) 式のような距離の式との相違を**ストレス関数**として定義し，これを最小にする$[p_1, p_2]$, …, $[s_1, s_2]$（共通空間での対象の座標値）とa_1, a_2, b_1, b_2（個人の次元のウェイト）の具体的数値を求める。

14.8. 個人差多次元尺度法の適用例

表14.3には，5名の被験者が8種のスポーツの非類似性を評定した結果を示す。このデータを，間隔尺度の数値と見なして，個人差MDSで分析した。個人差MDSでも1次元の解から「対象数 − 1」次元までの解が得られるが，14.4節で説明したスクリー基準に基づいて，2次元解を採用した。

図14.6に，共通空間の解を示す。空間内での遠近が対象間の関係を表すことは，14.5節までの方法と同じであるが，これらの方法と個人差MDSが異なるのは，個人差MDSの空間布置（図14.6）の横軸と縦軸つまり各次元が特別な意味を持つことである。その理由は，「解に包含関係があって，次元1, 2, …が第1, 第2, …に重要である」からではない。個人差MDSも**解に包含関係がない**手法であるが，(14.5) に記したように，**各次元**が「それに被験者が与える**ウェイトによって，個人差が説明される**」という特別な役割を担うからである。従って，各次元の方向が何を表すかは，解釈の対象となる。

共通空間（図14.6）の**次元1**は，左

表14.3 複数(5名)の被験者が評定したスポーツ間の非類似性
(値が大きいほど非類似であることを表す；実データ)

個人	対象*	p	q	r	s	t	u	v	w
被験者1	p. 野球	—							
	q. バレー	5	—						
	r. サッカー	2	5	—					
	s. テニス	4	3	5	—				
	t. 卓球	6	3	6	2	—			
	u. バスケ	3	2	4	5	3	—		
	v. ラグビー	5	5	2	6	7	4	—	
	w. ソフト	1	4	2	5	4	3	5	—
被験者2	p. 野球	—							
	q. バレー	7	—						
	r. サッカー	7	7	—					
	s. テニス	3	6	7	—				
	t. 卓球	3	7	7	1	—			
	u. バスケ	6	3	6	3	7	—		
	v. ラグビー	7	6	2	6	7	2	—	
	w. ソフト	1	6	7	2	3	7	6	—
被験者3	p. 野球	—							
	q. バレー	5	—						
	r. サッカー	4	5	—					
	s. テニス	7	3	5	—				
	t. 卓球	4	3	7	1	—			
	u. バスケ	5	2	5	7	5	—		
	v. ラグビー	6	5	1	7	6	5	—	
	w. ソフト	1	5	4	5	7	5	5	—
被験者4	p. 野球	—							
	q. バレー	6	—						
	r. サッカー	7	7	—					
	s. テニス	6	6	6	—				
	t. 卓球	5	6	7	5	—			
	u. バスケ	7	5	6	6	6	—		
	v. ラグビー	7	6	5	7	6	5	—	
	w. ソフト	2	7	6	6	6	6	7	—
被験者5	p. 野球	—							
	q. バレー	5	—						
	r. サッカー	5	3	—					
	s. テニス	3	4	5	—				
	t. 卓球	4	2	4	1	—			
	u. バスケ	5	3	3	6	5	—		
	v. ラグビー	5	5	3	6	5	4	—	
	w. ソフト	1	5	5	3	4	5	5	—

*「バレー」，「バスケ」，「ソフト」は，それぞれ，バレーボール，バスケットボール，ソフトボールの略

に位置するバットやラケットを使うスポーツと，そうした「棒」を使わない右のスポーツを対比させている点で，「棒の有無の次元」とでも解釈できる。一方，上に位置するスポーツがグランドのような大きな競技場で行われるのに対して，下に位置するスポーツが比較的小さな競技場で行われる点で，**次元2**は「競技場の大小の次元」と解釈できる。以上の解釈によれば，被験者が「棒の有無」と「競技場の大小」に与えるウェイトの相違によって，評定の個人差が現れるといえる。

図14.7（A）は，各被験者が次元1と次元2に与えた**ウェイト**の解を示し，この解を終点の座標値としたベクトルによって各被験者を表したのが，図14.7（B）である。次元1と次元2のウェイトが $[0.41, 0.50]$ である被験者1は，次元1（棒の有無）より次元2（競技場の大小）に着目しているのに対して，被験者2は次元1をより重視し，また，被験者4は，ほぼ同等の重みを両次元においているといえる。ただし，被験者間でウェイトの値が極端に異なることはなく，個人差はさほど大きくないといえる。なお，上記のように，複数のウェイトの値の大小については，相互比較はできても，個々の値の絶対評価はできない。例えば，被験者1の次元1のウェイト0.41だけを見て，「これが小さい，あるいは，大きい」といった判断はできない。

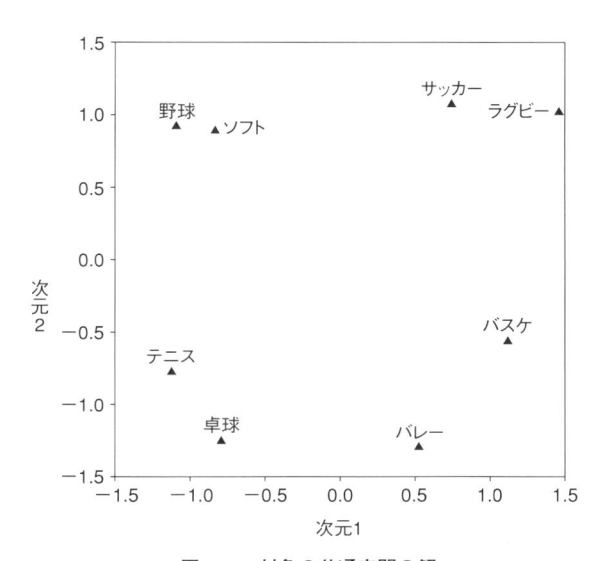

図14.6　対象の共通空間の解
SPSS（Categories）の「尺度→多次元尺度法（PROXSCAL）」を使用

個人	次元1	次元2
被験者1	0.41	0.50
被験者2	0.54	0.36
被験者3	0.44	0.48
被験者4	0.47	0.43
被験者5	0.52	0.39

（A）個人の次元ウェイト　　　　　　（B）ウェイトのベクトル図

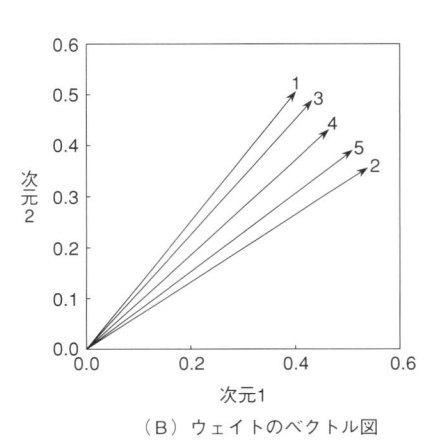

図14.7　ウェイトの解
SPSS（Categories）の「尺度→多次元尺度法（PROXSCAL）」を使用

判別分析　15

　判別分析とは，統計学的に「群（の）判別」を行う方法の総称である。ここで，**群判別**とは，個体を幾つかの群（グループ）のいずれかに分類すること，言い換えれば，個体が所属する群を判別することを指す。例えば，「幾つかの医学的な変数に基づいて，個体（来診者）を，健常（群）・風邪（群）・花粉症（群）・アレルギー性鼻炎（群）の4群のいずかに分類する」という診断は，群判別の例である。なお，2章のクラスター分析が行う分類は，「群をつくること」または「群を見出すこと」であったのに対して，判別分析が行う**分類**つまり群判別は，上述のように，「予めつくられた群」に個体を振り分けることである。

　冒頭の15.1節で解説する多変量正規分布は，判別分析に限らず，多変量解析の諸方法に関連するものであるが，本書の中では，この章の冒頭に登場させるのが適切と判断した。15.1節の内容を基礎にして，15.2節～15.4節では，群判別の原理の基礎を解説する。具体的なデータ例を使った解説は，15.5節以降になり，15.5節～15.6節では，2群の線形判別分析の適用例を記す。最後の2つの節で紹介する正準判別分析は，群判別よりも，むしろ，「各群がどのように異なるのかを探る」ために使われる方法である。

15.1. 多変量正規分布

　分布の解説の前に，「確率」と「確率密度」という用語にふれておく。身長や体重のように，実数値をとる変数については，これら2つの用語が使い分けられる。例えば，「身長が173.0 ± 1cmの範囲内で，かつ，体重が67.0 ± 0.5kgの範囲内の人が現れる確率は……」というように，**確率**は，「変数がある範囲内の値であること」の「生起しやすさ」を表す。ここで，上記の身長や体重の範囲「± 1cm，± 0.5kg」を「± 0」として，範囲をなくす場合を考えよう。この場合には，「身長が173.0cmで，かつ，体重が67.0kgの人が現れる確率密度は……」という言い方が正しい。つまり，**確率密度**は「変数が，ピッタリと特定の値をとること」の「生起しやすさ」を表す。確率と確率密度には以上のような違いがあるが，両者の違いは，この章の内容には関係しないので，読者は，確率も確率密度も，**事象の生起しやすさを表す数値**には違いないと考えておこう。

　さて，身長・体重のような複数変数の確率密度を表す理論分布の代表が，図15.1（A）に例示する（2変量の）**多変量正規分布**であり，これは，1変数の正規分布を，複数変数の場合に拡張したものである。この分布の図は，横軸の変数の値と（奥に伸びる）縦軸の値の組み合わせに対する確率密度を，垂直軸で表した立体図である。すなわち，図15.1（A）では，身長・体重を横・縦軸とする「地面」に立つ，釣鐘状の「山」の高さが，確率密度を表す。例えば，「身長＝173，体重＝67」の地点の山の高さが，「身長＝173，体重＝67の確率密度」を表す。

　図15.1（A）の山を「天空」から見下ろして，山の頂上を点で表し，適当に選んだ3つの等高線を楕円で表した鳥瞰図が，図15.1（B）である。これらの楕円は，同じ確率密度の高さの

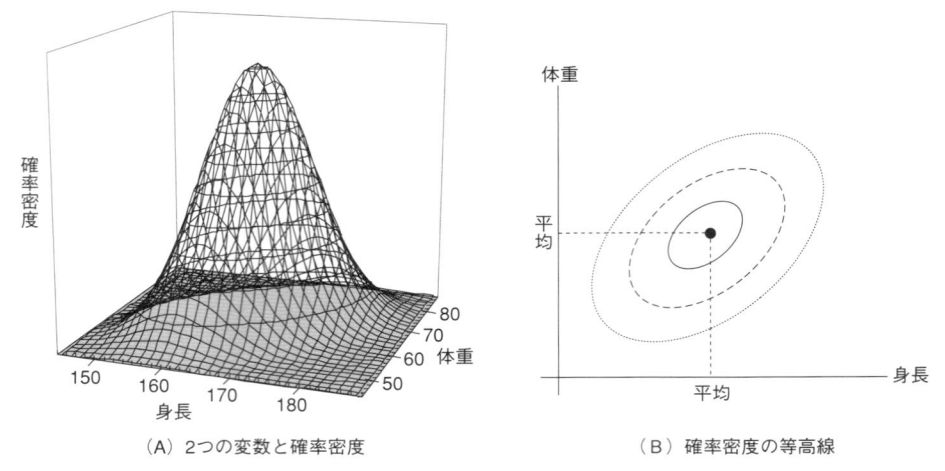

図15.1　2変量正規分布の確率密度と確率等高線

(A) 2つの変数と確率密度　　　(B) 確率密度の等高線

身長・体重の値を結んだ線であるので，これを，確率（密度の）等高線のカッコ内を略して**確率等高線**と呼ぶことにする。外側の確率等高線ほど，低い確率密度に対応する。

多変量正規分布は，変数の平均と共分散行列によって，位置と形状が定まる分布である。すなわち，図15.1（B）が示すように，2変数の**平均**の場所が山の頂上となり，確率等高線つまり楕円の形（右上がり，右下がりの程度や楕円の幅）が，2変数間の**共分散行列**によって定まる。例えば，次節の説明に使う図15.2の（B）に，3種の多変量正規分布の確率等高線を描いたが，中心に「a山」と付された多変量正規分布の位置と形状は，図15.2（A）のa群の欄に記した平均と共分散行列に規定される。

「身長 = 173 かつ体重 = 67 かつ座高 = 80 かつ胸囲 = 90 の確率密度は……」というように，変数が3つ以上である場合も，（図では描けないが）以上と同様に多変量の正規分布は定義され，それらも，平均と共分散行列によって位置と形状が決まる。多変量正規分布という用語は，こうした2変数以上の正規分布の総称名である。

15.2. 群判別の原理

個体（被験者）の心理的症状を調べる検査1と検査2の得点から，個体が，a群（健常者），b群（bというタイプの神経症），c群（cタイプの神経症）という3つの群のいずれであるかを判別する問題を考えよう。この群判別は，検査1と2の得点の**各群ごとの確率分布**を用いて行われる。ここで，確率分布の種類は，多変量正規分布であるとする。

図15.2（A）に，各群の平均・共分散行列を示し，図15.2（B）には，これらに基づく多変量正規分布の平均と確率等高線（楕円）を描いた。各群の分布は，平均を頂上として，外の楕円ほど低くなる「山」の形をなすので，図（B）にも「a山，b山，c山」と記した。3つの山の，実線で記した内側の楕円は，互いに等しい高さ（確率密度）を表し，同様に，1つ外側の点線の楕円，および，外周の点線の楕円も，それぞれ，3つの山の「等しい高さ」を表す。

さて，**判別対象の個体**（診断を受ける被験者）の検査結果が，[検査1の得点 = 40，検査2の得点 = 60]であったとして，図15.2（B）には，この変数値を四角（□）で表した。この個体の群判別は，(a) 上記の検査1と2の [40, 60] という得点がa群から生起する確率密度，(b) [40, 60] がb群から生起する確率密度，(c) [40, 60] がc群から生起する確率密度という，計3つの確率密度の高低を比較して，

「確率密度が最高である群に，個体を分類する」　　　　　　　　　　　　　　　　(15.1)

という判別規則で群判別を行う。

(a), (b), (c) の確率密度は，それぞれ，図 15.2 (B) の [40, 60] つまり □ の「地点」での，a 山，b 山，c 山の高さに対応する。それぞれの山の等高線に着目すると，□ は c 山よりは遠く離れて，(c)「[40, 60] が c 群から生起する確率密度」は最も低いことがわかる。次に，a 山と b 山を比較すると，□ は a 山の外周（3 つの等高線の中で最も低い箇所を表す線）に位置するのに対して，□ は b 山の外周より 1 つ内側の等高線に位置して，(a) より (b) が高い，つまり，[40, 60] が a 群から生起する確率密度より，b 群から生起する確率密度の方が高い。従って，判別対象の個体は，**b 群に分類する**（b タイプの神経症と診断する）のが妥当であろう。

なお，(15.1) の確率密度に加えて，「世間一般に a 群，b 群，c 群に属する人の比率」までも考慮に入れる判別規則に，**ベイズ規則**があるが，その説明は本書では割愛する。

群	a群		b群		c群	
変数	検査1	検査2	検査1	検査2	検査1	検査2
平均	52.1	43.3	25.9	74.8	71.0	23.4
共分散行列 検査1	355.7		180.4		435.1	
共分散行列 検査2	203.8	252.5	−198.8	369.4	212.6	166.4

(A) 群ごとの平均と共分散行列（仮想数値例）

(B) 群ごとの確率密度の等高線

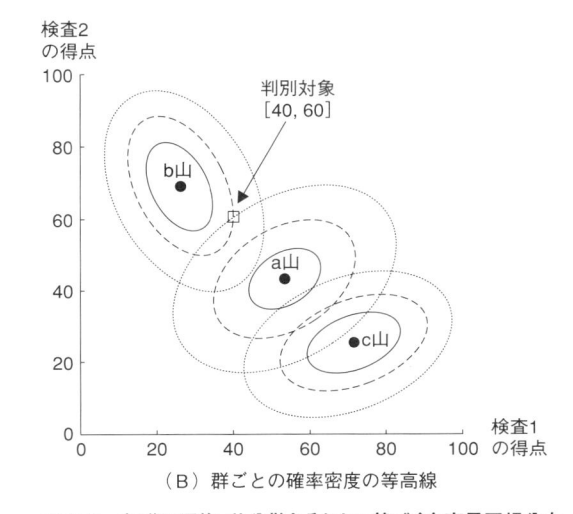

図15.2 各群の平均・共分散とそれらに基づく多変量正規分布

15.3. 共分散が等しい 2 群の判別

この節では，**群の数が 2 つ**で，それらの共分散行列が等しいときに，線形判別関数という関数の正負によって，群判別ができることを説明する。

例えば，判別対象の個体（大学受験前の被験者）が，文科系学部へ進学するのが相応しい a 群（文科系群）か，理科系へ進学すべき b 群（理科系群）かを，高校での語学・理数系科目の成績によって判別する進路診断場面を考える。ここで，図 15.3 の (A) に示すように，a 群と b 群の 2 変数の平均は異なるが，

「各群の共分散行列は等しい」　　　　　　　　　　　　　　　　　　　　　　(15.2)

としよう。これらの値に基づく多変量正規分布の確率等高線を，図 15.3 の (B) に楕円で描いた。a 群と b 群は，平均は異なるので，両群の「山」の頂上の位置は異なるが，(15.2) より「山」の**形状は同じ**になる。つまり，各群の分布の確率等高線は，同じ方向・形の楕円になる。

ある判別対象の個体の成績 [語学 = 58, 理数 = 62] に対応する点を，□（白い四角）で示したが，明らかに，□ は a 群よりも b 群の分布から生起する確率密度の方が高く，判別規則

群	a群（文科系）		b群（理科系）	
変　数	語学	理数	語学	理数
平　均	76.20	61.42	66.93	72.16
共分散行列　語学	120.77		120.77	
共分散行列　理数	60.05	146.98	60.05	146.98

(A) 平均と共分散行列（仮想数値例）

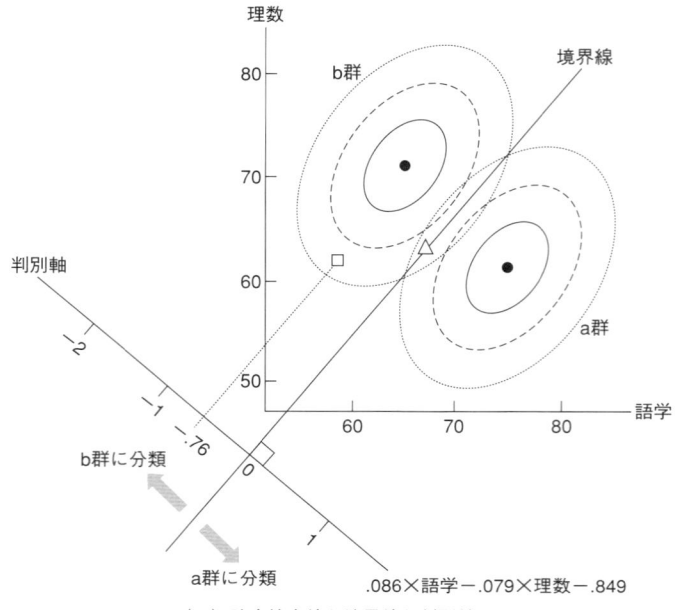

(B) 確率等高線と境界線と判別軸

図15.3　共分散行列が等しい2群と線形判別分析

(15.1) より，b群に分類される。

さて，判別対象の個体の成績が，図15.3 (B) の△（三角）であるとしよう。この△の位置では，a群の山もb群の山も高さは同じ，つまり，△は，どちらの群からも同じ確率密度で生起するため，群の判別ができない。この△と同様に，aとbの山の高さが同じになる位置を結んだのが，「境界線」と記した線である。**境界線**という名称は，判別対象が，この線の左上に位置すればb群に，右下であればa群に分類されるという，群判別の境界であることによる。この境界線は，群間で共分散行列が異なるときは曲線になるが，(15.2) の条件が成り立てば，図15.3 (B) のように直線になることが知られる。

図の左下に描くように，境界線と直角に交わる線を**判別軸**と呼ぶ。境界線が直線のとき，この判別軸の上での座標値を，境界線との交点が0になるように設定すれば，判別対象の判別軸での座標値が正・負のいずれになるかによって，群の判別ができる。

上記の判別軸での座標値は，

$$\text{判別関数} = w_1 \times \text{語学} + w_2 \times \text{理数} + c \tag{15.3}$$

のように，各変数の重みつき合計に切片 c を加えた式で表せる。(15.3) 式を**判別関数**または**線形判別関数**と呼び，重み w_1, w_2 を**判別係数**と呼ぶ。図15.3 の場合には，$w_1 = 0.086$, $w_2 = -0.079$, $c = -0.849$ となり，判別関数 (15.3) は，$0.086 \times $ 語学 $- 0.079 \times $ 理数 $- 0.849$ となる。この式に，□の成績 ［語学 = 58，理数 = 62］ を代入すれば，$0.086 \times 58 - 0.079 \times 62 -$

$0.849 = -0.76$ となり，図 15.3（B）に記した□の判別軸での座標値と一致することが確認できる。-0.76 は負であるので，□の個体はb群に分類されることになる。この -0.76 のように，判別関数の具体的数値を**判別得点**と呼ぶ。

以上のことをまとめておく。群の数が2つで，条件（15.2）が満たされるとき，判別関数（15.3）の係数と切片が求まれば，それに判別対象の変数の値を代入した判別得点によって，

「判別得点が正のとき，個体をa群に，負のとき，b群に分類する」　　　（15.4）

という規則の群判別ができる。以上の方式による群判別を，**線形判別分析**と呼ぶ。

15.4. 判別分析の2ステップ

図 15.2（A）や図 15.3（A）には，各群の平均や共分散が事前に既知であるとして，具体的数値を記したが，実際には，群判別に先立って予めデータを収集して，そのデータから各群の平均や共分散を算出しなければならない。上記の「予め収集するデータ」とは，どの群に属するかが既に判明している複数個体のデータである。例えば，15.3 節の進路診断のケースでは，a群である（文科系に進学して適応している）ことが既に判明している（大学入学後の）被験者，および，b群であること（理科系に適している）ことが判明している被験者の，高校時代の成績である。こうしたデータを，**既知群データ**と呼ぶことにする。

以上のように，実際には，群判別を行う前に既知群データを分析して，平均や共分散のように確率分布を規定するパラメータを求めておく必要がある。すなわち，判別分析は，次の①，②のステップから成り立つ。①**既知群データから各群の確率分布を求める**。②**各群の確率分布に基づき，判別対象の個体を適切な群へ分類する**。15.2 節と 15.3 節では，上記の①と②の中で，ステップ②だけを説明したわけである。

さて，判別関数（15.3）に基づく**線形判別分析**では，関数のパラメータである係数 w_1, w_2 や切片 c の値を求めれば，（15.4）によって群判別ができるので，前段に記した群判別のステップ①，②を，確率分布という用語を使わずに，次のように書き換えることができる。

①「既知群データを分析して，判別関数のパラメータの値を求める」．　　　（15.5）

②「判別関数に，判別対象の個体の変数値を代入して，判別得点を求め，
　　判別規則（15.4）によって群判別を行う」．　　　（15.6）

15.5. 線形判別分析の適用例

（15.5），（15.6）に記したステップ①，②の例として，個体（入社直後の社員）が，営業職に適したa群（営業群）と，技術職に適したb群（技術群）のいずれであるかを，個体の社交性・協調性・勤勉性・進取性に基づいて判別する適性診断場面を考える。ここで，進取性とは，「新しいものを積極的に取り入れる傾向」を表す。変数が2つでなくとも，条件（15.2）が成り立てば，**判別関数**は，（15.3）式のように，変数の重みつき合計に切片を加えた式によって「判別関数 $= w_1 \times$ 社交性 $+ w_2 \times$ 協調性 $+ w_3 \times$ 勤勉性 $+ w_4 \times$ 進取性 $+ c$」と表せる。

ステップ①のための**既知群データ**を，表 15.1（A）としよう。これらは既に営業または技術

表15.1 線形判別分析のデータと結果

(A) データ (仮想数値例)

群	個体	社交性	協調性	勤勉性	進取性
a群	1	15	14	15	14
	2	11	13	17	17
	3	16	14	17	26
	4	19	21	18	15
	5	18	26	21	15
	6	15	28	18	12
	7	17	19	12	10
	8	12	15	18	12
	9	13	22	16	10
	10	14	26	18	6
	11	16	20	18	18
	12	11	15	20	15
	13	20	21	17	20
	14	15	20	19	12
	15	13	13	17	16
b群	16	11	15	18	17
	17	10	13	16	9
	18	11	14	24	16
	19	10	10	13	12
	20	10	14	22	18
	21	13	19	23	24
	22	11	10	20	28
	23	15	20	20	16
	24	12	22	23	16
	25	11	18	18	10
	26	12	10	19	27
	27	10	14	21	19

(B) 結果

個体	判別得点	判別結果
1	1.24	a群
2	−0.62	b群*
3	0.71	a群
4	2.30	a群
5	1.67	a群
6	1.57	a群
7	2.95	a群
8	−0.20	b群*
9	1.04	a群
10	1.35	a群
11	1.17	a群
12	−1.04	b群*
13	2.64	a群
14	0.87	a群
15	0.06	a群
16	−0.70	b群
17	−0.44	b群
18	−1.96	b群
19	−0.12	b群
20	−1.94	b群
21	−1.10	b群
22	−1.83	b群
23	0.51	a群*
24	−0.82	b群
25	−1.01	b群
26	−1.27	b群
27	−1.77	b群

* 15.6節に記す簡便な評価法の結果,誤判別となったケース

職に適することが判明している個体(社員)の入社時の得点である。このデータを分析すれば,表15.2の左の列のようにパラメータ(係数・切片)の解が得られ,これらを上の式に代入すると,

$$\text{判別関数} = 0.319 \times \text{社交性} + 0.062 \times \text{協調性} - 0.205 \times \text{勤勉性} - 0.037 \times \text{進取性} - 0.820 \tag{15.7}$$

となる。以上がステップ①である。

ステップ②に移る。営業または技術へ**配属される前**の個体(新入社員)の得点が「社交性 = 12, 協調性 = 10, 勤勉性 = 18, 進取性 = 13」であるとしよう。これらを (15.7) 式に代入すると,$0.319 \times 12 + 0.062 \times 10 - 0.205 \times 18 - 0.037 \times 13 - 0.820 = -0.54$ という判別得点が得られ,判別規則 (15.4) より,この個体はb群(技術群)へ分類される。

以上の線形判別分析は条件 (15.2) を前提にしているが,表15.1のa群およびb群のデータから算出される共分散行列は同じにはならない(共分散の値を示す表は省略)。つまり,表15.1のデータは,条件 (15.2) のとおりにはならないが,線形判別分析を適用することは,暗黙裡に次のカッコ内の仮定に基づいている。「母集団のa群とb群の**共分散行列**は互いに等しいが,そこからサンプリングされた表15.1 (A) のデータでは,誤差のため,群間で共分散行列が相違している」。一般に,こうした仮定のもとに線形判別分析は行われる。

ソフトウェアによっては,(15.7) 式のすべての係数と切片の**正負を反転**した結果を,出力するものもある。この場合は,判別規則も,(15.4) を反転して「判別得点が<u>負のとき</u>,個体

をa群，正のときb群に分類する」というように設定されており，結局，個体の群判別の結果は，正負が反転しても同じになる。

さて，表15.2の右の**標準判別係数**とは，変数を標準化して，変数間で分散を統一化した上での判別係数である。これは，「どの変数が，群の判別に大きく寄与しているか」を見るための指標である。こうした変数間の寄与の大小比較には，変数の分散の影響を受ける判別係数ではなく，標準判別係数を参照する必要がある。表15.2の標準判別係数をみると，絶対値が最大である「社交性」の判別への寄与が高く，最小の「進取性」の寄与が低いといえる。

表15.2 判別係数の解*

説明変数	判別係数	標準判別係数
社交性	$w_1 = 0.319$	0.73
協調性	$w_2 = 0.062$	0.29
勤勉性	$w_3 = -0.205$	-0.54
進取性	$w_4 = -0.037$	-0.20
切片	$c = -0.820$	

* SPSS（BASE）の「分類→判別分析」を使用した後，SPSSの切片の値を調整（付録A.4の判別分析の項を参照）

なお，以上のような群判別問題に利用できる方法として，ここまで記した方法とは別に，**ロジスティック回帰分析**という方法があるが，この分析法には本書では触れない。

15.6. 誤判別率と交差検証法

判別分析による群判別が，必ずしも正しいとは限らない。そこで，群判別がどの程度，正確または不正確であるかを見るため，誤った群判別がなされるケースの比率，つまり，**誤判別率**を評価する必要がある。

簡便な評価法は，既知群データの各個体の判別得点を求めて，それに基づく群判別の結果と個体の所属群の一致・不一致を見ることである。例えば，表15.1（A）の個体2の変数の値［11，13，17，17］を，(15.7)式の右辺に代入すると，判別得点 -0.62 が得られ，判別規則(15.4)より個体2はb群に分類される。しかし，個体2は，実際にはa群に所属するので，判別分析では誤判別されることになる。以上のようにして得られる判別得点と群の判別結果を，表15.1（B）に示した。ここで，誤判別のケースには，結果の欄に星印を付した。

こうした判別結果が正または誤りであった個体の数をまとめたのが，表15.3の（A）である。（A）の「12，3」と記された行は，所属群がa群である15個体のうち，3個体が誤ってb群に分類されたことを表し，（A）の最下行「1, 11」は，所属群がb群である12個体のうち，1個体が誤ってa群に分類されたことを表す。2つの群をまとめると，誤判別の総数 $3 + 1 = 4$ を個体の総数27で除して，誤判別率は $4/27 = 0.15$（$= 15\%$）となる。

しかし，以上の評価法には不自然な側面があり，**誤判別率を過少評価**することが知られている。その理由は，判別関数を求める役割の既知群データが，判別対象の役割も兼ね，現実場面とは異なるからである。例えば，表15.1（A）の個体1の変数の値［15，14，15，14］は既知群データの一部をなすが，この既知群データの分析から得られた判別関数(15.7)式に，再び個体1の［15，14，15，14］を代入して，表15.1（B）の判別得点1.24を求めている。しかし，現実場面では，前節からの適性診断の例（つまり，既知群データは群への配属後の個体のデー

表15.3 所属群と判別結果の群の集計表* ：セル内は該当する個体数

所属群	(A) 簡便な評価法		(B) 交差検証法	
	結果		結果	
	a群	b群	a群	b群
a群	12	3	11	4
b群	1	11	2	10

* SPSS（BASE）の「分類→判別分析」を使用

タで，判別対象は未配属の個体であること）からわかるように，判別対象の個体は，既知群データには含まれない．従って，判別関数を求めるための**既知群データ**から，判別の正誤が問われる**判別対象を分離**した方法が，自然な誤判別率評価法といえる．

こうした自然な評価法に，既知群データを「仮の既知群データ」と「仮の判別対象」に分割する**交差検証法**（または**交差妥当化法・クロスバリデーション**）と呼ばれる方法がある．この方法では，まず，個体1を「仮の判別対象」として，残り27 − 1 = 26の個体（2, 3, …, 27）のデータを「仮の既知群データ」とする．そして，後者の「仮の既知群データ」から判別関数を求める．その結果は，判別関数 = 0.298 × 社交性 + 0.074 × 協調性 − 0.203 × 勤勉性 − 0.031 × 進取性 − 0.875 となるが，これに，「仮の判別対象」である個体1のデータ「15, 14, 15, 14」を代入すると，判別得点1.15が得られ，判別結果はa群で誤判別ではないことがわかる．次に，個体2のデータを「仮の判別対象」，残り26の個体（1, 3, …, 27）を「仮の既知群データ」とみなして，上記と同様に判別関数の算出と群判別を行い，個体2の判別結果の正誤をみる．この手続きを個体1, 2だけでなく，個体1から27までのすべてが「仮の判別対象」となるように，27回繰り返す．以上の交差検証法で評価された判別結果をまとめたのが，表15.3の（B）である．この（B）より，両群をまとめた誤判別の率は（2 + 4）/27 = 0.22（= 22%），言い換えれば，正判別率は 1 − 0.22 = 0.78（= 78%）であるといえる．

15.7. 正準判別分析

15.3節とは異なる観点で線形判別分析を説明するため，図15.3から，確率等高線と判別軸以外を消して，任意の軸zを書き加えたのが，図15.4である．この図で，a群とb群の分布を「山」に見立て，2つの山の横を通る「道路」を想像すると，判別軸は，「そこを通れば，aの山とbの山の違いを最もよく見極められる道路」といえる．このことは，図15.4の下部に点線で描いた任意の軸zと判別軸を比べれば，理解で

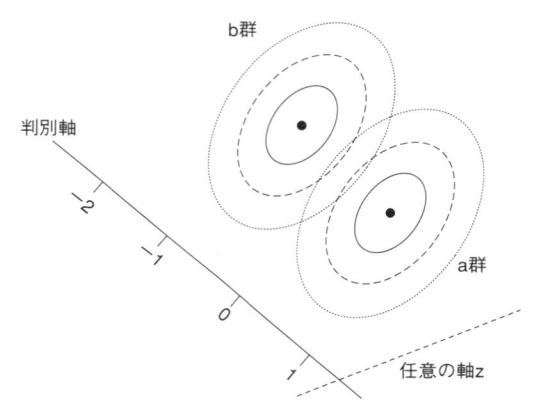

図15.4 分布の群間の差異がよく見える軸（判別軸）と見えない軸（z）

きよう．軸zの上に立って山を眺めても，aとbの山が重なって，よく区別できない．以上の説明でわかるように，線形判別分析は，**群間の相違を最もよく区別できる軸（判別軸）**を求める方法として，導出することができる．

群の数が3つ以上の場合に，前段に記した観点から判別関数を求める方法を，**正準判別分析**と呼ぶ．この方法は，「3つ以上の群（山）の違いをよく区別できる判別軸」を求めるもので，判別軸での対象の座標値が判別関数，その具体的数値が判別得点となる．例えば，ロック・ミュージックの5つのグループが発表した延べ20の曲を，評論家が6つの特徴について評定した結果，表15.4（A）のデータが得られたとして，このデータに，「個体＝曲，群＝ロック・グループ，特徴＝変数」と見なし，正準判別分析を適用しよう．

正準判別分析では，**複数種類の判別関数**が得られ，「**判別関数の数**」＝「**（群の数−1）と（変数の数）の少ない方**」である．表15.4（A）のデータからは，群の数 − 1 = 4と変数の数 =

表15.4 ロック・グループ[*1]の作品の特徴（仮想数値例）

(A) データ

群[*1]	曲	作曲	演奏	テンポ	重量感	編曲	斬新さ
1 LZ	1	9	8	2	6	10	7
	2	6	8	5	7	6	9
	3	6	6	4	8	5	5
	4	4	8	8	7	6	6
2 CR	5	7	10	5	6	4	3
	6	1	9	9	7	7	4
	7	4	9	7	5	6	6
3 RS	8	5	4	9	6	0	8
	9	5	5	10	7	7	5
	10	3	5	8	5	3	5
	11	6	5	7	5	5	6
4 BT	12	8	6	4	4	5	6
	13	4	6	7	4	1	5
	14	10	5	6	3	10	6
	15	5	6	6	3	2	4
	16	5	3	8	5	3	5
5 PF	17	4	6	3	5	7	6
	18	5	4	2	6	5	9
	19	1	4	1	5	3	7
	20	6	4	4	4	6	10

(B) 判別得点[*2]

曲	第1	第2	第3	第4
1	4.20	−0.07	−0.24	1.87
2	4.99	0.68	0.70	−0.01
3	3.08	0.14	1.59	1.05
4	3.86	2.32	0.97	−0.83
5	1.50	4.53	−1.13	1.44
6	2.66	2.85	−1.08	−1.99
7	1.32	2.23	−1.69	−0.85
8	−2.30	0.54	2.40	−0.69
9	−1.19	1.56	2.05	−0.62
10	−2.74	0.15	−0.09	−1.04
11	−2.18	0.12	0.59	0.11
12	−1.70	−0.07	−0.53	1.39
13	−3.36	0.98	−0.97	−0.45
14	−4.23	−0.14	−0.18	1.55
15	−4.64	0.77	−1.78	0.20
16	−4.67	−0.61	1.32	−0.18
17	1.43	−2.33	−1.35	−0.09
18	2.63	−4.32	0.77	0.19
19	1.65	−5.60	−1.44	−0.90
20	−0.33	−3.72	0.11	−0.14

[*1] LZ (Led Zeppelin), CR (Cream), RS (Rolling Stones), BT (Beatles), PF (Pink Floyd)。すべて，1960年代〜70年代を中心に活躍した英国のロックグループ
[*2] SPSS (BASE) の「分類→判別分析」を使用

6の少ない方，つまり，4種類の判別関数が得られ，それらは下記のとおりである。

　第1判別関数 = −0.27×作曲 + 0.69×演奏 − 0.50×テンポ + 1.19×重量感 + 0.18×編曲 + 0.51×斬新さ − 10.39．

　第2判別関数 = 0.39×作曲 + 0.77×演奏 + 0.52×テンポ + 0.17×重量感 − 0.19×編曲 − 0.29×斬新さ − 7.86．

　第3判別関数 = 0.30×作曲 − 0.40×演奏 + 0.20×テンポ + 0.71×重量感 − 0.07×編曲 + 0.12×斬新さ − 4.53．

　第4判別関数 = 0.41×作曲 − 0.02×演奏 − 0.19×テンポ + 0.08×重量感 − 0.05×編曲 − 0.18×斬新さ − 0.06．

上記の判別関数の右辺に，各曲の変数の値を代入すると，表15.4 (B) のように，判別得点が得られる。

　以上の判別関数の算出原理を，図15.5を用いて説明する。図の (A) は，6つの変数に対応する6次元の座標の空間内に，各個体（曲）が，点として散布する様子を描いた模式図であり，同じ群に属する個体の点を大雑把に円で囲んだが，これらの円を，図15.4の「山」と同様のものと見よう。図15.5の5つの群を最もよく区別できる軸が，図15.5 (B) の**第1判別軸**であり，この軸上での個体の座標値が第1判別得点となる。次に，第1判別軸に「一定の角度」をなす直線の中で，群をできるだけよく区別する軸が**第2判別軸**である。なお，「一定の角度」の意味は難解になるので省く。一般に，正準判別分析の結果として，上位の判別関数だけを採用することが多いので，第3以降の判別軸は，図15.5 (B) には描いていない。

　図15.5 (B) の第1判別軸の方向に沿って，各群の円が散らばり，群がよく区別されることがうかがえるが，群2および群5の個体の第1判別軸上での座標値は互いに近く，群2と群5だけは，第1判別軸で十分区別されない。しかし，群5と他の群は第2判別軸によって区別される。ここに，3群以上の場合に複数の判別軸つまり判別関数が得られる理由がある。つまり，

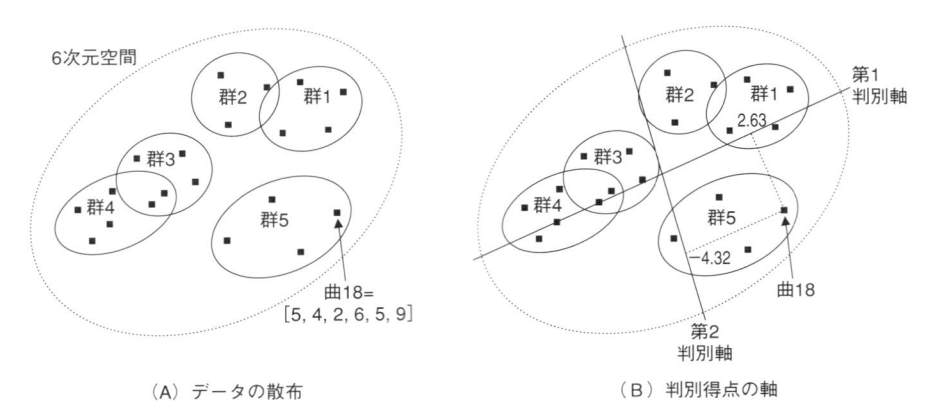

図15.5 正準判別分析のイメージ図

（A）データの散布　　　　　　　　　（B）判別得点の軸

「2つの山を区別するためには1つの軸（いわば視点）で十分であるが，3つ以上の群を区別するためには，**複数の判別軸**（つまり複数の視点）が必要になる」わけである。

15.8. 群間相違の探索

図15.5（B）に描いた第1，第2判別軸上での，各個体の座標値が表15.4（B）の第1，第2**判別得点**となるが，これらを横・縦軸にして，個体をプロットしたのが図15.6（A）であり，同じ群に属する個体の点は円で囲んだ。また，図の（B）には，表15.4（B）の第1・第2判別得点と表15.4（A）の変数との**相関係数**を示す。

図15.6（B）より，第1判別得点には，重量感や演奏力が比較的高い正の相関を示し，これらの特性の高低によって5つの群（ロック・グループ）は，よく区別されるといえる。第1判別得点は，図15.6（A）の横軸（第1判別軸）の座標値であるので，（A）の右に位置づけられる群・個体ほど重量感があり，演奏がうまいといえる。一方，第2判別得点には，演奏力とテンポが比較的高い正の相関を示すが，斬新さが負の相関を示し，（A）の縦軸（第2判別軸）は，これらの変数と関わるといえる。つまり，図の上に位置づけられる群・個体ほど，演奏がうまくてテンポがよく，下に位置づけられるものほど（負の相関を示した）斬新性を持つといえる。

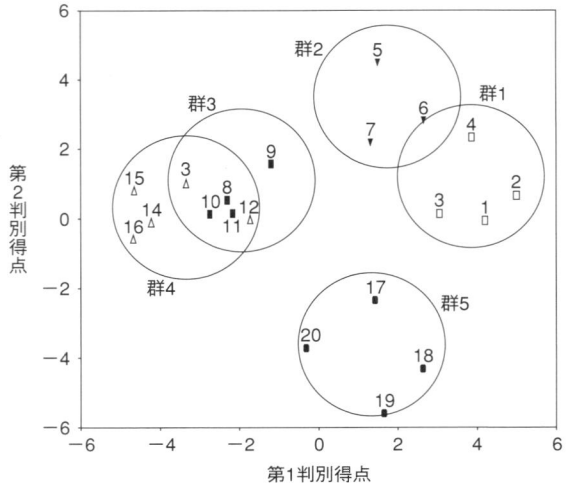

変数	判別得点	
	第1	第2
作曲	−0.12	0.12
演奏	0.55	0.71
テンポ	−0.41	0.65
重量感	0.72	0.05
編曲	0.44	0.05
斬新さ	0.29	−0.64

（A）上位の判別得点による散布図　　　　　　　（B）相関係数

図15.6 判別得点による個体の散布図と変数・判別得点の相関係数

付録 数値例に使ったソフトウェア操作の概略

本書のほとんどの数値例では，統計ソフトウェアのSPSS（version 12.0J）とAMOS（version 5）を使ったが，これらのソフトウェアで「どのような項目をクリックして，数値例の分析を行ったのか」を解説することが，この付録の主目的である。その前に，冒頭のA.1節では表計算ソフトウェアのExcelによる統計計算にふれ，その後，A.2節では，AMOSを使用した数値例の解説，A.3節では，SPSSを使用した数値例の解説を行う。

6章～10章の数値例で用いたAMOSの操作は，①各種のモデルを表すパス図の描画と②ボタンのクリック操作からなるが，①はモデルに依存するのに対して，②はモデルに関係なく同じである。ただし，①の描画をモデルごとに解説するのは本書の範囲を超えるので，A.2節では，6章～10章の数値例を一まとめにして，②の操作の概略だけを1つの表にまとめる。一方，その他の章の数値例で用いたSPSSの操作は，主にクリック操作からなるが，この操作手順は分析法によって異なる。そこで，A.3節では，各章の数値例ごとにSPSSの操作手順の概略をまとめる。

なお，ソフトウェアの使用説明は，本書の目的ではないので，「どのような項目をクリックしたのか」だけを，簡潔に記す。従って，SPSSやAMOSなどに初めて接した読者には，この付録の記述は意味不明であろうが，そうした読者も文中で引用する解説書を参照すれば，ソフトウェアの画面表示との対応関係から，以下の内容が理解できよう。

A.1. Excelによる基本統計量の算出

1章の表1.2，表1.3（A），表1.5，表4.1（B）および表4.4（B）などの統計量の算出には，表計算ソフトのExcelの関数を用いた。基本的な統計量を算出するためのExcelの関数名を，下の表に記す。

統計量	平均	標準偏差		分散		共分散	相関係数
		個体数で除す	不偏	個体数で除す	不偏		
関数名	AVERAGE	STDEVP	STDEV	VARP	VAR	COVAR	CORREL

Excelによる基本統計計算の手順を記した著書に，室・石村（2004），涌井・涌井（2003a）や渡辺・小山（2003）などがある。

A.2. AMOSの操作の概略

AMOSのAMOS Graphicsは，自分の考えたモデルのパス図を描くと，そのモデルに基づく分析を行う。AMOS操作の多くを占めるパス図描画の方法については，解説する紙面はないので，省略する。描画法を含めてAMOSの使用法を詳述した著書に，狩野・三浦（2002），山

本・小野寺（2002），涌井・涌井（2003b）や小塩（2004）などがある．なお，6章〜10章のモデルのパス図には，パラメータの記号を表示したが，AMOSではこうした記号を付記する必要はない．以下に，パス図描画以外の操作手順を記す．

■6章〜10章（パス解析・確認的因子分析・構造方程式モデリング）

下の表の上段の左に，該当箇所の図表番号，上段の右に使用ソフトウェアを記し，表の下段に，「→」の順で，順次現れるメニュー・ダイアログボックスでクリックする箇所や内容を記した．なお，「✔…」という表現は，✔以降に記した項目に✔マークを入れることを表し，⬆（出力パス図の表示）は，画面左上に表示される上向き矢印⬆をクリックすれば，解を付したパス図が表示されることを意味する．また，「×」はダイアログボックスを閉じる操作を表す．

図6.2，表6.2，表7.2，表7.3，表7.5，図7.5，図8.2，表9.2，図9.5，図9.6，図9.7，図10.4，表10.3，図10.6	AMOS Graphics
ファイル→データファイル→ファイル名→［データ・ファイル名を指定］→OK→［パス図の描画（必要があればパラメータの制約）］→表示→分析のプロパティ→出力→✔標準化推定値→✔重相関係数の平方→✔間接，直接または総合効果→×（閉じる）→ファイル→名前を付けて保存→［ファイル名をつける］→保存→モデル適合度→推定値を計算→⬆（出力パス図の表示）→標準化推定値→表示→テキスト出力の表示→モデルについての注釈→パラメータ推定値→モデル適合	

A.3. SPSSの操作の概略

本書では，SPSSの操作の概略を記すだけであるが，SPSS（BASE）の使用手順を詳述した著書に，室・石村（2002a）があり，SPSS（BASE）による多変量解析の手順を記した著書に，石村（2003）や室・石村（2002b）がある．また，SPSS（BASE）の出力内容を詳述した著書に，小野寺・山本（2004）がある．

13，14章の方法の実行には，SPSSのBASEだけでなく，SPSSのオプションCategoriesを要する．Categoriesの使用手順を記した著書に石村（2005）があるが，これは，数量化分析に限られ，Categoriesによって，数量化分析に加えてMDSを行うための手順を見るためには，英文マニュアルのMeulman, Heiser & SPSS（1999）を参照しなければならない．

以下に，■の記号の後に本文の章の番号と標題を記し，同じ手順の数値例を1つの表にまとめて，操作の概略を記す．表の上段の左には本文中の該当箇所の図表番号，上段の右には使用ソフトウェアを記し，表の下段には，「→」の順で，順次現れるメニュー・ダイアログボックスでクリックする箇所や内容を記した．なお，✔…や［…：✔…］という表現は，✔以降に記した項目に✔マークを入れることを表し，［…：●…］という表現は，●以降に記した項目に●マークを入れることを表す．また，［…▼：…］という表現は，▼ボタンを押して，▼以降に記した項目を選ぶことを表す．付記する事項は，表の脚注に記した．

■1章　多変量解析のための基礎統計法

表1.3（B）・表1.4	SPSS（BASE）*
分析→相関→2変量→［変数投入］→オプション→✔交差積和と共分散→続行→OK	

* SPSSが出力する共分散・分散・標準偏差は，「個体数 − 1」を分母とした定義に基づく不偏の共分散・分散・標準偏差である。上記の手順で，相関行列と共分散行列をまとめた表が出力される。

■2章　クラスター分析

図2.6・図2.8（A）	SPSS（BASE）
分析→分類→階層クラスタ→［変数投入］→作図→✔デンドログラム→続行→方法→［クラスタ化の方法▼：Ward法（またはグループ間平均連結法）］*→続行→OK	

* Ward法を指定すればウォード法，グループ間平均連結法を指定すれば群平均法の階層的クラスター分析が行われる。

図2.7	SPSS（BASE）
分析→分類→階層クラスタ→［変数投入］→［クラスタ対象:●変数］*→作図→✔デンドログラム→続行→方法→［クラスタ化の方法：▼Ward法］→続行→OK	

* データを実際に転置しなくてもよい。つまり，上記の*を付した指定によって，データは表2.1のままで，計算中に自動的に転置がなされる。

図2.8（B）	SPSS（BASE）
分析→分類→階層クラスタ→［変数投入］→作図→✔デンドログラム→続行→方法→［クラスタ化の方法▼：Ward法］→［標準化▼：Z得点］*→続行→OK	

* 入力データが素データ（表2.2（A））であっても，この指定によって，データが自動的に標準化される。

表2.3[*1]	SPSS（BASE）
分析→分類→大規模ファイルのクラスタ[*2]→［変数投入］→［クラスタの個数：3（にかえる）］→オプション→✔ケースに対するクラスタ情報→続行→反復→✔移動平均を使用→続行→OK	

[*1] SPSSが出力する「所属クラスタ」という表に対応する。ただし，SPSSでは，表2.3の平方距離ではなく，平方しない距離が出力される。
[*2] K平均クラスター分析（K平均法）を指している。

■3章　主成分分析（その1）

3章の数値例の主成分得点は，SPSSの直接的な操作では算出されないので，自作のプログラムによって求めた。しかし，SPSSの出力に「付加的処理」を加えれば，求めることができるので，その手順を記す。

表3.1，表3.4	SPSS（BASE）
分析→データの分解→因子分析[*1]→［変数投入］→因子抽出→［分析：●分散共分散行列］→［●因子数：変数と同数個とする］→続行→得点→✔変数として保存[*2]→続行→OK	

「付加的処理」
出力エディタの表「説明された分散の合計」の成分1, 2, …の「合計」の平方根を，データエディタに出力された，対応する番号の主成分得点に乗じる[*3]

[*1] SPSSでは，因子分析を選んで，因子抽出の方法を指定しないと，主成分分析を行う。
[*2] この操作によって，標準化された主成分得点が，（出力画面ではなく）データエディタに出力される。
[*3] 幾つかの主成分得点については，本文の数値例の結果と正負が反転するが，これは，3.3節に記したように，誤りではない。また，上記の手順の結果と本文の結果の間で若干数値が異なる箇所は，SPSSと自作プログラムとの計算精度の相違により，本質的には同じ結果である。

■ 4章　重回帰分析（その1）

表4.2，図4.3の標準偏回帰係数	SPSS（BASE）
分析→回帰→線型→［変数投入］→ OK	

表4.4	SPSS（BASE）
分析→回帰→線型→［変数投入］→保存→［予測値：✔標準化されていない］*→［残差：✔標準化されていない］*→続行→ OK	

＊　この指定によって，各個体の予測値と誤差の値（残差）が，（出力画面ではなく）データエディタに出力される。

■ 5章　重回帰分析（その2）

表5.1，表5.6（C）	SPSS（BASE）
分析→相関→2変量→［(すべての) 変数投入］→ OK	

表5.2	SPSS（BASE）
分析→回帰→線型→［変数投入］→保存→［残差：✔標準化されていない］*→続行→ OK	

＊　この指定によって，誤差の値（残差）がデータエディタに出力される。

表5.5，表5.6（B）	SPSS（BASE）
分析→回帰→線型→［変数投入］→統計→［回帰係数：✔信頼区間］→続行→ OK	

■ 11章　探索的因子分析（その1）

表11.1，表11.2（A）	SPSS（BASE）
分析→データの分解→因子分析→［変数投入］→因子抽出→［方法：最尤法とする］*[1]→［●因子数，2と入力］*[2]→続行→回転→［●プロマックス］→続行→ OK	

＊1　SPSSでは因子抽出の方法を指定しないと，主成分分析を行ってしまう。
＊2　因子数の指定をしないと，自動的に「相関行列の1以上の固有値の数」を因子数として（12.1節参照），その後の分析を行う。

表11.3	SPSS（BASE）
分析→データの分解→因子分析→［変数投入］→因子抽出→［方法：最尤法とする］→［●因子数，2と入力］→続行→回転→［●バリマックス］→続行→ OK	

■ 12章　探索的因子分析（その2）と主成分分析（その2）

図12.1	SPSS（BASE）
分析→データの分解→因子分析→［変数投入］→ OK＊　この後，プロットには，Excelを利用	

＊　出力画面の「説明された分散の合計」と題した表の，「初期の固有値」の「合計」の列が相関行列の固有値を表す。これらをExcelでプロットしたのが，図12.1である。

表 12.3	SPSS（BASE）
分析→データの分解→因子分析→[変数投入]→因子抽出→[方法：最尤法とする]→[●因子数，2と入力]→続行→回転→[●プロマックス]→続行→得点→✔変数として保存*→続行→ OK	

*　この操作によって，因子得点がデータエディタに出力される。

表 12.5（A）	SPSS（BASE）
分析→データの分解→因子分析*1→[変数投入]→因子抽出→[●因子数，8と入力]*2→続行→ OK	

*1　SPSSでは，因子分析を選んで，因子抽出の方法を指定しないと，主成分分析を行う。
*2　因子数の指定をしないと，「相関行列の1以上の固有値の数」の主成分しか出力されない（12.8節参照）。

表 12.5（B）	SPSS（BASE）
分析→データの分解→因子分析→[変数投入]→因子抽出→[●因子数，2と入力]→続行→回転→[●バリマックス]*→続行→ OK	

*　[●バリマックス]を[●プロマックス]に変えれば，表12.5（C）が得られる。

■ 13章　数量化分析

表 13.2，図 13.1	SPSS（Categories *1）
（データ入力*2）→分析→データの分解→最適尺度法→定義→[変数投入]→[年代をクリック]→範囲の定義→[最大：3]→続行→[関心をクリック]→範囲の定義→[最大：4]→続行→[住居をクリック]→範囲の定義→[最大：2]→続行→オプション→[✔オブジェクトスコアの保存]*3→続行→ OK	

*1　Categories は，BASE とは別売りのオプション。
*2　データは表13.1（B）のように入力する。
*3　この指定によって，個体の数量化得点が，（出力画面ではなく）データエディタに出力される。

表 13.3	SPSS（Categories）
分析→データの分解→最適尺度法→定義→[変数投入]→[年代をクリック]→範囲の定義→[最大：3]→続行→[関心をクリック]→範囲の定義→[最大：4]→続行→[住居をクリック]→範囲の定義→[最大：2]→続行→オプション→[✔オブジェクトスコアの保存]→続行→[解の次元：6と入力]→ OK	

表 13.5，図 13.3，表 13.7，（図 13.5，図 13.6）*1	SPSS（Categories）
①*2「（表13.4（C）を，そのままの形式で入力するのではなく，右の表のように入力する）*3→データ→ケースの重み付け→✔ケースの重み付け→[度数を，度数変数の欄に投入]→ OK ②*2「分析→データの分解→コレスポンデンス分析→[観光地を行に投入]→範囲の定義→[最小値に1，最大値に5を入力]→更新→続行→[特徴を列に投入]→範囲の定義→[最小値に1，最大値に4を入力]→更新→続行→モデル→[解の次元：3を入力]*4→[●行主成分]*1→続行→ OK	

	観光地	特徴	度数
1	1	1	4
2	2	1	4
3	3	1	1
4	4	1	2
5	5	1	8
6	1	2	6
7	2	2	1
8	3	2	6
9	4	2	2
10	5	2	0
11	1	3	0
12	2	3	4
13	3	3	0
14	4	3	0
15	5	3	5
16	1	4	0
17	2	4	2
18	3	4	5
19	4	4	0
20	5	4	0

*1　[●行主成分]を[●列主成分]に変えれば，図13.5が得られ，[●行主成分]を[●対称的]に変えれば，図13.6が得られる。
*2　入力データが分割表（クロス集計表）であることを指定する①のステップと，対応分析を行うことを指定する②のステップからなる
*3　右の表の，観光地の1,2,3,4,5はそれぞれ G，W，L，E，A を表し，特徴の1,2,3,4 は自然，歴史，運動，観劇を表す。すなわち，表13.4（C）のとおりに入力するのではなく，2つの列に行と列カテゴリーの番号を入力して，他の列に，度数を入力する。これが分割表であることを SPSS に認識させるため，①のステップを行う。
*4　この入力をせずに，規定値「解の次元：2」のままにしておけば，図13.3（および図13.5，図13.6）のように，次元1と2だけの空間布置が出力される。

■ 14章　多次元尺度法

図 14.1	SPSS（Categories）

（データ*1）→分析→尺度→多次元尺度法（PROXSCAL）→定義→[対象を近接に投入]→モデル→[形：●下三角行列]*2→[近似変換：●順序]→続行→ OK

*1　表14.1（B）をデータとしている。もし，表14.1（A）を入力データとする場合には，上記の [モデル] の後に，[近接：●類似度] と指定すれば，データが近接性（類似度）を表していることが察知され，自動的に距離的データに変換される。
*2　最初から，下三角行列が選択されているので，このステップは必要ないが，参考までに記した。

図 14.3	SPSS（Categories）

（データ*1）→分析→尺度→多次元尺度法（PROXSCAL）→定義→[対象を近接に投入]→モデル→[近似変換：順序]→[次元の最小値を1，最大値を6にする]*2→続行→作図→[✔ ストレス]*2→[共通空間の ✔ を除く]→続行→ OK

*1　表14.1（B）をデータとしている。
*2　これらの指定によって，ストレス値のプロットが表示される。

図 14.4	SPSS（BASE）

分析→尺度→多次元尺度法（ALSCAL）→[変数投入]→行列の型→●矩形→[行の数に20を入力]→続行→モデル→[尺度レベルで●間隔データ]→続行→オプション→[✔ グループプロット]→続行→ OK

図 14.6，図 14.7	SPSS（Categories）

分析→尺度→多次元尺度法（PROXSCAL）→[ソース数を ✔ 多重行列ソース]→定義→[対象を近接に投入]→モデル→[尺度モデルを●重み付きユークリッド]→[形を●下三角行列]→[近似変換で●間隔]→続行→ OK

■ 15章　判別分析

表 15.2	SPSS（BASE）

（データ入力*1）→分析→分類→判別分析→[グループ化変数に群番号の変数投入]→範囲の定義→[最小に1，最大に2を入力]→続行→[独立変数に変数投入]→統計→[関数係数 ✔ 標準化されていない]→続行→ OK
　上記の後，本文の解説に合わせて，切片の値を調整した*2

*1　群番号の変数の列を設けて，a群を1，b群を2とする
*2　15章では，(15.4) のように，判別得点が0より大きいか小さいかによって，群判別を行う方法を記したが，SPSSでは，判別得点がある基準値 d より大きいか小さいかによって，群判別を行うため，15章で説明した方法に比べて，切片の値が d だけ大きい。そこで，表15.2 および (15.7) 式には，SPSSの切片の解から d を引いた値を示した。しかし，判別係数の解は同じであり，(15.4) の判別規則も SPSS の判別規則も全く同じ群判別を行う。

表 15.3	SPSS（BASE）

（データ入力）→分析→分類→判別分析→[グループ化変数に群番号の変数投入]→範囲の定義→[最小に1，最大に2を入力]→続行→[独立変数に変数投入]→統計→[関数係数 ✔ 標準化されていない]→続行→分類→[表示で ✔ 集計表 ✔ 交差妥当化]→続行→ OK

表 15.4	SPSS（BASE）

分析→分類→判別分析→[グループ化変数に群番号の変数投入]→範囲の定義→[最小に1，最大に5を入力]→続行→[独立変数に変数投入]→統計→[関数係数 ✔ 標準化されていない]→続行→保存→[✔ 判別得点]*→続行→ OK

*　判別得点はデータエディタに出力される。

索　引

あ

RMSEA　　*71, 87, 100*
因果分析　　*9*
因果モデル　　*55, 75*
因子　　*75, 80, 81, 105*
因子間相関　　*79, 83, 103, 106, 108, 112, 116*
因子構造　　*108, 110*
因子数　　*110, 115, 124*
因子得点　　*118*
因子パターン　　*107, 110, 118*
因子負荷量　　*79, 105, 107, 109, 116*
因子分析　　*75, 105*
ウェイト　　*141*
ウォード法　　*15, 157*
AIC（赤池の情報量規準）　　*71, 72, 87, 100*
AGFI　　*71, 72, 87, 100*
AMOS　　*155, 156*
Excel　　*155*
SPSS　　*156, 157*
MDS　　→多次元尺度（構成）法
重みつき距離　　*141, 142*
重みつき距離モデル　　*140*
重みつき合計　　*32, 119*

か

回帰係数　　*7, 45, 46, 79*
回帰分析　　*7, 8, 35, 80*
回帰モデル　　*8, 77*
カイ二乗検定　　*59, 69, 77, 87, 100*
カイ二乗（χ^2）値　　*59, 68*
カイ二乗（χ^2）分布　　*59, 69*
階層的クラスター分析　　*11, 12*
回転　　*111, 116, 117, 122*
解に包含関係がある　　*129, 130*
解に包含関係がない　　*129, 138, 142*
解に基づく共分散　　*68, 73*
解の包含関係　　*128*
鏡　　*21, 25, 30, 132*
確認（志向）　　*8*
確認的因子分析　　*43, 75, 94, 156*
確率　　*145*
確率等高線　　*146*
確率密度　　*145*
仮想典型比率　　*132*
カテゴリー　　*125, 126, 130*
Categories　　*156, 159*

間隔尺度　　*138*
間接効果　　*62, 103*
観測変数　　*75, 82, 83, 93*
観測変数の構造方程式モデリング　　*58*
既知群データ　　*149, 151*
希薄化　　*83*
帰無仮説　　*51, 59*
境界線　　*148*
行カテゴリー　　*130, 131, 132, 133*
行主成分解　　*131, 133*
行単位の比率　　*131, 132*
共通因子　　*75, 105*
共通空間　　*141*
共通性　　*78, 108*
共分散　　*2, 155, 157*
共分散行列　　*2, 146, 157*
共分散行列のPCA　　*122*
共分散構造　　*65, 67, 70, 85, 93, 94, 98, 107*
共分散構造分析　　*65, 67, 94, 95, 103*
行列　　*1*
距離　　*11, 12, 137, 138*
寄与率　　*27, 110, 133*
距離的データ　　*135, 136, 139, 140*
近接性　　*136*
空間表現　　*9*
空間布置　　*9*
クラスター分析　　*11, 157*
クロスバリデーション　　→交差検証法
群判別　　*145*
群平均法　　*15, 157*
K平均クラスター分析（K平均法）　　*19, 157*
決定係数　　→分散説明率
検証的因子分析　　→確認的因子分析
合計得点　　*83*
交差検証法（交差妥当化法）　　*152*
構造方程式（モデル）　　*57, 65, 91, 93, 95*
構造方程式モデリング　　*43, 65, 92, 95, 156*
誤差　　*8, 36, 37, 47, 48, 57, 77, 80, 91, 105, 120*
誤差の大きさ　　*38, 60, 77, 102, 123*

誤差の分散（誤差分散）　　*40, 43, 58, 77, 102, 106, 123*
誤差の平均　　*39, 81*
個人空間　　*141*
個人差多次元尺度法（個人差MDS）　　*140*
個体　　*1*
誤判別率　　*151*
固有値　　*115, 122, 124*

さ

サーストン（L. L. Thurstone）　　*105*
最小二乗法　　*38, 67, 112*
最尤法　　*4, 67, 72, 112*
残差　　*39*
散布図　　*2, 7, 21, 22, 25*
散布度　　*2*
三平方の定理　　→ピタゴラスの定理
CAIC　　*71, 72, 87, 100*
GFI　　*59, 68, 77, 87, 100*
識別（性）　　*87, 94, 104, 107*
射影　　*25, 132*
斜交解　　*107, 110, 111, 118*
斜交回転　　*111, 118*
主因子法　　*112*
重回帰分析　　*35, 46, 55, 72, 94, 109, 158*
重回帰モデル　　*37, 53, 72, 108*
重心　　*14, 19, 22, 27*
重心法　　*15*
重相関係数　　*41, 51*
従属変数　　*7, 35, 36, 46, 56, 77, 91*
従属変数である因子の分散　　*92, 98*
自由度　　*59, 69, 101*
樹形図　　→デンドログラム
主軸　　*21*
主成分係数　　*120*
主成分得点　　*22, 119, 120, 157*
主成分負荷量　　*120, 122*
主成分分析（PCA）　　*21, 94, 119, 129, 131, 157*
順序尺度　　*138*
情報量規準　　*72*
初期解　　*111, 117*
初期値　　*111*
信頼区間　　*51*
数量化　　*125*

索引

数量化得点　125, 129, 130, 133
数量化分析　125, 159
数量化法3類　125
スクリー基準　115, 124, 138
スクリープロット　115
ストレス関数　137, 142
ストレス値　137
スピアマン（C. Spearman）　75, 105
正規化ストレス値　137
正準相関分析　83
正準判別分析　152
制約　90, 92, 98
z 得点　→標準得点
切片　7, 36, 53, 57, 80, 97, 106, 148, 160
説明変数　7, 35, 36, 46, 56, 77, 91, 108
SEM　→構造方程式モデリング
SEM/LV　→潜在変数の構造方程式モデリング
線形判別関数　148
線形判別分析　149
潜在変数　75, 81, 91, 93
潜在変数の構造方程式モデリング　91, 95
相関関係　2, 4, 113
相関行列　3, 115, 123, 157
相関行列の PCA　122
相関係数　3, 4, 7, 45, 46, 83, 113, 155
総合効果　62, 103
双対尺度法　125
総分散　27, 30, 123
測定方程式（モデル）　82, 91, 93, 96, 107
素データ　5
素点　5

た

対応分析　125, 130
対称解　133
多次元尺度（構成）法（MDS）　135, 160
多次元展開法　139
多重共線性　52
多重対応分析　125
多変量解析法　1, 8
多変量カテゴリカルデータ　125
多変量正規分布　67, 145

単回帰分析　35, 45, 47
探索（志向）　8
探索的因子分析　43, 75, 94, 105, 115, 158
単純構造　118
単純性　118
直接効果　62, 103
直交解　109, 118
直交回転　111, 118
直交・分散最大方向の原理　22
適合度（指標）　59, 68, 71, 77, 87, 100
デンドログラム　12
等質性条件　127
等質性分析　125
同値モデル　73, 103
同等の制約　90, 92
独自因子　77, 105
独自性　78, 105, 108
独立変数　7
独立モデル　69, 70, 87, 100

は

パス解析　43, 55, 94, 156
パス係数　55, 61
パス図　36, 42, 55, 76, 77, 96, 155
パラメータ　58, 65, 81, 89
パラメータ数　69, 87, 88, 101
バリマックス回転　111, 118
判別関数　148
判別規則　147, 149
判別係数　148, 151
判別軸　148, 152
判別対象　146, 149, 151
判別得点　149, 153
判別分析　145, 160
PCA　→主成分分析
非階層的クラスター分析　11, 19
非計量多次元尺度法　138
ピタゴラスの定理　11, 128, 137
非標準解　43, 45, 47, 60, 77, 90, 99, 100
標準化　7, 18, 21, 28, 42, 47, 60, 78, 121, 132
標準解　43, 47, 60, 77, 90, 93, 100, 102, 107
標準回帰係数　8
標準化比率　131, 132
標準得点　6, 18, 30, 43, 47, 60, 79, 82, 103, 109, 122, 132

標準パス係数　61, 79, 103
標準判別係数　151
標準偏回帰係数　42, 47, 49, 51
標準偏差　3, 6, 155
標本共分散行列　65, 85, 88, 98
比率尺度　138
非類似性　135, 140, 142
非類似度　11, 15
不適解　90, 103, 104, 109, 112, 123
部分空間　25, 132
不偏　4, 157
プロマックス回転　111, 118
分割表　130
分散　3, 18, 27, 28, 32, 40, 41, 60, 77, 102, 109, 123, 155, 157
分散最大方向の原理　22, 32
分散説明率　41, 51, 60, 78, 102, 109
分類　9, 11, 145
平均からの偏差　→平均偏差得点
平均偏差得点　5, 32, 53, 57, 80, 97, 106
ベイズ規則　147
平方距離　11, 19, 27, 127
平方和の分割　40
偏回帰係数　36, 42, 45, 46, 47, 48, 49, 50, 51
変数　1
偏相関係数　49
飽和モデル　70, 72, 73, 87

ま

モデル　8
モデル間比較　71, 87, 100

や

有意確率　51, 59, 69
ユークリッド距離　→距離
抑制変数　50
予測値　7, 36, 37, 40, 41, 42, 158
ヨレスコーグ（K. G. Joreskog）　95

ら

累積寄与率　27, 30, 124, 129, 130, 133
列カテゴリー　130, 131, 132, 133
列主成分解　133
ロジスティック回帰分析　151

引用・参考文献

各文献の末尾に記す［ ］の中に，関連する本書の章と，入門・中級・専門・ソフトの区別を記した．入門とは，本書と同レベルの入門書，中級は「入門書の後に読むべき書籍」，専門は「統計法の研究者が読む専門書」，ソフトは「ソフトウェアの解説書」を意味する．例えば，［3〜5, 11, 15章・中級］という表示は，本書の3章，4章，5章，11章，15章に関連する，中級レベルの文献を意味し，また，［全般・ソフト］という表示は，本書のすべての章に関係したソフトウェアの解説書を意味する．なお，データを引用した文献は，「データ引用」と記した．

足立浩平　2001　心理統計学と多変量データ解析　計算機統計学, **14**, 139-161. ［2, 3, 8〜14章・専門］

足立浩平　2002　類似性から地図を描く―多次元尺度法―　渡部　洋（編）　心理統計の技法, 216-229.　福村出版　［14章・データ引用］

足立浩平　2006　心理データ解析　海保博之・楠見　孝・佐藤達哉・岡市廣成・遠藤利彦・大渕憲一・小川俊樹（編）　心理学総合事典, 3.4節, 48-63. 朝倉書店　［1, 4〜12章・入門］

Anderson, T. W.　2003　*An introduction to multivariate statistical analysis* (3rd edition). New York: Wiley. ［1, 3〜5, 11, 12, 15章・専門］

Arabie, P., Carroll, J. D., & DeSarbo, W. S.　1987　*Three-way scaling and clustering*. Newbury Park, CA: Sage（岡太彬訓・今泉　忠　訳　1990　3元データの分析―多次元尺度構成法とクラスター分析法―　共立出版）．［14章・入門］

朝野熙彦　1998　行列・ベクトル入門―文系でもいきなりわかる―（新訂3版）　同友館　［1, 3, 4, 15章・入門］

朝野熙彦　2000　入門 多変量解析の実際（第2版）　講談社　［2〜5, 11, 12, 13, 15章・入門］

朝野熙彦・鈴木督久・小島隆矢　2005　入門 共分散構造分析の実際　講談社　［4〜10章・中級］

Carroll, J. D., & Green, P. E.　1997　*Mathematical tools for applied multivariate analysis* (2nd edition) Academic Press. ［1〜5, 11, 12, 15章・中級］

Everitt, B. S.　1993　*Cluster analysis* (3rd edition). Edward Arnold. ［2章・中級］

Gifi, A.　1990　*Nonlinear multivariate analysis*. Chichester: Wiley. ［13章・専門］

南風原朝和　2002　心理統計学の基礎 ―統合的理解のために―　有斐閣　［1, 4〜12章・中級］

服部　環・海保博之　1996　Q＆A心理データ解析　福村出版　［1, 4〜12章・中級］

林　知己夫　1993　数量化―理論と方法―　朝倉書店　［13章・専門］

池田　央　1989　統計ガイドブック　新曜社　［全般・中級］

石村貞夫　2003　SPSSによる多変量データ解析の手順　東京図書　［全般・ソフト］

石村貞夫　2005　SPSSによるカテゴリカルデータ分析の手順（第2版）　東京図書　［13章・ソフト］

Jolliffe, I. T.　2002　*Principal component analysis* (2nd edition). New York: Springer. ［3, 12章・専門］

Jöreskog, K. G.　1969　A general approach to confirmatory maximum likelihood factor analysis. *Psychometrika*, **34**, 183-202. ［8〜10章・専門］

Jöreskog, K. G.　1970　A general method for analysis of covariance structures. *Biometrika*, **57**, 239-251. ［8〜10章・専門］

狩野　裕　2002　多変量解析論（非公刊講義資料）［1〜12, 15章・中級］

狩野　裕・三浦麻子　2002　AMOS, EQS, CALISによるグラフィカル多変量解析（増補版）―目で見る共分散構造分析―　現代数学社　［1, 4〜12章・中級］

小島隆矢　2003　Excelで学ぶ共分散構造分析とグラフィカルモデリング　オーム社　［1, 4〜12章・入門］

Krzanowski, W. J., & Marriott, F. H .C.　1994　*Multivariate analysis: Part 1, distributions, ordination and inference*. London; Edward Arnold.　[1, 3, 4, 5, 13, 14 章・専門]

Krzanowski, W. J., & Marriott, F. H. C.　1995　*Multivariate analysis: Part 2, classification, covariance structures and repeated measurements*. London: Edward Arnold.　[2, 6 〜 12, 15 章・専門]

Lachenbruch, P. A.　1975　*Discriminant analysis*. New York: Hafner.（鈴木義一郎・三宅章彦訳　1979　判別分析　現代数学社）[15 章・中級]

Lattin, J. M., Carroll, J. D., & Green, P. E.　2003　*Analyzing multivariate data*. Pacific Grove, CA: Brooks/Cole.　[1 〜 12, 14, 15 章・中級]

前川眞一　1997　SAS による多変量データの解析　東京大学出版会　[1 〜 5, 11, 12, 14, 15 章・専門]

松尾太加志・中村知靖　2002　誰も教えてくれなかった因子分析—数式が絶対に出てこない因子分析入門—　北大路書房　[11, 12 章・入門]

Mardia, K. V., Kent, J. T., & Bibby, J. M.　1979　*Multivariate analysis*. New York: Academic Press.　[1 〜 5, 11, 12, 14, 15 章・専門]．

McLachlan, G. J.　1992　*Discriminant analysis and statistical pattern recognition*. New York: Wiley.　[15 章・専門]

Meulman, J. J., Heiser, W. J., & SPSS　1999　*SPSS categories 10.0*. Chicago: SPSS Inc.　[13, 14 章・ソフト]

室　淳子・石村貞夫　2002a　SPSS でやさしく学ぶ統計解析　東京図書　[1 章・ソフト]

室　淳子・石村貞夫　2002b　SPSS でやさしく学ぶ多変量解析　東京図書　[2 〜 5, 11, 12, 14, 15・ソフト]

室　淳子・石村貞夫　2004　Excel でやさしく学ぶ統計解析　東京図書　[1 章・ソフト]

西里静彦　1982　質的データの数量化—双対尺度法とその応用—　朝倉書店　[13 章・専門]

岡太彬訓・今泉　忠　1994　パソコン多次元尺度構成法　共立出版　[2, 11, 12, 14 章・中級]

丘本　正　1986　因子分析の基礎　日科技連　[11, 12 章・専門]

小野寺孝義・山本嘉一郎　2004　SPSS 事典—BASE 編—　ナカニシヤ出版　[1 〜 5, 11, 12, 14, 15 章・中級]

奥野忠一・久米　均・芳賀敏郎・吉澤　正　1981　多変量解析法(改訂版)　日科技連　[1 〜 5, 11, 12, 15 章・中級]

小塩真司　2004　SPSS と Amos による心理・調査データ解析—因子分析・共分散構造分析まで—　東京図書　[4 〜 15 章・ソフト]

大隅　昇・L.ルバール・A.モリノウ・K. M.ワーウィック・馬場康維　1994　記述的多変量解析法　日科技連　[3, 13 章・専門]

齋藤堯幸　1980　多次元尺度構成法，朝倉書店　[14 章・専門]

Sharma, S.　1996　*Applied multivariate techniques*. New York: Wiley.　[1 〜 3, 6 〜 12, 15 章・中級]

芝　祐順　1979　因子分析法（第 2 版）　東京大学出版会　[11, 12 章・専門]

芝　祐順・渡部　洋・石塚智一　1984　統計用語辞典　新曜社　[全般・中級]

繁桝算男　1998　心理測定法　日本放送出版協会　[8 〜 12, 14 章・入門]

心理学実験指導研究会　1985　実験とテスト＝心理学の基礎　—解説編—　培風館　[2 章・データ引用]

塩谷　實　1990　多変量解析概論　朝倉書店　[1, 3, 4, 5, 15 章・専門]

Spearman, C.　1904b　'General intelligence' objectively determined and measured. *American Journal of Psychology*, **15**, 201-293.　[8，11 章・専門]

高根芳雄　1980　多次元尺度法，東京大学出版会　[14 章・専門]

竹内　啓・柳井晴夫　1972　多変量解析の基礎—線型空間への射影による方法—　東洋経済新報社　[1 〜 5, 11 〜 13, 15 章・専門]

田中　豊・垂水共之　1995　Windows 版　統計解析ハンドブック—多変量解析—　共立出版　[1 〜 5, 11 〜 15 章・中級]

ten Berge, J. M. F.　1993　*Least squares optimization in multivariate analysis*. Leiden: DSWO Press.　[3, 4, 13, 14 章・専門]

ten Berge, J. M F., & Kiers, H. A. L.　1996　Optimality criteria for principal component analysis and generalizations. *British Journal of Mathematical and Statistical Psychology*, **49**, 335-345.　[3, 12 章・専門]

Thurstone, L. L.　1935　*The vectors of mind*. Chicago: University of Chicago Press.　[11, 12 章・専門]．

豊田秀樹　1992　SAS による共分散構造分析　東京大学出版会　[6 〜 10 章・専門]

豊田秀樹　1998　共分散構造分析［入門編］—構造方程式モデリング—　朝倉書店　[1, 4 〜 10 章・中級]

豊田秀樹　1998　共分散構造分析［事例編］—構造方程式モデリング—　北大路書房　[8 〜 10 章・入門]

豊田秀樹　2003　共分散構造分析［疑問偏］—構造方程式モデリング—　朝倉書店　[4 〜 10 章・中級]

豊田秀樹・前田忠彦・柳井晴夫　1992　原因をさぐる統計学　講談社ブルーバックス　[4 〜 10 章・入門]

涌井良幸・涌井貞美　2003a　Excel で学ぶ統計解析—統計学理論を Excel でシミュレーションすれば，視

覚的に理解できる　ナツメ社［1章・ソフト］
涌井良幸・涌井貞美　2003b　図解でわかる共分散構造分析　日本実業出版社［6～10章・入門］
涌井良幸・涌井貞美　2004　EXCELで学ぶ多変量解析　ナツメ社［3～12, 15章・入門］
涌井良幸・涌井貞美　2005　ピタリとわかる多変量解析入門　誠文堂新光社［3～5, 11～13, 15章・入門］
渡部　洋　1988　心理・教育のための多変量解析法入門―基礎編―　福村出版［1～5, 11～15章・中級］
渡部　洋　1992　心理・教育のための多変量解析法入門―事例編―　福村出版［1～5, 11～15章・入門］
渡部　洋　2002　心理統計の技法　福村出版［1, 4～15章・入門］
渡辺美智子・小山　斉　2003　Excel徹底活用 統計データ分析　秀和システム［1, 3～5章・入門］
Weeks, D. G., & Bentler, P. M.　1982　Restricted multidimensional scaling models for asymmetric proximities. *Psychometrika*, **47**, 201-208.［14章・データ引用］
山口和範・高橋淳一・竹内光悦　2004　よくわかる多変量解析の基本と仕組み　秀和システム［2～5, 11, 12, 15章・入門］
山本嘉一郎・小野寺孝義　2002　AMOSによる共分散構造分析と解析事例（第2版）　ナカニシヤ出版［8～10章・入門］
柳井晴夫　1994　多変量データ解析法 ―理論と応用―　朝倉書店［全般・専門］
柳井晴夫・岩坪秀一　1976　複雑さに挑む科学―多変量解析入門―　講談社ブルーバックス［1～5, 11～15章・入門］
柳井晴夫・繁桝算男・前川眞一・市川雅教　1990　因子分析―その理論と方法―　朝倉書店［8～12, 14章・専門］
柳井晴夫・高木廣文　1986　多変量解析ハンドブック　現代数学社［1～7, 11～15章・中級］
柳井晴夫・高根芳雄　1985　多変量解析法（新版）　朝倉書店［1, 3～5, 11～15章・中級］

著者略歴

足立浩平（あだち　こうへい）
1958 年　大阪府大阪市生まれ
1982 年　京都大学文学部哲学科（心理学専攻）卒業
現在　　大阪大学人間科学研究科　教授
　　　　博士（文学・京都大学）

主要論文

Optimal scaling of a longitudinal choice variable with time-varying representation of individuals. *British Journal of Mathematical and Statistical Psychology*, vol.**53**, 233-253, 2000.

Growth curve representation and clustering under optimal scaling of repeated choice data. *Behaviormetrika*, vol.**27**, 15-32, 2000.

Correct classification rates in multiple correspondence analysis. *Journal of the Japanese Society of Computational Statistics*, vol.**17**, 1-20, 2004.

多変量データ解析法
—心理・教育・社会系のための入門—

2006 年　7 月 20 日　初版第 1 刷発行　　定価はカヴァーに表示してあります。
2023 年 12 月 25 日　初版第 10 刷発行

著　者　　足立浩平
発行者　　中西　良
発行所　　株式会社ナカニシヤ出版
　　　　　〒606-8161　京都市左京区一乗寺木ノ本町 15 番地
　　　　　　　　　　Telephone　075-723-0111
　　　　　　　　　　Facsimile　075-723-0095
　　　　　　　Website　http://www.nakanishiya.co.jp/
　　　　　　　E-mail　iihon-ippai@nakanishiya.co.jp
　　　　　　　　　　郵便振替　01030-0-13128

装幀＝白沢　正／印刷・製本＝ファインワークス
Printed in Japan
Copyright © 2006 by K. Adachi
ISBN978-4-7795-0052-2　C3004

◎本書のコピー，スキャン，デジタル化等の無断複製は著作権法上での例外を除き禁じられています．本書を代行業者等の第三者に依頼してスキャンやデジタル化することは，たとえ個人や家庭内での利用であっても著作権法上認められておりません．